刊行にあたって

　最近，CO_2 排出による地球温暖化や原油価格の高騰が深刻化し，この対策として，クリーンで無尽蔵のエネルギー源である太陽発電への期待が急速に高まっている。このような状況下で，薄膜太陽電池の新たな市場投入や量産規模の拡大が活発化している。中でも Cu(In,Ga)Se$_2$（CIGS と略す）太陽電池は，多結晶シリコン太陽電池と同程度の高い変換効率が得られ，長期安定性も実証されたことなどから，今，世界的に，商業化への動きが活発化し，大きな転換期を迎えている。現在，CIGS 系太陽電池メーカーはベンチャー企業を含め，全世界で 20 社を超え，2012 年の生産能力は 2007 年末の 70 MW/年から一挙に 3 GW/年に拡大すると予測される。他方，First Solar 社（米）の CdTe 太陽電池モジュールの製造コストが 0.7 米ドル/W を切る勢いを見せ，さらに，太陽電池級シリコン材料の供給懸念も緩和されつつあることから，CIGS 太陽電池も今後，さらなる高効率化とコストダウンを迫られるのは必至と予想される。

　このような状況の中で，我国でも最近 CIGS 太陽電池分野に興味を持ち，新たに参画しようとする企業，研究機関，大学の研究者や技術者が増加している。欧米に比べ，CIGS 太陽電池分野の研究者は極めて少ないのが現状であり，これらの方々への情報提供や育成は，わが国の当該分野での発展にとって極めて重要である。本書の特徴は（1）CIGS 太陽電池に特化している点と（2）主な海外の企業，研究機関を含め，グローバル化を図っている点にある。著者はいずれも各分野で世界的に著名な方々である。本書が CIGS 関連企業，大学，研究機関の更なる発展と太陽光発電産業の振興の一助となれば幸いである。

　最後になりましたが，本書の出版にご尽力頂きましたシーエムシー出版編集部の初田竜也氏に謝意を表します。

2010 年 9 月

青山学院大学理工学部
中田時夫

普及版の刊行にあたって

本書は2010年に『CIGS薄膜太陽電池の最新技術』として刊行されました。普及版の刊行にあたり，内容は当時のままであり加筆・訂正などの手は加えておりませんので，ご了承ください。

2016年9月

シーエムシー出版　編集部

CIGS薄膜太陽電池の最新技術
Advanced Technologies for Thin-Film CIGS-Based Solar Cells
《普及版／Popular Edition》

監修 中田時夫

シーエムシー出版

執筆者一覧（執筆順）

中田 時夫	青山学院大学　理工学部　電気電子工学科　教授
峯元 高志	立命館大学　立命館グローバル・イノベーション研究機構　准教授
仁木　栄	㈱産業技術総合研究所　太陽光発電研究センター　副センター長
Miguel Contreras	National Renewable Energy Laboratory Ph. D.
西脇 志朗	EMPA（Swiss Federal Laboratories for Material Testing and Research）Laboratory for Thin Films and Photovoltaics　Scientist
山田　明	東京工業大学　大学院理工学研究科　電子物理工学専攻　教授
根上 卓之	パナソニック㈱　先行デバイス開発センター　主幹技師
Michael Powalla	Zentrum für Sonnenenergie- und Wasserstoff-Forschung Baden-Württemberg（ZSW） Theresa Friedlmeier, Philip Jackson, Dimitrios Hariskos, Richard Menner, Hans-Dieter Mohring, Wiltraud Wischmann（ZSW） Jochen Eberhardt, Georg Voorwinden（Würth Elektronik Research GmbH & Co. KG）
櫛屋 勝巳	昭和シェル石油㈱　ソーラー事業本部　担当副部長
Lars Stolt	Solibro GmbH　Solibro Research AB
Bülent M. Başol	Co-founder and Board Member, SoloPower Inc.
Vijay Kapur	Ph. D, MBA　President/CEO　ISET
内海 健太郎	東ソー㈱　東京研究所　主席研究員
石塚 尚吾	㈱産業技術総合研究所　太陽光発電研究センター　研究員
片桐 裕則	長岡工業高等専門学校　電気電子システム工学科　教授
菱川 善博	㈱産業技術総合研究所　太陽光発電研究センター　評価・システムチーム長
寺田 教男	鹿児島大学　理工学研究科　電気電子工学専攻　教授
櫻井 岳暁	筑波大学　大学院数理物質科学研究科　講師
秋本 克洋	筑波大学　大学院数理物質科学研究科　教授
白方　祥	愛媛大学　工学部　教授
数佐 明男	㈱ホンダソルテック　代表取締役社長

執筆者の所属表記は，2010年当時のものを使用しております。

目次

第1章　CIGS太陽電池の基礎

1　CIGSの基礎物性　……中田時夫…　1
　1.1　はじめに　…………………………　1
　1.2　結晶構造　…………………………　1
　1.3　状態図　……………………………　2
　1.4　Ⅰ-Ⅲ-Ⅵ₂族化合物の格子定数と禁制帯幅の関係　………………………　3
　1.5　光吸収係数　………………………　5
　1.6　CuInSe₂およびCuGaSe₂バルク結晶の基礎的な物性値　…………………　6
　1.7　CIGSの固有欠陥と電気特性　……　7
　1.8　Ⅱ族（Cd, Zn, Mg）ドーピングによる伝導形制御　………………………　9
2　CIGS太陽電池の特長とセル／モジュール構造　……………中田時夫…　10
　2.1　はじめに　…………………………　10
　2.2　CIGS太陽電池の特長　……………　10
　2.3　CIGS太陽電池の構成材料　………　12
　2.4　CIGS太陽電池の基本構造　………　13
　2.5　大面積モジュールの構造　…………　16
3　CIGS太陽電池の現状性能
　………………………中田時夫…　20
　3.1　はじめに　…………………………　20
　3.2　主な太陽電池の現状効率　…………　20
　3.3　小面積セルの現状効率　……………　21
　3.4　大面積CIGSモジュールの現状効率　………………………………………　23
　3.5　フレキシブル太陽電池　……………　25
4　CIGS太陽電池の動作原理
　………………………峯元高志…　29
　4.1　はじめに　…………………………　29
　4.2　基本動作　…………………………　29
　4.3　高効率デバイスのバンド図と再結合の低減　……………………………　32
　4.4　ヘテロ界面のバンドオフセットと動作　…………………………………　34
　4.5　おわりに　…………………………　38
5　CIGS太陽電池の高効率化技術
　………………………仁木　栄…　40
　5.1　はじめに　…………………………　40
　5.2　小面積セルの高効率化　……………　40
　5.3　集積型サブモジュールの高効率化技術　…………………………………　45
　5.4　まとめ　……………………………　47

第2章　CIGS太陽電池の作製プロセス

1　CIGS製膜法とその特長
　………………………中田時夫…　49
　1.1　はじめに　…………………………　49
　1.2　主な企業の製膜法とその特長　……　49
　1.3　多源蒸着法　………………………　51
　1.4　3段階法（Three Stage Process）…　52

1.5 セレン化／硫化法 …………… 55	3 ワイドギャップ系太陽電池
1.6 ナノ粒子塗布／セレン化法（非真空プロセス） ………………………… 56	………………… 西脇志朗 … 74
	3.1 はじめに ……………………… 74
1.7 ヒドラジン溶液を用いたスピンコート法 ………………………………… 58	3.2 Cu (InGa) Se_2 系 ………………… 76
	3.3 Cu (InGa) S_2 系 …………………… 77
2 THREE-STAGE PROCESS AND DEVICE PERFORMANCE OF Cu (In,Ga) Se_2 SOLAR CELLS	3.4 Cu (InGa) $(SeS)_2$ 系 …………… 79
	3.5 Ag (InGa) Se_2 系 ………………… 80
	3.6 Cu (InAl) Se_2 系 ………………… 81
………… Miguel Contreras … 60	4 アクティブソースによる Cu (InGa) Se_2 薄膜の高品質化 ……… 山田　明 … 84
2.1 General historical trends in device performance and cell structure ………………………………… 60	
	4.1 はじめに ……………………… 84
	4.2 アクティブソースの概念 ……… 84
2.2 The CIGS absorber and the three-stage process ………………… 64	4.3 イオン化 Ga を用いた Cu (InGa) Se_2 薄膜の作製 …………………… 85
2.3 Materials and properties of CIGS obtained from the three-stage process ………………………… 68	4.4 クラッキング Se を用いた Cu (InGa) Se_2 薄膜の作製 ……… 89
	4.5 おわりに ……………………… 94

第3章　大面積モジュールの製造技術

1 蒸着法による高速製膜技術	2.5 Stability and applications ……… 114
………………… 根上卓之 … 96	2.6 Outlook …………………………… 115
1.1 はじめに ……………………… 96	2.7 Acknowledgments ……………… 116
1.2 高速製膜技術 ………………… 97	3 セレン化／硫化法による CIS 系光吸収層製膜技術 ……… 櫛屋勝巳 … 118
1.3 高速製膜技術の今後の展開 …… 104	
2 In-line Co-evaporation of CIGS for Manufacturing	3.1 CIS 系光吸収層製膜技術としてのセレン化／硫化法の歴史 ………… 118
………… Michael Powalla … 106	3.2 セレン化／硫化法による大面積 CIS 系光吸収層製膜技術 …………… 122
2.1 Introduction …………………… 106	
2.2 Basics ………………………… 106	3.3 セレン化後の硫化法によって製膜された CIS 系光吸収層の特徴 ……… 123
2.3 In-line CIGS deposition by co-evaporation …………………… 110	
	3.4 まとめ ………………………… 125
2.4 Optimisation …………………… 112	4 The emerging CIGS industry-

challenges and opportunities
　　　　………… **Lars Stolt** … 128
4.1 Introduction ……………… 128
4.2 The design of CIGS PV modules
　　 ……………………………… 128
4.3 Market introduction of CIGS PV
　　 modules ……………………… 130
4.4 Other CIGS PV module designs
　　 under industrialization ………… 131
4.5 The opportunity and challenges
　　 ……………………………… 133
4.6 High efficiency ……………… 133
4.7 Production cost ……………… 135
4.8 Materials costs ……………… 135
4.9 Reliability …………………… 139
4.10 Summary …………………… 139
5　Application of Electrodeposition to
　 Fabrication of CIGS Solar Cells and
　 Modules …… **Bülent M. Başol** … 140
5.1 Introduction ………………… 140
5.2 Experimental Details ………… 142
5.3 Results and Discussion ……… 143
5.4 Conclusions ………………… 151
5.5 Acknowledgements ………… 152
6　Manufacturing 'Ink Based' CIGS Solar
　 Cells/Modules …… **Vijay Kapur** … 154
6.1 Introduction ………………… 154
6.2 Criteria for Process Selection … 154
6.3 ISET's "Ink Based" Process …… 155
6.4 Results and Discussions ……… 158
6.5 Module Fabrication ………… 160
6.6 Materials' Utilization ………… 161
6.7 Advantages of ISET's Process … 163
6.8 Manufacturing Cost Estimate … 163
6.9 Acknowledgements ………… 164

第4章　要素技術

1　スパッタ法による透明導電膜の製造技術
　　………………… **内海健太郎** … 166
1.1 はじめに ……………………… 166
1.2 ZAO …………………………… 166
1.3 ITO …………………………… 166
1.4 円筒ターゲット ……………… 167
2　バッファ層の種類とその役割
　　…………………… **中田時夫** … 172
2.1 はじめに ……………………… 172
2.2 バッファ層の種類と変換効率 …… 172
2.3 バッファ層の製膜法と変換効率 … 173
2.4 溶液成長法（CBD法）の化学反応 … 174
2.5 溶液成長（CBD）法によるpnホモ接合
　　 形成 …………………………… 174
2.6 イオン種反応によるCdSバッファ層
　　 の低温エピタキシャル成長 ……… 176
2.7 バッファ層と伝導帯不連続 ……… 177
2.8 バッファ層の格子定数と禁制帯幅 … 179
2.9 バッファ層材料に要求される条件 … 180
3　Zn(S,O,OH)$_x$バッファ層の作製
　　…………………… **櫛屋勝巳** … 183
3.1 Zn(S,O,OH)$_x$バッファ層開発の経緯
　　 ……………………………… 183
3.2 溶液成長法によるZnO膜の製膜 … 186

3.3　溶液成長法によるZn(S,O,OH)$_x$バッファ層の製膜 …………… 188
　3.4　Zn(S,O,OH)$_x$バッファ層を有するCIS系薄膜太陽電池の作製 …… 190
4　ASTL法によるNa添加制御とフレキシブルCIGS太陽電池への応用
　　　　　　　　　　　　石塚尚吾 … 193
　4.1　Na効果 ………………………… 193
　4.2　ASTL法によるNa添加制御 …… 194
　4.3　フレキシブルCIGS太陽電池への応用 ………………………………… 198
5　CZTSの現状と動向　…　片桐裕則 … 203
　5.1　はじめに ……………………… 203
　5.2　CZTS薄膜太陽電池の誕生 …… 204
　5.3　SLG/ZnS/Sn/Cuプリカーサの導入 ……………………………… 205
　5.4　硫化条件の改善 ……………… 206
　5.5　新型硫化炉の導入 …………… 207
　5.6　プリカーサの積層順の検討 … 208
　5.7　アニール室付き同時スパッタ装置の導入 ………………………… 209
　5.8　純水リンス効果 ……………… 210
　5.9　資源量が豊富で無毒性の薄膜太陽電池を目指して ……………… 211
　5.10　まとめ ……………………… 212

第5章　CIGS太陽電池の評価技術

1　CIGS太陽電池の性能測定技術
　　　　　　　　　　　　菱川善博 … 215
　1.1　はじめに ……………………… 215
　1.2　太陽電池性能評価技術の概要 … 215
　1.3　測定結果に影響する主な要素 … 216
　1.4　まとめと今後の課題 ………… 224
2　CIGS太陽電池の電子構造評価
　　　　　　　　　　　　寺田教男 … 227
　2.1　はじめに ……………………… 227
　2.2　逆光電子分光法 ……………… 229
　2.3　三段階共蒸着法によるCIGS層表面の評価 ………………………… 231
　2.4　CBD-CdS/三段階共蒸着法CIGS界面のバンド接続の評価 ……… 233
3　電気的手法によるCIGS太陽電池の欠陥評価 ……… 櫻井岳暁, 秋本克洋 … 241
　3.1　はじめに ……………………… 241
　3.2　アドミッタンススペクトロスコピー法 ………………………… 241
　3.3　光容量過渡分光法 …………… 247
　3.4　まとめ ………………………… 250
4　光学的手法によるCIGS太陽電池の評価
　　　　　　　　　　　　白方　祥 … 253
　4.1　はじめに ……………………… 253
　4.2　フォトルミネッセンス法 …… 253
　4.3　測定方法 ……………………… 254
　4.4　低温PLスペクトル測定 ……… 255
　4.5　CIGS太陽電池のPL評価 …… 259
　4.6　CIGS太陽電池の時間分解PL(TR-PL) ………………………………… 261
　4.7　CIGS太陽電池の光学的マッピング測定 ………………………… 264

第6章 商業化の課題と将来動向

1 ホンダの太陽電池事業と将来展開
　　　………………… **数佐明男** … 267
　1.1 はじめに ………………………… 267
　1.2 ホンダの太陽電池 ……………… 267
　1.3 ホンダの開発の歴史 …………… 268
　1.4 CIGS 太陽電池製造フロー ……… 269
　1.5 製品ラインナップ ……………… 270
　1.6 ホンダが目指す太陽電池事業とは … 271

2 商業化の課題と将来動向―ギガワット時代の CIS 系薄膜太陽電池―
　　　………………… **櫛屋勝巳** … 273
　2.1 薄膜太陽電池第1世代，生産量ギガワット（GW）時代へ ………… 273
　2.2 GW 時代の CIS 系薄膜太陽電池 … 277
　2.3 まとめ …………………………… 280

第1章 CIGS 太陽電池の基礎

1 CIGS の基礎物性[11]

中田時夫*

1.1 はじめに

　一般的に，薄膜系太陽電池の変換効率はバルク結晶系に比べ，格段に劣るのが普通であるが，CIGS 太陽電池はガラス基板上に成長した多結晶薄膜でありながら，多結晶 Si 太陽電池並みの変換効率 20 %が得られている。これは他の薄膜太陽電池にはない特異な現象であり，CIGS 特有の物性に起因する。

　Si 太陽電池では，禁制帯中の不純物や欠陥準位を極力無くした上で，人為的に不純物をドープして pn 接合を形成する。これに対して，CIGS 太陽電池は真性欠陥を利用した欠陥律則型である。また，不純物に対して敏感でなく，耐放射線特性に優れ，光劣化もない。直接遷移型で光吸収係数が大きいため，膜厚は 2μm 程度で十分である。これらの特異な性質を理解するうえで CIGS の基礎物性を知ることは重要である。

1.2 結晶構造

　$Cu(In_{1-x}Ga_x)Se_2$（CIGS と略す）は $CuInSe_2$ と $CuGaSe_2$ の混晶半導体である。$CuInSe_2$ は室温で安定なカルコパイライト（黄銅鉱，$CuFeS_2$）型と，高温相のスファレライト（閃亜鉛鉱，ZnS）型の 2 つの結晶構造がある（図 1）。このうち太陽電池として利用できるのはカルコパイ

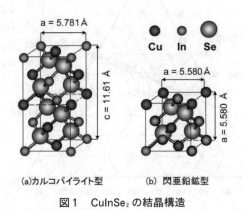

(a)カルコパイライト型　　(b)閃亜鉛鉱型

図1　$CuInSe_2$ の結晶構造

---

*　Tokio Nakada　青山学院大学　理工学部　電気電子工学科　教授

ライト型である。カルコパイライト型結晶構造は正方晶系に属し，$CuInSe_2$では格子定数 a＝5.781Å，c＝11.610Åでc/a軸比＝2.008となり，スファレライト型（JCPDS：23-0208）の単位胞を2つ積み重ねた構造にほぼ等しくなる（JCPDS：87-2265）。また，$CuGaSe_2$ではa＝5.607Å，c＝10.990Åでc/a軸比＝1.960となり，僅かにc軸が短くなる。このようなc/a＝2からのずれは正方晶歪（Tetragonal Distortion）といい，Cu-Se，In-SeおよびGa-Se結合の強さの違いによって生じる。

1.3 状態図

図2はCu-In-Se系の3元状態図である[1]。Seが十分供給されているとき，Cu-In-Se系化合物はIn_2Se_3とCu_2Seを結ぶ線（Tie-Line）上に存在することが知られている。In_2Se_3にCu_2Seを加えていくと，In_2Se_3 → $CuIn_5Se_8$ → $CuIn_3Se_5$ → $Cu_2In_4Se_7$ → $CuInSe_2$のように変化する。$CuInSe_2$はこの線上でCu：In：Se＝25：25：50の位置にある。

図2においてCu_2SeとIn_2Se_3を結ぶ線上で$CuInSe_2$近傍のみを取り出したCu_2Se-In_2Se_3擬2元状態図[1]を図3に示す。ここで，αはカルコパイライト（黄銅鉱）型の$CuInSe_2$，βはスタナイト（黄錫鉱）型の$CuIn_3Se_5$[2]，δはスファレライト（閃亜鉛鉱）型の$CuInSe_2$（高温相）である。この図からわかるように，室温では$CuInSe_2$相はCu＝24〜24.8 at％と非常に狭い領域でのみ存在する。Cu不足なカルコパイライト相や$CuIn_3Se_5$や$CuIn_5Se_8$などの化合物が安定なのは，電気的に中性な（$2V_{Cu}^- + In_{Cu}^{2+}$）欠陥ペアによるものとされている[3]。

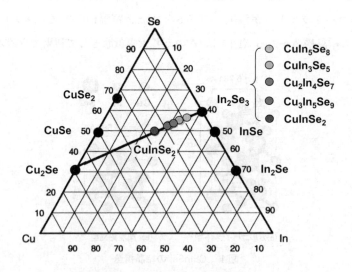

図2　Cu-In-Se系の3元状態図[1]
（Cu-In-Se系化合物はすべてCu_2SeとIn_2Se_3を結ぶ直線（Tie-Line）上にのる。

第1章　CIGS太陽電池の基礎

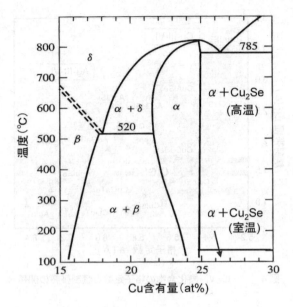

図3　Cu_2Se-In_2Se_3擬2元状態図[1]
(α：カルコパイライト型 $CuInSe_2$, β：スタナイト型 $CuIn_3Se_5$, δ：スファレライト型 $CuInSe_2$)

$CuInSe_2$薄膜の成長温度である 500 ℃付近では 22 at％まで Cu 不足側に拡大するが，室温に戻すと低抵抗の Cu_2Se との混在となり相分離を起こすので問題である。ただし，Na や Ga の添加によって $CuIn_3Se_5$ 相の生成が抑制され，$CuInSe_2$ 単一相の領域が拡大することが知られている[4]。高効率 CIGS 太陽電池では通常 30％程度の Ga を In と置換していることや，基板に用いるソーダライムガラスから拡散した Na が $CuInSe_2$ に存在することから，特に大きな問題となっていない。実際，高効率 CIGS 太陽電池では Cu 組成が 22～24.5 at％で得られている。また，Cu 過剰領域では Cu_2Se との混在となる。Cu_2Se は逆蛍類似構造であるが，室温では正方晶となり $CuInSe_2$ と類似した結晶構造となる。格子定数も非常に近いため，Cu_2Se のほとんどの X 線回折ピークが $CuInSe_2$ と重なる。このため，両者を区別するには，ラマン分光法が用いられることが多い。また，Cu_2Se は低抵抗であるため，太陽電池特性に悪影響を与えるが，その一方で粒成長を促進する効果もある。後述する3段階蒸着法はこの性質を利用したものである。Cu が 15 at％以下では $CuIn_3Se_5$ の単一相となり，中間領域では $CuInSe_2$ 相と $CuIn_3Se_5$ 相との混在となる。

1.4　I-III-VI₂族化合物の格子定数と禁制帯幅の関係

図4はI-III-VI₂族化合物の格子定数と禁制帯幅の関係を示す。このうち太陽電池用としては主に Cu-(In, Ga)-(S, Se) の組み合わせが対象となっている。基本となる4つの3元化合物 $CuInSe_2$，$CuGaSe_2$，$CuInS_2$，$CuGaS_2$ はすべて同じカルコパイライト型構造であるため，例え

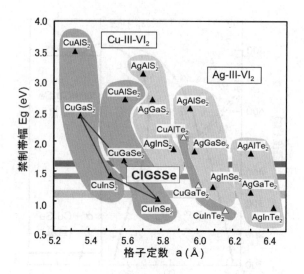

図4 Ⅰ-Ⅲ-Ⅵ₂族化合物の格子定数と禁制帯幅の関係

ば $CuInSe_2$ の In サイトに Ga を置換し混晶化することで，禁制帯幅 Eg を 1.01 eV から 1.64 eV 付近まで制御することができる[5]。この性質は非常に重要である。すなわち，CIGS 薄膜の膜厚方向で Ga/(In+Ga) 組成を変化し，高効率化に必要な2重傾斜禁制帯幅 (double graded bandgap) を形成することができる。現在，太陽電池用材料としては，$Cu(InGa)Se_2$，$Cu(In,Ga)(S,Se)_2$，$CuInS_2$ が利用されているが，禁制帯幅 Eg が 1.15 eV の $Cu(InGa)Se_2$ で最も高い変換効率が得られている。

一方，理想的な pn 接合では禁制帯幅 1.4 ～ 1.5 eV で最大効率となることが知られている。したがって，Ga/(In+Ga) = 0.6 付近にすれば，禁制帯幅 1.4 eV となり，さらなる変換効率の改善が見込めるはずである。しかしながら，カルコパイライト系では禁制帯幅が 1.3 eV 以上になると V_{oc} が理論値より低下すると言う問題があり，この原因の究明とその対策が大きな課題となっている。また，多接合（タンデム）型では，トップセルおよびボトムセルの禁制帯幅は各々 1.7 eV および 1.1 eV 付近で変換効率が 26 % 程度となることが理論的に導かれている。しかしながら，同じ理由でトップセルの高効率化が今後の課題である。

通常，高効率 CIGS 太陽電池は Cu/(In+Ga) = 0.8 ～ 0.9 の範囲で得られるので，この領域における禁制帯幅 Eg と x = Ga/(In+Ga) の関係が重要となる。図5は最近，NREL のグループにより報告された禁制帯幅の Ga 濃度依存性を Cu/(In+Ga) が 1.0 と 0.9 の場合について調べた結果である。この図からわかるように，$Cu(In_{1-x}Ga_x)Se_2$ は Ga 濃度が増えるにつれて禁制帯幅が拡大するが，ここで注目すべきは，Cu/(In+Cu) 比によって禁制帯幅が異なる点である。化学量論的組成すなわち Cu/(In+Ga) = 1 では Ga 濃度が増えるに従い禁制帯幅が 1.01 から

第1章　CIGS太陽電池の基礎

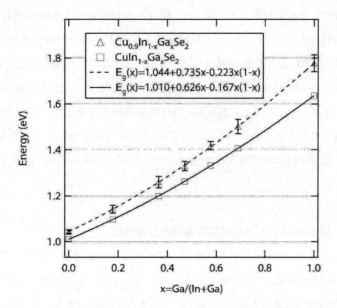

図5　禁制帯幅 Eg と x = Ga/(In+Ga) の関係
□は Cu/(In+Ga) = 1，△は Cu/(In+Ga) = 0.9 の場合を示す[5]。

1.64 eV まで変化するのに対して，Cu/(In+Ga) = 0.9 では 1.04 から 1.78 eV まで変化し，全体に禁制帯幅が広くなる。

1.5　光吸収係数

図6に各種太陽電池材料の光吸収係数の光子エネルギー依存性を示す[6]。$CuInSe_2$ と $CuGaSe_2$

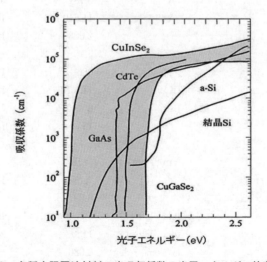

図6　各種太陽電池材料の光吸収係数の光子エネルギー依存性

は共に直接遷移型で，光吸収係数は 1×10^5 cm^{-1} 程度と既知の太陽電池材料の中では最も大きく，また，吸収波長領域も広い。このことは，膜厚が薄くても広い波長領域の光を十分吸収できることを意味している。実際，CIGS の膜厚はラボサイズ（<1 cm^2）の高効率セルでは 2 μm 程度，市販の大面積モジュールでは 1.2～1.5 μm 程度である。したがって，使用する原料を削減できるため，低コスト化に向いている。CdTe も同様に直接遷移型であるため，光吸収係数が大きく，薄膜太陽電池に適している。これに対して，結晶シリコンは間接遷移型のため光吸収係数が小さい。したがって，光を十分に吸収するためには，ウェハ厚を CIGS の数十倍～100 倍程度にする必要がある。

1.6 CuInSe$_2$ および CuGaSe$_2$ バルク結晶の基礎的な物性値

表1に CuInSe$_2$ および CuGaSe$_2$ バルク結晶の基礎的な物性値をまとめた。この表からもわかるように，CIGS の禁制帯幅は Ga 量を増やすことにより 1.01 から 1.64 eV まで制御できる。この性質によって高効率化に適した禁制帯幅プロファイルを形成できる。つぎに注目されるのは，線熱膨張係数である。CIGS の線熱膨張係数の平均値はソーダライムガラス（SLG）基板のものとほぼ等しい。したがって，高温製膜時における基板と膜との剥離の懸念はない。さらに，SLG

表1 CuInSe$_2$ および CuGaSe$_2$ の基礎的な物性値[11]

			CuInSe$_2$	CuGaSe$_2$
禁制帯幅		(eV)	1.01	1.64
禁制帯幅の温度係数		(eV/K)	-2×10^{-4}	—
仕事関数		(eV)	4.0	5.3
格子定数 a		(Å)	5.781	5.607
c		(Å)	11.610	10.990
c/a			2.008	1.960
密度		(g/cm^3)	5.75	—
融点		(℃)	986	1070
線熱膨張係数	a 軸	(K^{-1})	11×10^{-6}	13×10^{-6}
	c 軸	(K^{-1})	8×10^{-6}	5×10^{-6}
比誘電率			12	75
屈折率			2.7	2.72
光吸収係数		(cm^{-1})	>10^5	>10^5
有効質量 m_{hole}/m_0			0.73	1.2
$m_{electron}/m_0$			0.09	—
移動度 m_{hole}		(cm^2/V·s)	50	15
$m_{electron}$		(cm^2/V·s)	1150	24
熱伝導率		(W/cm·deg)	0.086	—

第1章 CIGS太陽電池の基礎

はCIGS太陽電池の高効率化に必要なNaの供給源にもなる。表面が平坦なため，パターニングに適することや，両面をガラスにすることで，長期安定性が可能などの利点もあり，CIGS太陽電池用の低コスト基板材料として最も一般的に使用されている。このほか，前述したように，CIGSは光吸収係数が大きいため，薄い膜でも十分光を吸収でき原料が少なくて済む。

1.7 CIGSの固有欠陥と電気特性

CIGSには，空孔やアンチサイトなどの固有な点欠陥が多数存在し，これらが電気的特性を支配している。したがって，CIGSの物性を理解するためには欠陥の物性理解が重要である。CIGSの欠陥には，I族元素（またはIII族元素）のサイトにIII族元素（またはI族元素）が置き換わったアンチサイト欠陥，原子が抜けた空孔（Vacancy），および格子間（Intersticial）原子が考えられる。

NRELのZungerら[7]はCuInSe$_2$の点欠陥について，生成エネルギーと欠陥準位を第一原理計算に基づいて算出している。その結果，表2に示すように，CuInSe$_2$ではCu空孔V$_{Cu}$（アクセプタ）の生成エネルギーが最も低いため，アクセプタ濃度がドナー濃度に比べて高くなり，p形半導体になりやすい。また，V$_{Cu}$は価電子帯の頂上から30 meVの浅いアクセプタ準位を形成する。In空孔（V$_{In}$）やInサイトのCu原子（Cu$_{In}$）もアクセプタとなるがCuサイトのIn原子（In$_{Cu}$）や格子間のCu原子（Cu$_i$）はドナーとなることなどを導き出した。CuInSe$_2$の点欠陥にはこのほかSe空孔（V$_{Se}$：ドナー）も存在し，CIGS太陽電池の大気中アニール効果やNa効

表2 CuInSe$_2$の真性欠陥とその性質[7]

真性欠陥	生成エネルギー(eV)	欠陥準位(eV)	電気的性質
V_{Cu}^0	0.60		
V_{Cu}^-	0.63	$E_V+0.03$	アクセプタ
V_{In}^0	3.04		
V_{In}^-	3.21	$E_V+0.17$	アクセプタ
V_{In}^{2-}	3.62	$E_V+0.41$	アクセプタ
V_{In}^{3-}	4.29	$E_V+0.67$	アクセプタ
Cu_{In}^0	1.54		
Cu_{In}^-	1.83	$E_V+0.29$	アクセプタ
Cu_{In}^{2-}	2.41	$E_V+0.58$	アクセプタ
In_{Cu}^{2+}	1.85	$E_C-0.34$	ドナー
In_{Cu}^+	2.55	$E_C-0.25$	ドナー
In_{Cu}^0	3.34		
Cu_i^+	2.04	$E_C-0.20$	ドナー
Cu_i^0	2.88		

果に関連している。

さらに，CuInSe$_2$では電気的に中性な（2V$_{Cu}^-$＋In$_{Cu}^{2+}$）欠陥ペアも生成し易く，これによってCuIn$_5$Se$_8$，CuIn$_3$Se$_5$，Cu$_2$In$_4$Se$_7$，Cu$_3$In$_5$Se$_9$などの化合物が安定に存在できることを指摘した。また，CuInSe$_2$が化学量論的組成からずれていても良好な電気特性を示すのは，V$_{Cu}$（アクセプタ）とIn$_{Cu}$（ドナー）が相互に打ち消し合い電気的に中性となる結果としている。同グループはCuGaSe$_2$についても同様な計算を行い，CuGaSe$_2$では（2V$_{Cu}^-$＋Ga$_{Cu}^{2+}$）欠陥対は生成し難く，表3に示すように，Ga$_{Cu}$ドナー準位はIn$_{Cu}$ドナー準位よりも深いため，CuGaSe$_2$のn形化は困難となることなどを示唆した。

他方，CIGSの特長の1つはpn制御がCu/(In＋Ga)比によって可能なことである。Cu過剰な領域では，低抵抗Cu$_2$Seとの混在となるため，キャリア濃度は6桁にも及ぶ急激な変化を呈する。伝導形は，わずかにIn過剰からCu過剰な領域でp形となり，In過剰領域でn形となる。これはCu/(In＋Ga)比によって固有欠陥の種類と量が異なり，アクセプタ濃度とドナー濃度の差が正か負によってp形またはn形が決まるからである。Siウェハベースの電子デバイスでは超高純度化し，禁制帯中の欠陥準位を極力なくして，ドナーまたはアクセプタ不純物を添加することでpn制御を行う。これに対してCIGS太陽電池では，不純物を添加して伝導形の制御を行うのでなく，最も生成しやすいCu空孔（V$_{Cu}$）がアクセプタとなることを利用している。実際に高効率CIGS太陽電池はp形となるCu/(In＋Ga)＝0.8〜0.9の領域で作製する。一方，Cu過剰な領域ではp形となるが，疑2元状態図で示したように，低抵抗Cu$_2$Seとの混在となるた

表3 CuGaSe$_2$の真性欠陥とその性質[7]

真性欠陥	生成エネルギー(eV)	欠陥準位(eV)	電気的性質
V$_{Cu}^0$	0.66		
V$_{Cu}^-$	0.67	E$_v$＋0.01	アクセプタ
V$_{Ga}^0$	2.83		
V$_{Ga}^-$	3.02	E$_v$＋0.19	アクセプタ
V$_{Ga}^{2-}$	3.40	E$_v$＋0.38	アクセプタ
V$_{Ga}^{3-}$	4.06	E$_v$＋0.66	アクセプタ
Cu$_{Ga}^0$	1.41		
Cu$_{Ga}^-$	1.70	E$_v$＋0.29	アクセプタ
Cu$_{Ga}^{2-}$	2.33	E$_v$＋0.61	アクセプタ
Ga$_{Cu}^{2+}$	2.04	E$_c$−0.69	ドナー
Ga$_{Cu}^+$	3.03	E$_c$−0.49	ドナー
Ga$_{Cu}^0$	4.22		
C$_{ui}^+$	1.91	E$_c$−0.21	ドナー
C$_{ui}^0$	3.38		

第1章　CIGS太陽電池の基礎

め，太陽電池材料としては使用できない。これに対して，CuIn$_3$Se$_5$相のようなIn過剰な組成領域ではInがCu空孔を埋めドナーであるIn$_{Cu}$が増加するためn形となる。また，Se空孔はドナーであるため，CIGSの電気特性はSe/(In+Ga)比にも依存することが知られている。

1.8　II族（Cd, Zn, Mg）ドーピングによる伝導形制御

　CuInSe$_2$中には多くのCu空孔（V$_{Cu}$：アクセプタ）が存在し，p形伝導となっていることがわかったが，pn接合太陽電池を形成するためには，膜表面をn形化し，pn接合を形成する必要がある。n形ドーパントに関して，ZungerらのグループはCdをCISとCGSに添加した場合に発生するCd$_{Cu}$（ドナー），In$_{Cu}$（ドナー）とCd$_{In}$（アクセプタ），V$_{Cu}$（アクセプタ）の各々の欠陥濃度を計算し，アクセプタ濃度Naとドナー濃度Ndの合計を比較した結果，CuInSe$_2$ではn形となるが，CuGaSe$_2$ではV$_{Cu}$濃度が高いため，n形になりにくいことを導き出した[9]。また，Mg，Znなどのドーピングも同様にCuInSe$_2$のn形ドーパントとして有効であるが，Cl，Br，I（アニオン・ドーパント）は適当でないと結論している[10]。実際のCIGS太陽電池では，CdSバッファ層を溶液成長法で堆積する際にCdとCIGS中のCuが置換し，Cd$_{Cu}$（ドナー）が生成することで膜表面がn形化しpn接合が形成されるというモデルが一般的に支持されている。

文　　献

1) T. Gödecke, T. Haalboom, F. Ernst : Z. Metallkd. **91** (2000) 622-634.
2) T. Hanada et al., Jpn. J. Appl. Phys. **36** (1997) L1494.
3) S. B. Zhang, Su-Huai Wei, and A. Zunger : Phys. Rev. B **57** (16) (1998) 9642-9656.
4) R. Herberholtz, U. Rau, H. W. Schock, T. Haalboom, T. Godecke, F. Ernst, C. Beilharz, K. W. Benz, D. Cahen : Eur. Phys. J. AP **6** (1999) 131.
5) S. Han, F.S. Hasoon, and J. W. Pankow : Appl. Phys. Lett. **87** (2005) 151904.
6) 例えば H. J. Möller, ed. : Semiconductors for Solar Cells, (Artech House, Inc., Boston, 1993) p.36.
7) A. Zunger, S. B. Zhang and S. Wei : 26th IEEE Photovoltaic Specialists Conf. (1997) 313-318.
8) S. M. Wasim : Solar Cells **16** (1986) 289-316.
9) Y. Zhao, C. Persson, S. Landy, and A. Zunger : Appl. Phys. Lett. **85** (24) (2004) 5860-5862.
10) S. Landy, Y. Zhao, C. Persson, and A. Zunger : Appl. Phys. Lett. **86** (2005) 042109-1-3.
11) 中田：CIGS太陽電池の基礎技術，日刊工業新聞社（2010）．

2 CIGS太陽電池の特長とセル／モジュール構造[12]

中田時夫*

2.1 はじめに

薄膜太陽電池は大面積化が可能で原料が少量で済むことや，結晶シリコン太陽電池に比べて製造工程が少ないこと等から，基本的に低コスト化に向いている。CIGS太陽電池にはこれらに加えて他の薄膜太陽電池にない際立った特長がある。ここではそれらについて紹介する。つぎに，CIGS太陽電池を構成している材料について簡単に触れる。最後にCIGS太陽電池の基本構造と，現在市販の大面積モジュールを分類し，解説する。

2.2 CIGS太陽電池の特長

表1はCIGS太陽電池の特長をまとめたものである。この表に示すように，CIGS太陽電池は，太陽電池の大量普及に必要な"高効率，安い，劣化しない"の3条件を満たしている。ここではこのような優れたCIGS太陽電池の特長について紹介する。

（1）高い変換効率

CIGS太陽電池は低コスト薄膜太陽電池の中では最も高い変換効率が得られ，$0.5\ cm^2$程度の小面積CIGSセルでは多結晶シリコン太陽電池並みの変換効率20.1％が達成されている。また，30 cm×30 cmのサブモジュールで開口部変換効率16.0％，および60 cm×120 cmの大面積モジュールで14.2％が報告されている。

このように高い変換効率が可能となる理由はCIGSの特異な物性による。すなわち，①シリコンが禁制帯幅1.1 eVと一定であるのに対して，CIGSはGa濃度を高めることで禁制帯幅を1.01 eVから1.64 eVまで制御できる。このとき伝導帯の底が上方に移動するため，高効率化に寄与する2重傾斜禁制帯（Double Graded Bandgap）の形成が可能となる。②結晶粒界がキャリア

表1 CIGS太陽電池の特長

（1）高い変換効率
（2）光劣化がなく長期信頼性に優れる
（3）低コスト
（4）優れた耐放射線特性
（5）Na効果による変換効率と歩留まりの向上
（6）優れた意匠性
（7）安全性
（8）超高純度は必要でない
---

* Tokio Nakada　青山学院大学　理工学部　電気電子工学科　教授

第 1 章　CIGS 太陽電池の基礎

の再結合中心とならない，③ヘテロ接合でなく浅いホモ接合，④光吸収係数が大，⑤ Na 効果による開放電圧の向上，などである。これらの特長はシリコン系や CdTe 系にない CIGS 太陽電池の強みである。さらに，太陽電池の理想的な禁制帯幅 1.4 〜 1.5 eV をもつワイドギャップ CIGS 太陽電池の高効率化が進めば 25 〜 28 ％の変換効率も期待できる[1]。

（2）　光劣化がなく長期信頼性に優れる

CIGS 太陽電池を市場に投入するには長期信頼性が必須条件であるが，CIGS 太陽電池には，アモルファスシリコン太陽電池に見られるような光劣化がない。旧 SSI（Siemens Solar Industries：米国）社は NREL のフィールド試験サイトで通算 10 年間の屋外暴露試験を実施し，CIGS モジュールの長期信頼性を実証している[2]。また，1998 年には $Cu(In,Ga)(Se,S)_2$ 光吸収層を採用した新型 1 KW アレイが設置され，今も安定動作中である。同様な屋外暴露試験や加速劣化試験は，現在 CIGS 太陽電池モジュールを製造販売している各社も実施しており，長期安定性を確認している[3]。

（3）　低コスト

CIGS 太陽電池の製造価格は以下の理由によって安価となる可能性が高い。第 1 に高い変換効率を挙げることができる。変換効率が 1 ％上がれば販売価格が 10 ％下がると言われている[4]。第 2 に CIGS 膜厚がシリコン太陽電池の百分の 1 の 1 〜 2 μm 程度であるので，少量の原料で済む。第 3 に基板材料として安価なソーダライム（青板）ガラス（SLG）が使用できる。これは，SLG の熱膨張係数が CIGS とほぼ同じであるため，膜の剥離がなく，CIGS 太陽電池の高効率化に必要な Na 源となっていること，さらに，パターニングに必要な表面平坦性に優れるなどの理由による。第 4 に製造工程はシリコン太陽電池の半分で済むこと。第 5 に原料純度はシリコン太陽電池のように超高純度は必要なく 99.99 ％程度でも高効率が得られることなどである。

（4）　優れた耐放射線特性

宇宙環境に近い電子線およびプロトン照射実験が各種太陽電池について行われ，CIGS 太陽電池が InP 系，GaAs 系および Si 系に比べ，優れた耐放射線特性を有することが明らかにされた[5]。また，実際に JAXA の人工衛星（MDS 1 つばさ）に複数種類の太陽電池が搭載され，CIGS 太陽電池が宇宙線に対して最も強いことが実証された[6]。CIGS 太陽電池は軽量基板の使用によって，出力／重量比を大きく取れるため，今後，地上電力用以外の新たな用途として，宇宙用太陽電池への応用が期待できる。

（5）　Na 効果による変換効率と歩留まりの向上

普通シリコンのような半導体ではアルカリ金属はごく微量でもデバイスの性能を低下させるが，CIGS 太陽電池では，逆に Na がある方が，変換効率も歩留まりも上がる。また，高効率が得られる組成範囲が拡大する。CIGS 太陽電池でソーダライムガラス基板が用いられるのは，低コス

トで熱膨張係数が CIS と近いこと以外に Na 源として利用できるためである。ステンレスやポリイミドなどソーダライムガラス以外の基板材料では，太陽電池の高効率化には Na の添加が必須である。

（6）優れた意匠性

シリコン太陽電池はウェハ上に導電性電極をプリントしたグリッド型セル構造であり，ウェハ同士を半田付けする必要がある。これ対してモノリシック集積型 CIGS 太陽電池は透明導電膜によって単セルを接続するため，モジュール全体が黒色である。もともと CIGS は半導体の中では最も光吸収係数が大きいため，黒色に見える。また，深い赤色，緑色，青色のカラーモジュールも可能であり，意匠性に優れる。さらに用途拡大をめざしたシースルー型 CIGS モジュールなども製造されている。

（7）安全性

CIGS は，化学結合論的にはダイヤモンド構造の延長線上にあり，共有結合性（Cu-Se 結合）とイオン性（In-Se 結合）を有し，常温，常圧で安定な化合物である。また，酸や水に溶け難く化学的にも安定である。CIGS の環境に対する安全性については European and German programs で検討され，ZSW（独）で製造される CIGS モジュールは環境と人体に対して重大な影響を及ぼさないとの結論を得ている[7]。また，米国ブルックヘブン国立研究所はラット試験を行い CIGS の安全を確認している[8]。この他，同研究所は太陽電池の製造，消費，廃棄時の安全性に関して詳細な報告を行っている。また，国内では，電力中央研究所が NEDO の委託事業で CIGS モジュールの燃焼試験と溶出試験を実施し，3 KW 級の CIGS 太陽電池を設置した家屋の火災を想定した場合，Se 等の濃度は環境基準値よりも低い値であると報告している[9]。また，モジュールを粉砕した溶出試験に関しては，もともと CIS は酸に難溶のため，溶出基準値よりも十分低い値となる[9,10]。ただし，モジュール製造過程において H_2Se ガスや CdS バッファ層を使用する際は安全管理に十分配慮し，最終処理を見通した製品管理やリサイクルなどの検討も必要である。

2.3 CIGS 太陽電池の構成材料

CIGS 薄膜太陽電池は，図1に示すように，ガラス基板上に，裏面電極／光吸収層／バッファ層／高抵抗バッファ層／透明導電膜の順に積層した多層薄膜デバイスである。この構造は最も一般的であり，後述するようにサブストレート型と呼ばれる。基板材料にはソーダライムガラス（SLG），ステンレス，ポリイミド，チタン箔などが用いられる。これらの基板は熱膨張係数が CIGS に近いこと，500～550 ℃程度の CIGS 製膜温度に耐えることなどの条件を満たす必要がある。また，裏面電極材料としては Mo スパッタ膜が通常用いられる。これは，CIGS 製膜時に

第1章　CIGS太陽電池の基礎

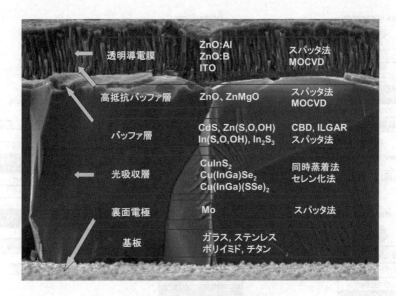

図1　CIGS系太陽電池の構成材料

Mo/CIGS界面にMoSe$_2$が形成され，オーミック性となることや，モノリシック集積型モジュール製造時のメカニカル・スクライブが容易になるためである。光吸収層にはCu(InGa)Se$_2$，Cu(InGa)(SSe)$_2$，CuInS$_2$が実用化されており，主に同時蒸着法やセレン化法により製膜される。バッファ層はpn接合の形成に重要な役割を担っており，主に溶液成長法（CBD，Chemical Bath Deposition）で作製したCdS，Zn化合物，In化合物などが用いられる。また，高抵抗バッファ層には，ZnOやZnMgOが使われており，光吸収層の不均一性の影響を補償する役目をしている。透明導電膜には，Al添加ZnOスパッタ膜やMOCVD法で作製したB添加ZnOが用いられる。

2.4　CIGS太陽電池の基本構造

　CIGS太陽電池にはサブストレート型とスーパーストレート型と呼ばれる2つのタイプが良く知られている。これ以外にも基礎研究段階であるが，いくつかのセル構造が報告されている。図2はサブストレート型から派生するCIGS太陽電池のセル構造をまとめたものである。以下にこれらの概要について紹介する。

（1）　サブストレート型

　CIGS太陽電池の基本構造は，図1および図2に示すように，ガラス基板と逆側から光を入射する構造で"サブストレート型"と呼ぶ。サブストレート型は，CIGS太陽電池の開発当初から多くの大学や研究機関で研究開発が行なわれ，小面積セルでは最も高い変換効率20％が達成さ

CIGS 薄膜太陽電池の最新技術

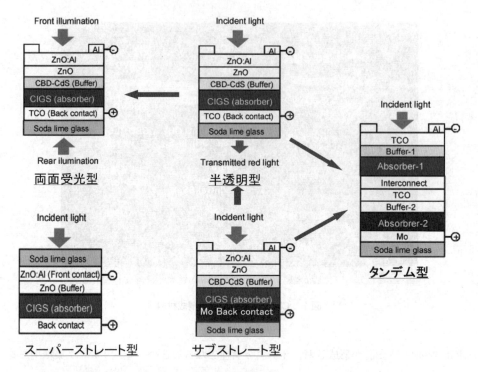

図2 サブストレート型CIGS太陽電池から派生する各種セル構造

れている。また，現在，市販の大面積モジュールは基本的にすべてこのタイプである。CIGS太陽電池にはこの他，サブストレート型から派生するスーパーストレート型，タンデム型，両面受光型などのセル構造が提案されているが，今のところ，これらは研究開発段階である。以下にこれらについて簡単に紹介する。

（2） スーパーストレート型

サブストレート型とは逆に，ガラス基板側から光を入射するセル構造を"スーパーストレート型"と呼ぶ。スーパーストレート型はタンデム型のトップセル構造として有用であるが，CdSやZn化合物系バッファ層を堆積した上に，CIGS薄膜を高温で堆積するため，バッファ層／CIGS界面で相互拡散が起こり，良好な接合形成が困難となる。そのため，これまでの最高変換効率は12％程度と十分でなく，実用化に至っていない。高温製膜に耐えうる接合形成が今後の技術課題である。

（3） タンデム型

サブストレート型の裏面電極には通常Moが使用されるが，これを透明導電膜に代えることにより半透明太陽電池ができる。とくに，ワイドギャップ$CuGaSe_2$（$Eg = 1.64\,eV$）を光吸収層にすることで長波長光を透過する太陽電池となる。また，これをトップセルとし，サブストレー

第1章　CIGS 太陽電池の基礎

ト型の $Cu(In_{0.7}Ga_{0.3})Se_2$（Eg = 1.15 eV）セルと組み合わせることにより，タンデム（多接合）型セルが形成できる。このような 2 接合タンデム型 CIGS セルの理論効率は 26 ％程度とされるが，現状ではトップセルの変換効率が 10 ％程度と低く，トップセルの高効率化が大きな課題となっている。

（4）　両面受光型

裏面電極として，広い波長領域で高透過率を有する透明導電膜を用い，CIGS 膜厚を 1 μm 以下に薄くし，裏面入射光を表面側の発電層に到達するように設計したものが，両面受光型 CIGS 太陽電池である。透明導電膜として高電子移動度 ITiO（Ti 添加 In_2O_3）などを用いる。このタイプのセルでは，裏面からの入射光も発電に寄与するため，全発電量の増加が期待できる。

通常の CIGS 太陽電池では CIGS/Mo 界面に $MoSe_2$ が生成し，オーミック特性となる。これに対して，両面受光型は透明裏面電極上に CIGS 薄膜を高温製膜するため，CIGS/TCO 界面で高抵抗 Ga_2O_3 薄層が生成し，セル性能の低下要因となっている。また，裏面受光の場合，接合部に入射光を到達させるためには，CIGS 薄膜を 1 μm 程度に薄くする必要があり，今後，光閉じ込め効果の技術開発が必要である。

（5）　新型のバックコンタクト構造

最近，Nanosolar 社（米）から，新しいセル構造として，バックコンタクト型が報告された。これは図 3 に示すように，表面で収集したキャリアを小さな穴を介して，裏面の金属箔に流れるようにしたものである。通常の単セル型で大面積にすると，電流が大きくなりすぎるため，FF が低下し，変換効率が低下するが，このタイプではこの問題を回避できる。また，透明導電膜や裏面 Mo 薄膜を薄くできる利点もある。

もう 1 つの新しいセル構造は，Scheuten Solar 社が開発したもので直径 0.2 mm のガラスビーズの上にモリブデンをスパッタし，$CuInS_2$，CdS，透明導電膜を積層したものを，金属板に埋め込み，Mo 裏面電極を裏面金属板に接続したものである（図 4）。このようなバックコンタクト型は光が基板と逆側から入射することから，電極構造の違いを除けば，サブストレート型の一種と考えることができる。

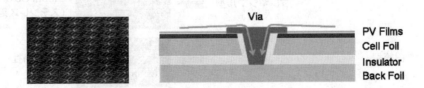

図3　Nanosolar 社の開発したメタルラップスルー（MWT）バックコンタクトセル
　　キャリアは透明電極から孔を通り裏面金属箔に移動する。

CIGS 薄膜太陽電池の最新技術

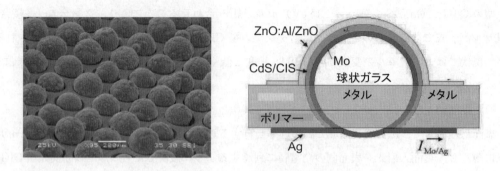

図4　Scheuten Solar 社が開発した球状 CIS セル
球状のガラスビーズ（0.2 mmΦ）上に $CuInS_2$ を形成。

2.5　大面積モジュールの構造

現在，市販されている大面積 CIGS モジュールはモノリシック集積型モジュール（Monolithic Integrated PV Module）とグリッド型（Grided PV Module）に大別できる。また，その他のモジュール構造として，Solyndra 社（米）により2重円筒ガラス内に CIGS 太陽電池を封入したモジュールも開発されている。このタイプは，全方向から入射する光を発電に利用できる点や，風圧に強いため，設置コストを低減できるなどの利点があるとしている。図5は市販の大面積 CIGS モジュールを分類したものである。以下にそれらの概要を述べる。

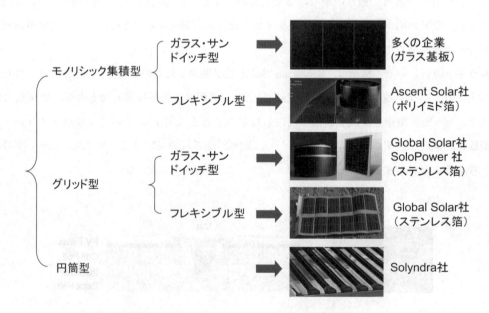

図5　市販の大面積 CIGS モジュールの種類[12]

第 1 章　CIGS 太陽電池の基礎

（1）　モノリシック集積型モジュール

　現在，市場に展開している CIGS 太陽電池モジュールは，ガラス基板を用いたモノリシック集積型モジュールと呼ばれるタイプが主流であり，全世界で 8 つの企業が 30 MW/年以上の製造能力を発表している。また，用途拡大をめざしたカラーモジュールやシースルー型なども開発されている。モノリシック集積型モジュールは，基本的には前述したサブストレート型であるが，図 6 に示すように，1 枚の大面積ガラス基板上に幅 3〜5 mm 程度の細長い複数の太陽電池（セル）を透明導電膜で直列に接続した構造となっている。

　市販の太陽電池モジュールでは屋外で 20 年以上の長期安定性を維持するため，性能劣化の原因となる湿気に対する対策が必要となる。そこで図 7 に示すように，結晶 Si 太陽電池と同じ部材とラミネーション工程が適用される。すなわち，CIGS 太陽電池の表面透明電極と白板半強化ガラスの間に EVA（エチレンビニルアルコール）を置き，加熱架橋させて両者を接着すること

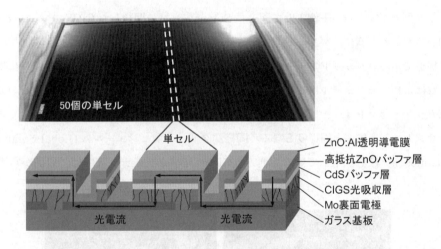

図 6　モノリシック集積型モジュールの概観（上）と断面構造（下）

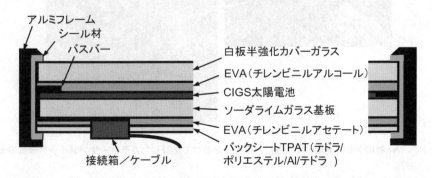

図 7　"ガラス・サンドイッチ"構造（合わせガラス構造）PV モジュールの断面

で，CIGS太陽電池を2枚のガラスで挟んだ"ガラス・サンドイッチ"構造（合わせガラス構造ともいう）構造とする。さらにエッジ部分をシール材で封じることで高い耐湿性を確保している。また，太陽電池で発電した電力を外部に取り出すためには，バスバー（リボン状の電極）をエッジ部分で折り曲げて裏面に設置した接続箱（ジャンクションボックス）に接続する必要があるが，裏面電極の保護と絶縁性を確保するため，バックシート（TPAT：テドラ／ポリエステル／アルミニウム箔／テドラ）で覆っている。

他方，このタイプでは2枚の板ガラスを使用するため，かなり重く，曲げることもできない。これに対して，ポリイミド箔を用いた軽量フレキシブル・モノリシック集積モジュールも開発されている。ポリイミドは金属箔基板と異なり，絶縁膜の必要がないため，基本的にモノリシック集積化が可能である。実際，Ascent Solar 社ではポリイミド箔を用いて，モノリシック集積型フレキシブルCIGSモジュールの製造に成功している。

（2） グリッド型モジュール

グリッド型モジュールの一例として図8にSolopower社の開発したCIGSモジュールを示す。この図からわかるように，グリッド型モジュールは表面電極を付けた複数のグリッド型セルを結線した構造である。グリッド型セルは単結晶Si太陽電池で言えば，1枚のSiウェハに相当すると考えればよい。モジュールは長期安定性を確保するため，図8に示したような2枚のガラスで挟んだガラス・サンドイッチ構造を採用している。この場合にはフレキシブル性はなく重量もガラス・サンドイッチ構造と同程度となる。同様なグリッド型モジュールはGlobal Solar Energy社やNaonosolar社も採用している。他方，Global Solar Energy社では，以前から軍用に携

図8 SoloPower社のグリッド型セル（左）とこれらを並べて結線したガラス・サンドイッチ構造のモジュール（右）
　　グリッド型セルは単結晶Si太陽電池で言えば，1枚のSiウェハに相当する[11]。

第1章　CIGS太陽電池の基礎

帯型のグリッド型CIGSモジュールを製造しており，基板にはステンレス箔を，表面には耐湿性フィルムを使用し軽量・フレキシブル化を図っている。

フレキシブルCIGSモジュールとしては，前述したように基板としてポリイミド箔が用いた場合にはモノリシック集積型の製造が可能であるが，ステンレスやチタン（Ti）などの金属箔基板の場合は，グリッド型構造となる。これは，金属箔基板上への優れた絶縁膜が未開発であり，モノリシック集積型に必要な単セル間の電気的分離が困難なためである。

一方，フレキシブル太陽電池は，ロール・ツー・ロール法による高速製膜の可能性があり，軽量・フレキシブル性を活かした建物一体型太陽光発電（BIPV：Building-Integrated Photovoltaics）やモバイル用，民生機器にも対応できることなどから，その用途拡大が期待されている。さらに，ポリイミド箔を用いたCIGS太陽電池は，CIGS自体のもつ優れた耐放射線特性に加えて出力対重量比が大きなことから宇宙用としても注目される。

文　献

1) 例えば H. J. Möller, ed. : Semiconductors for Solar Cells, (Artech House, Inc., Boston, 1993) p.36.
2) B. Kroposki and R. Hansen: Proc. 15th NCPV Photovolt. Prog. Rev. (1998) 611-616.
3) K.Kushiya, S.Kuriyagawa, K.Tazawa, T.Okazawa and M.Tsunoda: Proc. IEEEPVSC (2006) 348.
4) L. Stolt: presented at the 24th EU-PVSEC 2009)
5) H. W. Schock and K. Bogus: Proc. 2nd World Conf. Photovoltaic Energy Conversion (1998) 3586-3589.
6) T. Hisamatsu, T. Aburaya, and S. Matsuda: Proc. 2nd World Conf. Photovoltaic Energy Conversion (1998) 3568-3571.
7) M. Powalla and B. Dimmler: Thin Solid Films 361-362 (2000) 540-546.
8) W. Thumm, A. Finke, B. Neumeier, B. Beck, A. Kettup, H. Steinberger, and P. D. Moskowitz: Proc. 1st World Conf. Photovotaic Energy Conversion (1994) 262-265.
9) 平成１１年度新エネルギー・産業技術開発機構委託用務報告書，電力中央研究所「化合物太陽電池モジュールの環境対策の調査研究」P-80.
10) P. D. Moskowitz and V.M. Ftehnakis: Solar Cells, Vol. 29, No.1 (1990) 63-71.
11) B. M. Basol：5th Workshop on the Future Direction of Photovoltaics 4-5 (March 2009).
12) 中田：CIGS太陽電池の基礎技術，日刊工業新聞社 (2010).

3 CIGS太陽電池の現状性能

中田時夫[*]

3.1 はじめに

現在，一般家庭の屋根に設置されている太陽電池パネルのほとんどは結晶シリコン太陽電池である。しかしながら，最近では薄膜系太陽電池の伸びが著しく，数年後にはかなりのシェアを占めると予想される。本章では最初に，太陽電池にはシリコン太陽電池以外にも色々な種類があり，その中でCIGS太陽電池の変換効率が多結晶シリコン太陽電池と同程度に改善されていることを紹介する。次に，小面積CIGSセル，大面積モジュールおよびフレキシブルセル／モジュールの現状性能について述べる。

3.2 主な太陽電池の現状効率

図1に主な太陽電池の小面積セルと大面積モジュールの変換効率を示す。この図からわかるように，単結晶Si（単接合）やGaAs（単接合）セルでは，各々，25.0％および26.4％の変換効率が達成されており，大面積モジュールの変換効率も高い。しかしながら，超高純度で低欠陥密度のウェハが必要なことや，製造プロセスが多いことなどから，コスト高となる。これに対して，薄膜系は膜厚がバルク結晶系の約100分の1であることや，ガラス基板上に形成することで大面

	材料	セル変換効率(%)	モジュール変換効率(%)	コスト
バルク結晶系	単結晶Si	25.0	22.9	高
	多結晶Si	20.4	15.5	高
	単結晶GaAs	26.4	-	高
薄膜系	a-Si	10.1	6.3	安
	a-Si/μc-Si	11.7	8.3	安
	a-Si/a-Si/a-SiGe	12.1	10.4	安
	CdTe	16.7	10.9	安
	$Cu(InGa)Se_2$	20.1	13.8	安
	色素増感	11.2	9.2	安
	有機薄膜系	7.9	3.5	安

図1 主な太陽電池のセル効率とモジュール効率[31]

* Tokio Nakada　青山学院大学　理工学部　電気電子工学科　教授

第1章　CIGS太陽電池の基礎

積化が可能，および製造プロセスが簡単であることなどから，本質的に低コスト化に向いている。しかしながら，一般的に変換効率はバルク結晶系よりも低くなる。ただし，薄膜系の中でCIGSだけは例外であり，小面積セルでは多結晶Siと同程度の変換効率20％が得られている。

3.3　小面積セルの現状効率

　図2は各種太陽電池（＜1 cm^2）の変換効率の年次推移を米国再生可能エネルギー研究所（NREL, National Renewable Energy Laboratory）がまとめたものである。この図から分かるように，CIGS太陽電池の変換効率は1995年頃から多結晶Si太陽電池に急接近し，現在ではほぼ同程度となっている。これは，この時期に溶液成長CdSプロセスが導入されたことや3段階法と呼ばれる高品質CIGS製膜技術開発に負うところが大きい。表1はCIGS太陽電池の現状性能をまとめたものである。近年，CIGS太陽電池の変換効率はこの表に示すように多くの研究機関で19％を超えるようになった。とくにNRELにより変換効率20.0％が達成され[1]，この材料系のもつ高いポテンシャルが再確認された。また，ごく最近になって，ZSW（独）から20.1％達成との発表があり，記録が塗り替えられた。

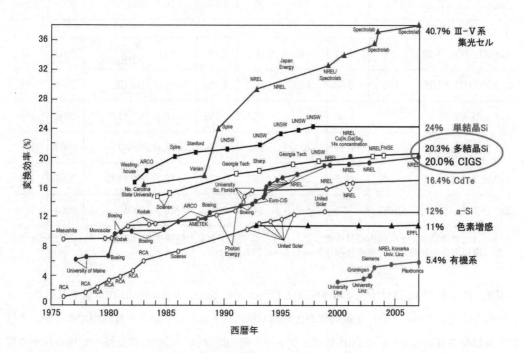

図2　各種太陽電池の変換効率の年次推移
CIGS太陽電池は薄膜系では最も変換効率が高く，多結晶Siと同程度の変換効率が得られている（NRELホームページ http://www.nrel.gov/pv/thin_film/docs/kaz_best_research_cells.ppt より）。

表1 小面積CIGS太陽電池／ガラス基板の性能（2010年7月現在）[32]

セル構造	面積 (cm²)	V_{oc} (mV)	J_{sc} (mA/cm²)	FF	変換効率 (%)	研究機関	発表年	文献
【CdS含有太陽電池】								
ZnO:Al/ZnO/CdS/CIGS	0.503	720	36.3	0.768	20.1	ZSW	2010	7)
ZnO:Al/ZnO/CdS/CIGS	0.419	691.8	35.74	0.810	20.0	NREL	2008	1)
ZnO:Al/ZnO/CdZnS/CIGS	0.41	705	35.5	0.779	19.5	NREL	2006	2)
ZnO:Al/ZnO/CdS/CIGS	0.50	718.5	34.3	0.784	19.3	シュツットガルト大	2007	3)
ZnO:Al/ZnO/CdS/CIGS	0.50	697	35.5	0.775	19.2	HZB/ショット社	2009	15)
ZnO:Al/ZnMgO/CdS/CIGS	0.49	725.4	32.7	0.788	18.7	青学大	2009	4)
ZnO:Al/ZnO/CdS/CIGS	0.52	717	34.3	0.757	18.6*	産総研	2007	6)
ITO/ZnO/CdS/CIGS	0.96	674	35.4	0.774	18.5*	松下電器	2001	5)
ZnO:Al/ZnO/CdS/CIGS	—	727	32.8	0.759	18.1	EMPA	2009	13)
【Cdフリー太陽電池】								
ZnS(O,OH)/CIGS	0.40	661	36.1	0.782	18.6	青学大/NREL	2003	8)
ZnS(O,OH)/CIGS	0.40	670	35.1	0.788	18.5	NREL	2004	9)
Zn(O,S)/CIGS	0.50	689	35.5	0.758	18.5	ウプサラ大	2006	10)
ZnS(O,OH)/CIGS	0.16	671	34.9	0.776	18.1*	青学大	2002	11)
ZnMgO/CIGS	0.5	668	35.7	0.757	18.1	ウプサラ大	2007	12)
ZnMgO/ZnS(O,OH)/CIGS	0.5	680	34.5	0.770	18.0	ZSW	2009	14)

＊印は真性変換効率で上部電極部分を差し引いた受光面積で計算した変換効率（Active-Area Efficiency）
他は電極部分を含めた実効変換効率（Total Area Efficiency）

　現在，高効率太陽電池はすべて溶液成長法（Chemical Bath Deposition）で作製したCdSバッファ層を使用している。高い変換効率が比較的簡単に得られることが大きな理由であるが，本格的な商業化を進める上で，CdS代替バッファ層の研究開発は，環境負荷低減の立場からその重要度を増している。とくに，欧州では有害物質使用規制に関するRoHS指令の関係でCdフリー化が将来的な課題となっている。もう一つの理由は変換効率の改善が見込まれるためである。すなわち，CdSの禁制帯幅が2.4 eVであるため，短波長光の吸収損が生じ，出力電流が低下する。

これを回避するため，ワイドギャップバッファ層の研究開発が進められている。

これまでに，多くの代替バッファ層が提案されてきたが，比較的高い変換効率が得られているのは，溶液成長法によるZn化合物系とIn化合物系である。表1に示したように，これまでに，ZnS(O,OH)バッファ層を用い，変換効率18.6％[8]が得られている。Zn化合物系バッファ層は，Cdフリーというだけでなく，禁制帯幅が3.7 eV程度とCdSよりも広いため，短波長領域における量子効率の改善に効果的である。このため，短絡電流はCdSバッファ層に比べ，増加する。ただし，プラズマダメージに弱いため，後段プロセスのZnO製膜は注意を要する。

3.4 大面積CIGSモジュールの現状効率

表2に大面積CIGSモジュールの現状性能まとめた。最近，大面積モジュールの技術開発が進展し，小面積セルとの差が縮小傾向にある。30 cm×30 cmサブモジュールでは，昭和シェル石油が開口部変換効率（Aperture-Area Efficiency）16.0％を報告したが，AVANCIS（独）からも同サイズで15％を達成したとの発表があった。また，市販品と同サイズの60 cm×120 cm CIGSモジュールではQ-Cells/Solibro（独）の発表した開口部変換効率で13.5％，および30 cm×120 cmモジュールでは昭和シェル石油社の13.6％がこれまでのチャンピオンデータであった。ところが，ごく最近になって，Miasole（米）からステンレス基板を用いた1 m角級（0.97 m^2）の大面積モジュールで13.8％の発表があり，急速に効率改善が進展している。

市販のCIGSモジュールでは，フレームを含めたモジュール効率は8～12％程度であり，Solibro（独）の12.2％がトップデータである。また，90 Wを超えるモジュールを販売する企業は全世界で7社あるが，今後，急速に増えると予測される。現在，市販品のモジュール変換効率は10～12％程度であるが，最近，技術開発のスピードが加速しており，2～3年後には13～14％台となる可能性が高い。

一方，欧米各国企業ではCdSバッファ層を用いており，Cdフリー化に成功していない。特に欧州ではCdは有害物質に指定されていることから，現在，勢力的にCdS代替バッファ層の研究開発に取り組んでいる。これに対して，国内では，昭和シェル石油がZn(O,S,OH)を，ホンダソルテックがInS系バッファ層を実用化しており，この分野では一歩リードしている。

他方，図3に示すように，小面積セルに比べると変換効率の差はまだ4％程度と大きい。両者の変換効率の差は，それらの構造と製膜法の違いによる。小面積セルでは，変換効率の限界を求めた設計となっているが，大面積モジュールでは，変換効率と低コスト化の両立が必要となる。例えば，大面積モジュールでは，小面積セルに比べてCIGS製膜は短時間で行い，コスト削減のため，膜厚も薄い。ZnO:Al透明導電膜の膜厚に関しても，小面積セルでは薄くし，反射防止膜を付けるが，大面積モジュールでは，インターコネクトのため透明導電膜の膜厚を厚くする。こ

のため，光吸収損が生じる。また，反射防止膜はコスト削減のため用いていない。さらに，セル間の分離のため，非発電領域が生じる。したがって，CIGS 太陽電池モジュールの高効率化には，その構造に即した要素技術開発が必要である。

表2 大面積 CIGS モジュールの性能（2010年7月現在）[32]

接合構造	受光面積 (cm^2)/セル	V_{oc} (V)	I_{sc} (A)	FF	η_{ap} (%)	P_{max} (Wp)	企業名
30 cm×30 cm ガラス基板モジュール							
ZnO:B/Zn(O,S,OH)/CIGSSe/Mo/SLG	841	42.1	0.450	0.712	16.0	13.5	昭和シェル石油（日）
ZnO:Al/CdS/CIGSSe/Mo/SLG	668	-	-	-	15.1	-	AVANCIS（独）
ZnO:Al/ZnO/In$_2$S$_3$/CIGS/Mo/SLG	900	27.8	0.457	0.726	12.9	9.22	Wuerth Solar（独）
ZnO:Al/ZnO/CdS/CIGS/Mo/SLG	900	-	-	0.652	13.8	-	ZSW（独）
ZnO:Al/ZnO/CdS/CIGS/Mo/SLG	900	35.85	0.36	0.640	12.0	8.19	HelioVolt（米）
30 cm×120 cm ガラス基板モジュール							
ZnO:B/Zn(O,S,OH)/CIGSSe/Mo/SLG	3459	29.1	2.53	0.638	13.6	47.0	昭和シェル石油（日）
ZnO:Al/ZnO/CdS/CIGS/Mo/SLG	3454	38.5	1.20	0.564	7.5	26.0	Energy PhotoVoltaic（米）
>60 cm×120 cm ガラス基板モジュール							
ZnO:Al/ZnO/CdS/CIGS/Mo/SLG	6840	-	-	-	14.2	-	Solibro/Qcells（独）
ZnO:Al/ZnO/CdS/CIGS/Mo/SLG	6937	62.2	1.64	0.739	13.5	90.5	Solibro/Qcells（独）
ZnO:B/Zn(O,S,OH)/CIGSSe/Mo/SLG	7128	60.2	2.262	0.684	13.1	93.1	昭和シェル石油（日）
ZnO:Al/ZnO/CdS/CIGS/Mo/SLG	6507/79	51	2.32	0.715	13.0	85	Wuerth Solar（独）
ZnO:Al/CdS/CIGSSe/Mo/SLG	5400	-	-	-	12.8	-	AVANCIS（独）
ZnO:Al/ZnO/InS/CIGS/Mo/LAG	10039/450	279.3	0.653	0.705	12.8	128.5	ホンダソルテック（日）
ZnO:Al/CdS/CIGSSe/Mo/SLG	6102/64	36.5	2.43	0.690	11.6	61.3	Johanna Solar（独）
ZnO:Al/CdS/CuInS$_2$	7381	-	-	-	8.7	64	SulfurCell（独）
メタル&ポリイミド基板モジュール							
ZnO:Al/ZnO/buffer/CIGS/Mo/SS	9762	26.34	7.167	0.712	13.8	134.4	Miasole（米）
ZnO:Al/ZnO/CdS/CIGS/Mo/SS	3883	11.86	6.428	0.671	13.2	51.1	Global Solar Energy（米）
ZnO:Al/ZnO/CdS/CIGS/Mo/SS	3708.8	16.84	3.941	0.640	11.2	41.4	SoloPower（米）
ZnO:Al/ZnO/CdS/CIGS/Mo/Al	218.9	0.367	7.84	0.647	11.34	2.48	Nanosolar（米）
ZnO:Al/ZnO/CdS/CIGS/Mo/PI	20 cm幅	23.3	6.89	-	-	90	Solarion（独）
ZnO:Al/ZnO/CdS/CIGS/Mo/PI	6300	47.5	1.8	-	-	52.6	Ascent Solar（米）
円筒状モジュール							
−CIGS−/Glass	19660	94.2	2.06	-	-	135	Solyndra（米）

η_{ap}：開口部変換効率, Cu(InGa)Se$_2$=CIGS, CIGSSe=Cu(InGa)(SSe)$_2$,
LAG: Low alkali glass, SS：ステンレス, PI：ポリイミド

第 1 章　CIGS 太陽電池の基礎

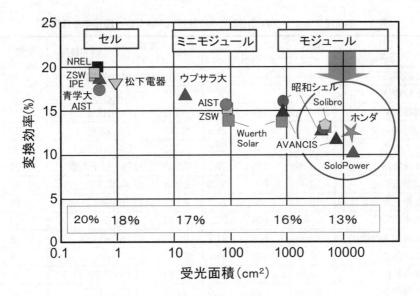

図3　CIGS 太陽電池セル／モジュールの受光面積と変換効率（開口部）の関係[32]

3.5　フレキシブル太陽電池

　フレキシブル CIGS 太陽電池用の基板として必要な条件は，第 1 に熱膨張係数が CIGS に近いこと，第 2 に CIGS 製膜温度である 500〜550 ℃で，CIGS キラーとなる Fe, Ni などの不純物が CIGS 中に拡散しないこと，第 3 に基板表面の平坦性である[16]。また，ソーダライムガラス基板と異なり，高効率化には CIGS 膜中へのアルカリ金属添加が必須条件となる。

　このような条件を満たす基板材料として，表 3 に示すように，チタン（Ti），ステンレス，ポリイミドなどが使用されている。これらの中で，Ti 箔は熱膨張係数が CIGS に近く，高温製膜の際に Fe や Ni の CIGS 膜中への拡散がないことから，高効率が期待できる。青学大では，Ti 箔基板を用いて ZnO:Al/ZnS(O,OH)/CIGS/Mo/Ti 構造のセルを作製し，変換効率 17.9 ％を達成している[16]。ステンレス基板の場合には，熱膨張係数が CIGS に近い SUS 430 以外では，CIGS 薄膜の剥離が生じるため注意を要する。ただし，Ti 箔に比べて，安価かつ，表面平坦化が可能であるため，CIGS 太陽電池用のフレキシブル基板として一般的に使用されている。ポリイミド箔の場合，その耐熱性は 450 ℃程度であるため，CIGS 製膜時の基板温度を低く抑える必要がある。このため，通常は CIGS 薄膜の結晶性が劣り，変換効率は低くなる。ところが，ごく最近 EMPA（スイスの国立研究機関）のグループによりポリイミド基板上で従来の変換効率を大幅に塗り替える 17.6 ％が報告された[25]。これは 3 段階法と Na 添加法を再検討することで，450 ℃という比較的低温でも Ga 組成のグレーディングを最適化した結果であるとしている。

　大面積フレキシブル・モジュールに関しては，これまで，GSE（Global Solar Energy, Inc.）

表3 小面積フレキシブルCIGSセルの性能（AM 1.5）（2010年7月現在）

基板材料	CIGS製膜法	面積 (cm²)	V_{oc} (mV)	J_{sc} (mA/cm²)	FF	変換効率 (%)	研究機関	文献	発表年
Ti	3段階法	0.50	645	37.4	0.740	17.9	青学大	16	2009
Ti	3段階法	0.483	637	36.7	0.742	*17.4	AIST	17	2008
Ti	同時蒸着法	0.5	669	34.3	0.741	17.0	HZB	18	2009
Ti	同時蒸着法	0.56	651	28.5	0.741	13.8	ZSW	19	2005
SS	3段階法	0.41	646	36.4	0.742	17.4	NREL	20	1999
SS	3段階法	0.96	628	37.2	0.723	*17.0	松下電器	21	2003
SS	同時蒸着法	0.41	609	35.3	0.718	15.45	GSE	22	2010
SS	電着／セレン化法	0.48	546	37.47	0.672	13.76	SoloPower	23	2008
SS	同時蒸着法	0.5	628	27.1	0.72	12.3	ZSW	24	2003
PI	改良型3段階法	0.579	688	34.7	0.723	17.6	EMPA	25	2010
PI	3段階法	0.50	605	35.1	0.741	15.7	青学大	26	2009
PI	3段階法	0.50	581	36.9	0.725	15.5	HZB/ZSW	27	2010
PI	3段階法	0.496	619	36.0	0.658	*14.7	AIST	28	2008
CER	3段階法	0.477	660	35.4	0.757	*17.7	AIST	29	2009
Al	ナノ粒子印刷法	0.50	621	32.98	0.747	15.3	Naonosolar	30	2009

SS：ステンレス箔，PI：ポリイミド，CER：セラミックシート，HZB：Helmholtz Zentrum Berlin，GSE：Global Solar Energy，*真性変換効率（Active-Area Efficiency）（集電電極を除いた面積で電流密度を算出），他は電極を含めて算出した実効変換効率（Total-Area Efficiency）。

社（米）がステンレス箔を用いて，小規模ながら製造販売を行ってきたが，最近，Miasole社，SoloPower社，Ascent Solar Technology社，ISET社，Nanosolar社などの米国企業の進展が著しく，表2に示すように，ガラス基板を用いた大面積モジュールと遜色のない程度に開口部変換効率が改善されるようになった。フレキシブルCIGSモジュールの課題は，第1に，更なる高効率化であるが，耐湿性や耐紫外線に優れた表面カバーシートの開発も重要である。20年程度の耐用年数を考慮すると，現状ではガラス・サンドイッチ構造となり，フレキシブル化を失うだけでなく，通常のガラス基板を用いたモジュールに比べて，安価とはならないからである。

文献

1) M. A. Contreras: Private communication (2008).
2) R. N. Bhattacharya, M. A. Contreras, B. Egaas, R. N. Noufi, A. Kanevce and J. R. Sites: *Appl. Phys. Lett.* **89**, (2006) 253503.

3) P. Jackson, R. Wuerz, U. Rau, J. Mattheis, M. Kurth, T. Scholotzer, G. Bilger, and J. H. Werner: *Prog. Photovolt. Res. Appl.* **15** (2007) 507.
4) T. Nakada: Presented at 19th International Photovoltaic Science and Engineering Conf. (Jeju, November, 2009).
5) T. Negami, Y. Hashimoto, S. Nishiwaki : Solar Energy Materials and Solar Cells **67** (1-4) (2001) 331-335.
6) S. Ishizuka *et al.*, private communication (2008).
7) M. Powalla: Private communication (2010).
8) M.A. Contreras, T. Nakada, M. Hongo, A.O. Pudov, and J.R. Sites: Proc. 3rd World Conf. Photovoltaic Energy Conversion (2003, Osaka) 570-573.
9) R. N. Bhattacharya, M. A. Contreras and G. Teeter: *Jpn. J. Appl. Phys.*, No.11 B (2004) L 1475-L 1476.
10) U. Zimmermann, M. Ruth and M. Edoff: 21st European Photovoltaic Solar Energy Conf., (September 2006, Dresden, Germany) 1831-1834.
11) T. Nakada and M. Mizutani: *Jpn. J. Appl. Phys.* 41, No.2 B (2002) L 165-167.
12) Hultqvist, A.C Platatzer-Bjorkman, T. Torndahl, M. Ruth, and M. Edoff: Proc. 22nd European Ohotovoltaic Solar Energy Conf. (2007) 2381.
13) A. Chirila, D. Guettler, D. Bremaud, S. Buecheler, R. Verma, S. Seyrling, S. Nishiwaki, S. Haenni, G. Bilger, and A. N. Tiwari: Proc. 34th IEEE PVSC (2009).
14) D. Hariskos *et al.*, presented at 24th EU-PVSEC (2009) 4 DO.4.5.
15) J. Windeln *et al.*, presented at 24th EU-PVSEC (2009) 3 DO.5.4.
16) Takeshi Yagioka and Tokio Nakada: *Applied Physics Express* 2 (2009) 072201.
17) S. Ishizuka, K. Matsubara, A. Yamada, P.Pons, K. Sakurai, and S. Niki: Proc. 23 nd European Photovoltaic Solar Energy Conf. (2008, Valencia) 2654.
18) H.W.Schock: Presented at the 5th Workshop on the future direction of photovoltaics, (5, March 2009, Tokyo, Japan).
19) F. Kessler, D. Hermann, and M. Powalla: *Thin Solid Films*, 480-481 (2005) 491-498.
20) M. A. Contreras, B. Egaas, K. Ramanathan, J. Hiltner, A. Swartzlander, F. Hasoon and R. Noufi: *Prog. Photovolt: Res. Appl.* 7 (1999) 311-316.
21) Y. Hashimoto, T. Satoh, S. Shimikawa, T. Negami, Proc. 3rd World Conf. Photovoltaic Energy Conversion (2003) 2 LN-C-09.
22) S. Wiedeman, S. Albright, J. S. Britt, U. Schoop, S. Schuler, W. Stoss, and D. Verebely: Proc. IEEE Photovoltaic Specialists Conf. (2010).
23) B. M. Başol, M. Pinarbasi, S. Aksu, J. Wang, Y. Matus, T. Johnson, Y. Han, M. Narasimhan and B. Metin: presented at the 23nd European Photovoltaic Solar Energy Conf. (2008, Valencia) 2137.
24) D. Herrmann, F. Kessler, K. Herz, M. Powalla, A. Schulz, J. Schneider, U. Schumacher: *Mater. Res. Soc. Symp. Proc.*, Vol.763 (2003) B 6.10.1-6.
25) A. Chirila, D. Guettler, P. Bloesch, S. Nishiwaki, S. Seyrling, S. Buecheler, R. Vema, F. Pianezzi, Y. E. Romanyuk, G. Bilger, R. Zitener, D. Bremaud, and A. N. Tiwari:

Proc. IEEE Photovoltaic Specialists Conf. (2010).
26) T. Nakada, T. Yagioka, K. Horiguchi, T. Kuraishi, and T. Mise: Proc. 24th European PVSEC (2009) 2425.
27) K. Zajac *et al.*, Proc. IEEE Photovoltaic Specialists Conf. (2010).
28) S. Ishizuka, H. Hommoto, N. Kido, K. Hashimoto, A. Yamada, and S. Niki: *Appl. Phys. Express* **1**, (2008) 092303.
29) S. Ishizuka, A. Yamada, P. Fons, and S. Niki: *J. Renewable and Sustainable Energy* **1** (1) (2009) 013102.
30) White paper of nanosolar (Sep. 2,2009).
31) A. Green, K. Emery, Y. Hishikawa and W. Warta: *Prog. Photovolt: Res. Appl.* **18** (2010) 346-352.
32) 中田：CIGS 太陽電池の基礎技術, 日刊工業新聞社 (2010).

4　CIGS太陽電池の動作原理

峯元高志[*]

4.1　はじめに

　Cu(In,Ga)Se$_2$（CIGS）太陽電池は複数の金属・半導体薄膜の積層によって形成される。結晶系Si太陽電池とは異なり，異種の半導体によるヘテロ界面が形成される。このヘテロ界面における再結合の低減が高効率デバイスにとって必須である。一方，光吸収層（すなわちCIGS）中のバンドギャップ（E_g）をGaとInの組成比やSの導入によって制御できるため，光生成キャリアの再結合を低減することができる。また，単結晶薄膜ではなく通常は多結晶薄膜が用いられるが，結晶粒界における再結合も，粒界（あるいは近傍）におけるE_gや帯電状態の変化によって低減することができる。現在の高効率CIGS太陽電池の構造は，透明電極/ZnO/CdS/CIGS/Mo/青板ガラス（SLG）であり，上記の高効率化に必要な条件が満たされている。

　本節ではまず，CIGS太陽電池の基本動作として，短絡電流密度（J_{sc}）を決定する各層における光吸収と再結合，開放端電圧（V_{oc}）を決定する空乏層・界面における再結合について解説する。続いて，高効率デバイスのバンド図と再結合低減のメカニズム，ヘテロ界面におけるバンドオフセットが界面再結合に与える影響について解説する。

4.2　基本動作

　図1にZnO：Al/ZnO/CdS/CIGS構造の太陽電池の(a)短絡状態におけるエネルギーバンド図と，(b)典型的な外部量子効率の測定例を示す。CIGSのE_gは1.1 eVである。図1(a)中のOVCとはOrdered Vacancy Compound，つまりCIGSの表面に存在するCu欠損相でありCu(In$_{1-x}$Ga$_x$)$_3$Se$_5$等の欠陥秩序層である。図中の左から太陽光が入射される。図1を用いてJ_{sc}を決定する各層の光吸収と再結合について説明する。CIGS太陽電池の各層で吸収された光が生成する過剰少数キャリアを再結合する前に外部に取り出すことができれば，高いJ_{sc}を得ることができる。光入射（左）側はE_gが大きく，順に小さくなっている。これは光吸収層であるCIGSへ太陽光を到達させるために，このような構造になっている。ZnO：Alは透明電極であり，上部電極の役割を果たす。E_gが大きいために太陽光に対してほぼ透明であり，かつ抵抗の低い材料である。透明電極としてはZnO：Alの他にZnO：BやIn$_2$O$_3$：Sn（ITO）なども用いられる。ZnO：AlのE_gは約3.3 eVであるため，波長（λ）にして約380 nm以下の短波長の光を吸収し，電子－正孔対を生成する（ただし，膜厚によって吸収量が変わるので，$\lambda < 380$ nmで量子効率がゼロになるわけではない。以下のZnO，CdS層も同様）。ZnO：Alはキャリア密度（電子濃度）

---

　[*]　Takashi Minemoto　立命館大学　立命館グローバル・イノベーション研究機構　准教授

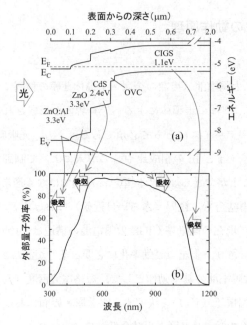

図1 (a) CIGS 太陽電池のバンド図と (b) 対応する外部量子効率の例

が高いため,生成された過剰少数キャリアである正孔は CIGS 側へ流れる前に再結合するために,光電流に寄与しない。また,ZnO:Al はキャリア密度が高いために,フリーキャリア吸収によって $\lambda > 900$ nm の成分も吸収し,これもロスになる。続いて,高抵抗の ZnO 層は ZnO:Al と同様に $\lambda < 380$ nm の光を吸収し,電子-正孔対を生成する。ZnO 層では少数キャリア(正孔)の拡散長が不十分であるために,光電流には積極的には寄与しない。これは,通常 ZnO はスパッタ法を用いて室温で形成されるために,十分な結晶性を有していないためであると考えられる。CdS の E_g は 2.4 eV であるため,$\lambda < 520$ nm の成分を吸収し,電子-正孔対を生成する。CdS でも ZnO と同様に,少数キャリア(正孔)の拡散長が不十分であるために,光電流に積極的には寄与しない。続いて OVC 層が存在するが,20 nm 程度と非常に薄く光電流への寄与は無視できる。次に,この例では CIGS は $E_g = 1.1$ eV であるので,$\lambda < 1100$ nm の光を吸収し,電子-正孔対を生成する。太陽光を十分吸収できる膜厚として $2 \sim 3 \mu$m が必要である。過剰少数キャリアである電子が CdS/ZnO/ZnO:Al 層へと流れ,光電流として寄与できるかどうかは,生成された深さ(つまり空乏層までの距離)と少数キャリアの拡散長によって決定される。一般的には三段階法などの高品質結晶成長法を用いることによってミクロン級の少数キャリア拡散長を得ることができる。600 nm 程度の比較的短波長の光は CIGS の空乏層内で大部分が吸収されるために量子効率が高くなる。一方,長波長になるにつれて裏面側にも光が到達するようになり,少数キャリアの拡散長が十分長くない場合には,量子効率は減少する。太陽光に含まれる各波長の

第1章　CIGS太陽電池の基礎

　光が上記のように，各層において吸収・キャリア生成・再結合されることによって，短絡状態（電圧バイアスゼロ）における光電流であるJ_{sc}が決定される。

　J_{sc}を向上させるには，CdSを他のワイドギャップ材料に置き換えることや，CIGS層における少数キャリア拡散長の改善が必要である。ここまで一旦太陽電池に入射した光に着目して説明をしたが，入射する光量を減少させないように，表面反射率を抑えることもJ_{sc}の向上には重要である。ここで，表面反射防止構造や結晶性の向上など，高効率化の限界を追求した単結晶Si太陽電池[1]と高効率CIGS太陽電池[2]を比較してみる。基準太陽光スペクトル[3]と光吸収層のE_gから理論限界値と実際の値を比較すると，単結晶SiのE_gは1.12 eVでありCIGSの1.14 eVとほぼ同じであるが，単結晶Siでは$J_{sc} = 42.7$ mA/cm^{2}であり理論限界の98.0 %が得られているのに対して，CIGSでは35.7 mA/cm^{2}であり理論限界の83.5 %しか得られていない。この事から，CIGS太陽電池では，J_{sc}に改善の余地が十分あることがわかる。

　次にV_{oc}について説明する。太陽電池に光を照射すると上記のメカニズムで，電子が表面電極側に，正孔が裏面電極側へと流れる。この際に，外部に十分低い抵抗を繋ぐと短絡状態となり，この時得られる電流がJ_{sc}となる。短絡せずに開放状態にしておくと，光生成キャリアが表面と裏面に蓄積されるので，電圧がかかる。このときの電圧がV_{oc}であるが，これをもう少し詳しく説明する。ZnO：Al/ZnO/CdSで生成されたキャリアは無視するとして，CIGSで生成された電子はZnO：Alへと流れて蓄積される。表面に欠陥準位が多いと再結合が起こりロスになるが，ZnO：Alはワイドギャップかつn$^+$型であるために正孔密度が小さく，この再結合はCIGS太陽電池では顕著ではない。電子が蓄積されると順バイアスがかかることになるので，蓄積された電子が再度CIGS側へと注入される。この際に，CIGSとCIGS表面側の層（ここではCdS）との界面の状態によっては界面再結合が生じる（この窓層とCIGSとのマッチングについては3.4で述べる）CdS/CIGS界面のように界面再結合が抑えられている場合には，蓄積された電子は空乏層へと注入されて再結合する。現状の高効率CIGS太陽電池では，空乏層での再結合が主再結合メカニズムである。もしも，結晶Si太陽電池のように，空乏層での再結合が小さければ，空乏層を超えて中性領域で再結合する。このように，一旦蓄積された電子がCIGS側へと注入されることで表面側での電子が減少し，電圧が小さくなる。つまり，注入された先での再結合が小さければ，表面側に蓄積される電子が増加するので，V_{oc}が増加する。この蓄積と注入のバランスでV_{oc}が決定される。

　ここで再び，高効率CIGS太陽電池（$E_g = 1.14$ eV）と，先に紹介した高効率の限界を追求した単結晶Si太陽電池（$E_g = 1.12$ eV）との比較を行うと，単結晶SiではV_{oc}が706 mVであるのに対して，CIGSでは692 mVである。解析的にV_{oc}の理論限界値を比べるのは難しいので単純に単結晶Siと比較してみると，CIGSでは単結晶Siに対して98.0 %のV_{oc}が得られている。

CIGS 薄膜太陽電池の最新技術

これは，CIGS 太陽電池では界面と空乏層における再結合が効果的に抑えられていることを示している（この点については 4.3 で述べる）。同程度の E_g を持つ CIGS を更に高効率化するには V_{oc} よりも J_{sc} の改善の方が効果的である。

4.3 高効率デバイスのバンド図と再結合の低減

図 2 に高効率 CIGS 太陽電池の (a) 界面付近のバンド図，(b) CIGS 中の E_g 分布図，(c) CIGS 面内方向のバンド図を示す。図 2 を用いて，CIGS 太陽電池における再結合低減の鍵について説明する。図中に示した，①最適な伝導帯不連続量（ΔE_C）と②正孔バリアによって界面再結合を，③ダブルグレーデッド E_g 構造によって CIGS バルク内での再結合を，④粒界の価電子帯不連続量（ΔE_V）によって粒界における再結合を低減できると考えられる。①については 3.4 で詳細に説明するとして，②③④を以下に順に説明する。

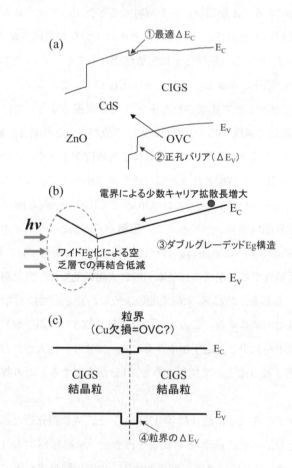

図 2　CIGS 太陽電池の高効率化の鍵
(a) 界面付近のバンド図，(b) CIGS 中の E_g 分布，(c) CIGS 面内方向のバンド図

第1章　CIGS太陽電池の基礎

② 正孔バリアによる界面再結合の低減

CIGSの表面にはCIGSよりもワイドギャップなOVCが存在する。OVCがあると，図2(a)に示したように，CIGSとOVC間でΔE_Vができる。上記のV_{oc}の決定メカニズムで述べたように，キャリアを注入する場合，CdS/CIGS界面あるいはCIGS表面に欠陥が多いと，ここで再結合が起こる。このΔE_Vがある場合，表面側からの電子注入量に変化はないが，CdS/OVC界面（あるいはCIGS膜最表面）における正孔の密度が下がるために再結合は減少する。つまりV_{oc}を低下させる界面再結合を効果的に抑えることができる。また，CIGSの表面が硫化されるとCu(InGa)(Se,S)$_2$(CIGSS)層が形成されるが，このCIGSSでもΔE_Vが形成されるために，同様なメカニズムで再結合を低減できると考えられる。

③ ダブルグレーデッドE_g構造によるバルク内再結合の低減

現在最も高効率なCIGS太陽電池に用いられるCIGS膜は三段階法によって形成されている[2]。三段階法でCIGSを成長させると，図2(b)に示したような，V字型の伝導帯分布を持つCIGS膜が形成される。組成はGaが表面と裏面で大きく，その中間で小さくなっている。Gaを増加させるとE_gが大きくなるが，CIGSの価電子帯上端はCu-Seのd-p混成軌道で構成されるため，価電子帯は一定のまま伝導帯が動くので，このようなバンド図になる。V字の底は三段階法の第二段階終了時のCu/(In+Ga)比を制御することによって，表面から約0.2μm程度の深さに制御される。表面から裏面に向かってE_gが大きくなるようなE_g分布をグレーデッドE_g構造と呼ぶが，傾斜が表面からV字の底に向けてと，V字の底から裏面に向けての2つあるために，ダブルグレーデッドE_g構造と呼ばれる。さて，この構造には2つの利点がある。一点目は，少数キャリアの実効的な拡散長増大（つまり光生成キャリアのバルク内での再結合の抑止）によるJ_{sc}の向上である。短波長の光が入射した場合には，CIGS内の空乏層付近で電子が生成されるため，その収集は容易である。しかし，長波長光の場合には空乏層よりも深い位置で電子が生成され，CIGSの吸収端波長に近づくにつれ，裏面付近での電子の生成が増える。裏面付近で生成された電子が光電流に寄与するには，再結合せずに空乏層にまでたどり着く必要がある。ダブルグレーデッドE_g構造の場合には，裏面に向かってE_gが大きくなっているため，電子に対して空乏層へたどり着きやすい方向に電界がかかるため，実効的な拡散長が増大する。一方で，V字の左側に来ると，表面に向かって上記と逆方向（つまり電子の収集を妨げる方向）の電界がかかるように考えられるが，実際にはV字の底が空乏層内に位置するため，キャリア収集が妨げられることはない。さて，ダブルグレーデッドE_g構造のもう一つの利点は，空乏層内での再結合低減によるV_{oc}の向上である。先に述べたように，高効率CIGS太陽電池の主再結合メカニズムは，空乏層での再結合である。つまり，空乏層でキャリア再結合が起こりやすいと，V_{oc}が低下する。この再結合割合は同一空間における過剰な電子－正孔の積に比例するので，E_gが大きく

なると，再結合が低減される。つまりダブルグレーデッド E_g 構造では，空乏層内の E_g が大きくなっているので，空乏層内での再結合が低減され V_{oc} が向上する。

④ ΔE_V による粒界における再結合の低減

粒界が OVC の場合，CIGS 膜の面内方向のバンド図は図 2(c) のように描ける。実際には，CIGS の結晶粒界で Cu が欠損しているという走査オージェ電子分光法を用いた実験結果[4]や，第一原理計算による CIGS 表面の非極性面・極性面の安定性[5]の解析結果から，粒界が OVC である可能性が指摘されている。この場合，結晶粒（CIGS）と粒界（OVC）間で，上記②と同様な，ΔE_V が形成される。さらに，OVC は Cu 欠損が多いため，CdS 堆積時に Cd が粒界に拡散して Cu 空孔を埋めると n 型になりやすいと考えられる。この場合，粒界において電子と正孔が分離されるため，粒界における再結合が抑えられると考えられる。また，Kelvin Probe Microscopy を用いた CIGS 結晶粒界におけるポテンシャル分布測定からも，低 E_g の CIGS 膜の粒界には電子を蓄積するようなポテンシャルが存在することがわかっている[6]。結晶粒界は通常，再結合シンクになりやすいはずだが，CIGS の場合には特殊な結晶粒界特性によって再結合が抑えられていると考えられる。

4.4 ヘテロ界面のバンドオフセットと動作

CdS は CIGS 太陽電池の窓層（あるいはバッファ層とも呼ぶ）として接合特性の観点からは最適である。一方で，$\lambda < 520$ nm の光を吸収してロスになることや，Cd の環境負荷の懸念から，CdS 代替窓層の開発が進められている。CdS の利点として CIGS との ΔE_C の整合がある。以下に，ΔE_C が太陽電池特性に与える影響を，デバイスシミュレータを用いて計算した理論解析結果と，(Zn, Mg) O (ZMO) 窓層を用いて ΔE_C を制御した実験例について紹介する。

4.4.1 ΔE_C の影響の理論解析

太陽電池用一次元デバイスシミュレータを用いて，窓層/CIGS 間の ΔE_C が太陽電池出力パラメータに与える影響を解析した結果[7]について解説する。CIGS 太陽電池は薄膜型太陽電池であり，キャリアの流れは深さ方向のみ（つまり一次元）で解析しても，およその動作をシミュレーションできる。シミュレータ上での太陽電池構造は，透明電極（0.1 μm）/窓層（0.1 μm）/OVC（20 nm）/CIGS（1.7 μm）/裏面電極とした。窓層の物性値には電子親和度以外は ZnO の値を用い，透明電極の物性値はキャリア密度以外は窓層と同じ値を用いた。CIGS の E_g は 1.1 eV とした。その他の物性パラメータの詳細を表 1 に示す。本計算では ΔE_C の符号を，CIGS よりも窓層の伝導帯が高い場合を正，低い場合を負とした。この構造の太陽電池において，ΔE_C の値を $-0.7 \sim +0.6$ eV まで変化させた場合の太陽電池出力パラメータを計算した。実験的に求めた ΔE_C は，CdS を用いた場合は $+0.2$ eV[8] 程度，ZnO の場合は -0.2 eV[8,9] 程度である。

第1章 CIGS 太陽電池の基礎

図3に ΔE_C が各太陽電池出力パラメータ（J_{sc}, V_{oc}, 曲線因子（FF），変換効率（Eff））に与える影響のシミュレーション結果を示す。図中のシンボルは，界面における電子と正孔のライフタイムを示しており，界面欠陥の影響をみるためにCIGSバルクと同一のライフタイム（1/1）から1/10，1/100，1/1000へと変化させて，界面欠陥が増加した場合を模擬している。

表1　シミュレータ上での各層の物性パラメータ[8]

	$CuIn_{1-x}Ga_xSe_2$（p型）	$Cu(In_{1-x}Ga_x)_3Se_5$（n型）	窓層（n型）
Dielectric constant (C/Vm)	$13.5 \times \varepsilon_0$	$13.5 \times \varepsilon_0$	$7.9 \times \varepsilon_0$
Effective mass of electron	$0.09 \times m_0$	$0.09 \times m_0$	$0.32 \times m_0$
Effective mass of hole	$0.73 \times m_0$	$0.73 \times m_0$	$0.27 \times m_0$
Mobility of electron (cm/Vs)	40	40	180
Mobility of hole (cm/Vs)	10	10	20
Electron affinity (eV)	$4.35 - 0.421x - 0.244x^2$	$4.37 - 0.415x - 0.240x^2$	変化
Bandgap (eV)	$1.011 + 0.421x + 0.244x^2$	$1.193 + 0.415x + 0.240x^2$	3.2
Life time of electron (s)	1×10^{-8}	1×10^{-8}	5×10^{-8}
Life time of hole (s)	5×10^{-8}	5×10^{-8}	5×10^{-8}
Light absorption coefficient (m^{-1})	$6.9 \times 10^{15} \times ((hc/\lambda - E_g)^{1/2}$	$6.9 \times 10^{15} \times ((hc/\lambda - E_g)^{1/2}$	0
Carrier density (cm^{-3})	1×10^{16}	1×10^{16}	1×10^{15}

ここで，ε_0 は真空誘電率，m_0 は電子の静止質量，h はプランク定数，c は真空中の光速度である。

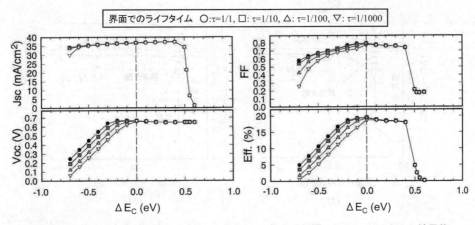

図3　ΔE_C がCIGS太陽電池の出力パラメータに与える影響のシミュレーション結果[8]

J_{sc} は ΔE_C が負に大きくなると若干ながら低下していく。これは空乏層幅が若干短くなるために，最もキャリア収集に有利な空乏層領域における光吸収が減少するからである。しかし，顕著な差はない。一方，$\Delta E_C > +0.4\,\mathrm{eV}$ を超えると急激に J_{sc} が減少する。これは図4(a)中の界面付近拡大図（ただし $\Delta E_C > 0.4\,\mathrm{eV}$）に示すような，窓層/CIGS間に形成されるノッチの影響である。ΔE_C が $+0.4\,\mathrm{eV}$ を超えると，この障壁を光生成の電子が越えることができなくなるために J_{sc} が減少する。ΔE_C が負の場合には図4(b)に示すようなクリフが形成されるが，これは光生成の電子に対する障壁とならないために，J_{sc} を極端に阻害することはない。

V_{oc} は ΔE_C が正の場合にはほぼ一定であるが，ΔE_C が負に大きく，また界面でのキャリアライフタイムが小さくなるにつれて，低下していく。これは界面において注入キャリアの再結合が増加していることを示している。図4に ΔE_C が (a) $+0.3\,\mathrm{eV}$ と (b) $-0.3\,\mathrm{eV}$ の時のCIGS太陽電池のバンド図の比較を示した。図中にCIGSバルクと界面間の価電子帯のエネルギー差を示しており，(a)の場合には $0.944\,\mathrm{eV}$，(b)の場合では $0.491\,\mathrm{eV}$ と(a)の方が大きくなっており，このエネルギー差が注入キャリアの再結合に深く関わっている。この二つのデバイスに順バイアスをかけて，界面欠陥に注入される電子と正孔の量を考える。界面欠陥が存在する位置（深さ）での伝導帯位置は(a)と(b)で大きな差は無いので，順バイアス印加時に同程度の電子がこの界面に注入される。一方で，界面欠陥が存在する深さでの価電子帯の位置は(b)の方が(a)よりも $0.45\,\mathrm{eV}$ 程度フェルミレベルに近い。このため，順バイアス印加時に界面欠陥に注入される正孔の量は(b)の方が多い。つまり，(b)の方が界面欠陥における注入キャリアの再結合が大きくなるので，V_{oc} が低くなる。この界面欠陥における再結合量は ΔE_C を負に大きくする程，また，界面におけ

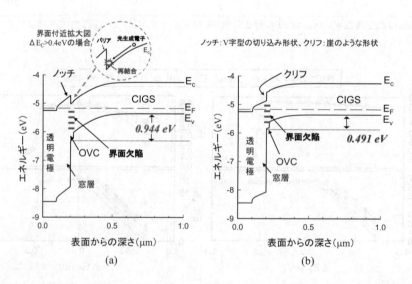

図4 ΔE_C が (a) $+0.3\,\mathrm{eV}$ と (b) $-0.3\,\mathrm{eV}$ のときのCIGS太陽電池のバンド図の計算結果

第1章　CIGS 太陽電池の基礎

るキャリアライフタイムが小さいほど，大きくなる。こういったメカニズムで界面欠陥における再結合量が決定されるため，ΔE_c を整合しない場合には V_{oc} が低下する。FF は ΔE_c が $+0.4$ eV 以上の場合と，ΔE_c が負の場合に減少している。この挙動は，上記の J_{sc} と V_{oc} の場合と同様な再結合の増加によって理解できる。

　以上より，変換効率は $\Delta E_c = 0 \sim 0.4$ eV の範囲で高くなる。CdS を用いた場合の ΔE_c は $+0.2$ eV 程度であり，この範囲に入っており，確かに界面欠陥における再結合が主再結合メカニズムになっていないという実験事実[10]に対応している。一方，ZnO の場合には，ΔE_c が -0.2 eV 程度であり，界面再結合の影響で高い V_{oc} が得られないという実験事実[9]にも対応している。ΔE_c を連続的に変化させた CIGS 太陽電池について以下に紹介する。

4.4.2　ΔE_c の影響の実験結果

　CIGS の場合のように，In の一部を Ga で置き換えることによって E_g を制御し，連続的に伝導帯位置を制御することができる窓層があれば，連続的に ΔE_c を制御できる。これを満足する窓層として $Zn_{1-x}Mg_xO$ が挙げられる。$Zn_{1-x}Mg_xO$ は ZnO ($E_g = 3.2$ eV) と MgO ($E_g = 7.7$ eV) の固溶体であり，Zn と Mg の比によって E_g を制御できる。$x = 0$（つまり ZnO）の場合には，CIGS に対して ΔE_c は -0.2 eV 程度である。$Zn_{1-x}Mg_xO$ の価電子帯上端は O の 2p 軌道によって構成されるので，Zn を Mg で置き換えて E_g を増加させても，ある Mg 濃度までは，価電子帯位置は変わらず伝導帯位置が上昇する。つまり Mg 量を制御することで ΔE_c を負から正まで連続的に変化させることができる。

　$Zn_{1-x}Mg_xO$ を窓層に用いて ΔE_c を制御した CIGS 太陽電池の実験結果[9]について紹介する。太陽電池構造はグリッド電極/ITO/$Zn_{1-x}Mg_xO$/CIGS/Mo/SLG である。CIGS の E_g は 1.10 eV である。CdS 成長時の CIGS 表面への Cd 拡散を模擬するため，CIGS の表面に Cd を溶液処理によって拡散させた。$Zn_{1-x}Mg_xO$ の x を変化させることによって，$\Delta E_c = -0.17$ eV（ZnO の場合）から $\Delta E_c = +0.35$ eV まで変化させた。図 5 に ΔE_c を変化させた CIGS 太陽電池の各太陽電池出力パラメータを示す。全ての太陽電池パラメータは，同じ CIGS 膜を用いて作製した CdS/CIGS 太陽電池の値で規格化した。この実験で用いた典型的な CdS/CIGS 太陽電池の出力パラメータは Eff：13.8%, J_{sc}：30.5 mA/cm^2, V_{oc}：0.610 V, FF：0.739 である．上記のシミュレーション結果から予想されるように，ΔE_c を変えても J_{sc} はほぼ一定であり，CdS による短波長光の吸収ロスがないために，全体的に 1 よりも高い値を示した。一方，V_{oc} と FF は ΔE_c が 0.25 eV よりも大きいときに高い値を示した。シミュレーション結果では 0 eV を境に V_{oc} と FF が変化するが，CIGS 膜最表面の E_g や表面ドーピング層の影響により，この値がシフトしたと考えられる。しかし，ある ΔE_c を超えると V_{oc} と FF が向上するという挙動についてはシミュレーションが示す通りであった。変換効率としては，ΔE_c が 0.25 eV よりも大きい場合に，

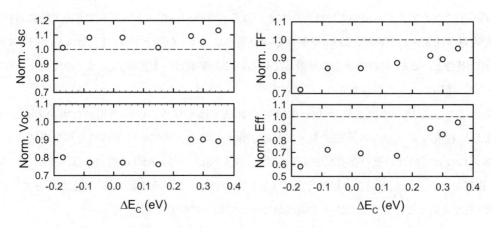

図5 ΔE_c を変化させた $Zn_{1-x}Mg_xO$/CIGS 太陽電池の出力パラメータ[9]

CdS/CIGS 太陽電池に迫る値が得られた。$Zn_{1-x}Mg_xO$/CIGS 太陽電池の変換効率が，CdS/CIGS 太陽電池に及ばなかった理由としては，$Zn_{1-x}Mg_xO$ 形成時に導入される CIGS 表面へのスパッタリングダメージや，表面への S 拡散が全く期待できなかったことが考えられる。また，この実験とは別に，$Zn_{1-x}Mg_xO$/CIGS 太陽電池の主再結合メカニズムが空乏層における再結合であるか，界面再結合であるかの同定を V_{oc} の温度依存性から求めた[10]。その結果，窓層に ZnO を用いて ΔE_c を負にした場合には界面再結合が主再結合メカニズムであったが，ZnO を $Zn_{1-x}Mg_xO$ に置き換えて ΔE_c を正に制御することによって，空乏層での再結合が主再結合メカニズムになった。このように，ΔE_c の制御は CIGS 太陽電池における界面再結合の影響を抑えるために，非常に重要な設計パラメータであるといえる。

4.5 おわりに

太陽電池の高効率化にはデバイス中での再結合の低減が必須である。CIGS 太陽電池は複数のヘテロ界面から構成されるため，界面での再結合が起こりやすいが，適切な物性マッチングによって再結合を効果的に抑えることができる。特に窓層と CIGS の ΔE_c を整合させることで高い V_{oc} と FF を得ることができる。また，CIGS 中の E_g プロファイルの最適化によって実効的な少数キャリアの拡散長を伸ばすことができ，また同時に空乏層での再結合を低減することもできる。さらに，CIGS 薄膜は多結晶体でありながら，粒界における再結合を低減する特殊な粒界特性を有している点も，CIGS 太陽電池が高効率である一つの鍵であると考えられる。こういったデバイス動作メカニズムの理解や，ヘテロ界面・粒界物性の解明と制御が，今後の CIGS 太陽電池の更なる高効率化に必要であろう。

第1章 CIGS太陽電池の基礎

文　献

1) J. Zhao, A. Wang, M. A. Green, F. Ferrazza, *Appl. Phys. Lett.*, **73**, 1991 (1998)
2) I. Repins, M. A. Contreras, B. Egaas, C. DeHart, J. Scharf, C. L. Perkins, B. To, R. Noufi, *Prog. Photovolt. Res. Appl.*, **16**, 235 (2008)
3) IEC 60904-3 (Ed.2, 2008) に記載のパラメータを Simple Model of the Atmospheric Radiative Transfer to Sunshine (SMARTS) ver. 2.9.5 (http://www.nrel.gov/rredc/smarts/) に入力し，基準太陽光スペクトルを計算
4) M. J. Hetzer, Y. M. Strzhemechny, M. Gao, S. Goss, M. A. Contreras, A. Zunger, L. J. Brillson, *J. Vac. Sci. Technol. B*, **24**, 1739 (2006)
5) J. E. Jaffe, A. Zunger, *Phys. Rev. B*, **64**, 241304 (2001)
6) C.-S Jiang, R. Noufi, K. Ramanathan, J. A. AbuShama, H. R. Moutinho, M. M. Al-Jassim, *Appl. Phys. Lett.*, **85**, 2625 (2004)
7) T. Minemoto, T. Matsui, H. Takakura, Y. Hamakawa, T. Negami, Y. Hashimoto, T. Uenoyama, M. Kitagawa, *Sol. Energy Mater. Sol. Cells*, **67**, 83 (2001)
8) D. Schmid, M. Ruckh, H.W. Schock, *Sol. Energy Mater. Sol. Cells*, **41-42**, 281 (1996)
9) T. Minemoto, Y. Hashimoto, T. Satoh, T. Negami, H. Takakura, Y. Hamakawa, *J. Appl. Phys.*, **89**, 8327 (2001)
10) K. Tanaka, T. Minemoto, H. Takakura, *Solar Energy*, **83**, 477 (2009)

5　CIGS太陽電池の高効率化技術

仁木　栄*

5.1　はじめに

　CIGS太陽電池は，小面積セルでは変換効率20.0％が実現されているが，一方市販されているモジュールでは，変換効率は10-12％程度に留まっている。2005年に策定された太陽光発電ロードマップにおいては2030年太陽光発電累積導入量目標値は102 GW（総電力量の約10％），発電コスト目標値は7円/kWh（2005年の約1/7）と設定されている[1]。そして，そのような大量導入普及を可能にするために必要なCIGS太陽電池の効率は小面積セルで25％（2009年では20.0％），大面積モジュールで22％（2009年では14.3％）とされている[1]。したがって，小面積セル，量産モジュールいずれについても革新的な高効率化技術の開発が必要とされている。

　当研究チームでは，CIGS太陽電池に関して，小面積セルと集積型サブモジュールの高効率化技術に取り組んでいる。本節では，その成果の一部を紹介する。

5.2　小面積セルの高効率化

　典型的なCIGS太陽電池の構造と特徴を図1に示す。青板ガラス基板上に，Mo裏面電極を堆積し，その上にCIGS光吸収層を製膜する。次に化学析出法（CBD）でバッファ層を形成し，その上にZnO（酸化亜鉛）窓層を作製する。

　今後さらなる高効率化を図っていく上で最も重要な課題は禁制帯幅（E_g）の大きいワイドギャップCIGS（WG-CIGS）太陽電池の高効率化である。20.0％という高い変換効率が達成されているのはGaの組成：x～0.3の場合でE_g～1.2 eVである。単接合太陽電池においては，理論的

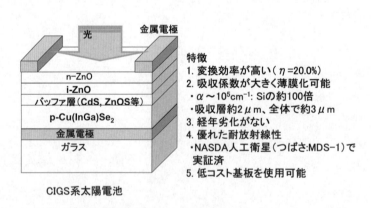

図1　典型的なCIGS太陽電池の構造と特徴

---

*　Shigeru Niki　㈱産業技術総合研究所　太陽光発電研究センター　副センター長

には $E_g = 1.4 \sim 1.5\,eV$ で最高の変換効率を実現できるといわれている。しかしながら，CIGS系太陽電池では $E_g \geqq 1.3\,eV$ では逆に変換効率が低下する（図2）。多接合太陽電池を考える場合はトップセルには $E_g = 1.8 \sim 2.0\,eV$ の太陽電池が必要になる。単接合，多接合いずれの場合も $E_g \geqq 1.3\,eV$ の WG-CIGS 太陽電池の高効率化が重要であることがわかる。WG-CIGS 太陽電池の高効率化を阻んでいる原因は主に低い開放電圧（V_{OC}）にあると言われている。図3に

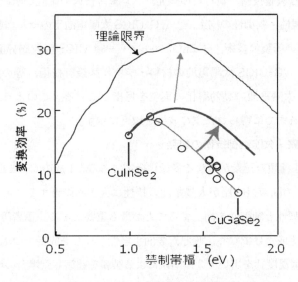

図2　CIGS 太陽電池の禁制帯幅と変換効率の関係

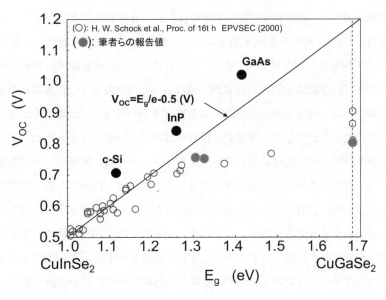

図3　CIGS 太陽電池の禁制帯幅と開放電圧の関係

CIGS 太陽電池における禁制帯幅と開放電圧の関係を示す。E_g が 1.2 eV 以下の時は V_{oc} は E_g/e より 0.5 V 低いライン（$V_{oc} = E_g/e - 0.5$ (V)）を保っている。一方，E_g が 1.3 eV 以上になると $V_{oc} = E_g/e - 0.5$ (V) で表される式から大きくはずれ，禁制帯幅の増加に相当する開放電圧の増加が得られない。このことからさらなる高効率化には開放電圧の向上が不可欠ということがわかる。

WG-CIGS 太陽電池が目指す 25％という変換効率目標値は既存技術の延長線上にはない。目標達成には，革新的な製膜技術，新材料の開発，プロセス技術の確立が求められる。当研究チームでは，①製膜の再現性・制御性の向上，② WG-CIGS 太陽電池用のセル作製プロセスの最適化，③ WG-CIGS 吸収層の新製膜技術，④ ZnO/バッファー層/CIGS 吸収層界面の精密な評価技術，⑤技術指針に基づく WG-CIGS 太陽電池の材料・デバイス設計技術，等の開発課題をクリアすることで WG-CIGS 太陽電池の高効率化の実現を目指している。このようなアプローチで研究を進めてきた中でこれまでに得られた主な成果を以下に示す。

5.2.1 成長その場観察・欠陥制御技術の開発

CIGS 太陽電池は 4 種類の元素からなる多元化合物である。I 族の Cu と Ⅲ 族の In, Ga の組成比や Ⅲ 族の In と Ga の間の組成比が太陽電池の特性に大きく影響する。したがって CIGS 吸収層の製膜における信頼性と制御性を向上することが最も重要となる。筆者等は放射温度計や光散乱分光法を用いて，組成だけでなく，膜厚，表面平坦性，などを成長その場で観察できる手法を確立した。図 4 に放射温度計を用いて 3 段階法による製膜を観察した場合の模式図と信号を示す。第 1 段階では Ⅲ 族の In と Ga と Se, 第 2 段階では Cu と Se を供給し，第 3 段階で再び In, Ga, Se を供給する。第 2 段階の後半に CIGS は Ⅲ 族過剰から Cu 過剰に変わる。また，第 3 段階の途中で Ⅲ 族過剰に変わる。CIGS 吸収層の製膜には Cu/Ⅲ 比の精密な制御が必要になる。松下電器のグループは，Cu-Se 異相の生成・消滅によって熱輻射率が急激に変化し，基板温度の熱電対の読みに変動を与えることを見いだした[2]。これによって Cu 過剰領域⇔Ⅲ 族過剰領域間のストイキオメトリー（化学量論的組成）の点が正確に検出可能になり，Cu/Ⅲ 族比の制御性が著しく向上した。筆者等は，熱電対の代わりに放射温度計を用いると，Cu/Ⅲ 族比だけでなく，膜厚の制御も可能なことを見いだした。熱電対の信号と放射温度計の信号とを比較してみよう。図 4 に示すように第 2 段階と第 3 段階に現れるストイキオメトリー点は熱電対，放射温度計どちらでも検知可能だが，放射温度計の方が応答速度が速い。また，第 1 段階において熱電対の読みでは何の構造も現れないが，放射温度計では振動が観察される。この振動は第 1 段階での膜厚の増加に伴う光干渉効果によるものである。この振動を用いることで CIGS の最終膜厚を正確に予測・制御できる手法を確立した。さらに CIGS 成長中に白色光を照射し，その散乱光の強度を分光測定する光散乱分光法の開発を進めた。CIGS 薄膜の表面構造が結晶粒の成長や異相の形成と深く関わっているために，非常にシンプルで安価な手法にもかかわらず組成，膜厚以外にも表面構造

第 1 章 CIGS 太陽電池の基礎

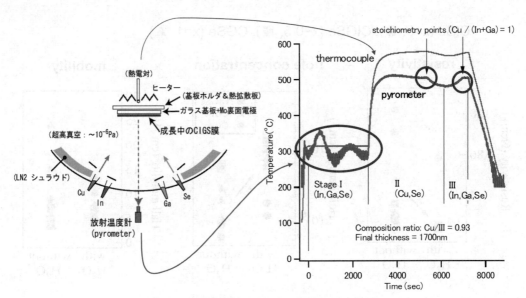

図 4 放射温度計を用いて 3 段階法による製膜

や平坦性など CIGS 薄膜の成長に関する重要な情報を得ることができる。これらの成長その場観察技術の開発によって CIGS 製膜の再現性や制御性が大きく向上した。成長その場観察技術の詳細は文献 3）を参照されたい。

さらに，現在，WG-CIGS の新しい製膜技術の開発も進めている。WG-CIGS 製膜中に発生する欠陥を抑制するために，CIGS 製膜中に水蒸気を照射する画期的な製膜法を開発した。水蒸気照射を行った場合，照射しない場合に比べて V_{OC}，J_{SC} が同時に向上することを確認した[4]。E_g が 1.3 eV 以上の CIGS 太陽電池で変換効率最大 18.1 %（真性効率）を実現した。電池性能は V_{OC} = 0.744 V，J_{SC} = 32.4 mAcm^{-2}，FF = 0.752，セル面積 0.424 cm^2 である。世界最高効率 20.0 %のセルに比べて開放電圧（V_{OC}）が大幅に向上している。

水蒸気照射効果のメカニズムに関しても検討を行った。X 線回折法による評価では，水蒸気照射を行っても回折ピークの半値幅がほんの少し狭くなるだけで，ピークの比や強度には大きな差はなかった。表面・断面の SEM 像においても粒径などに大きな変化は観察されなかった。一方，図 5 に示すようにホール効果の測定においては，水蒸気照射によって CIS，CIGS（x = 0.5），CGS のすべての場合で抵抗率が減少し，それが正孔濃度の増加に起因していることが明らかになった。これらの結果と関連する文献等[5, 6]から総合的に判断し，筆者等は，水蒸気照射によってドナー型の欠陥であるセレン空孔濃度が減少し，キャリア補償が軽減されるために結果的に正孔濃度が増加するというモデルを提案している。

CIGS 薄膜太陽電池の最新技術

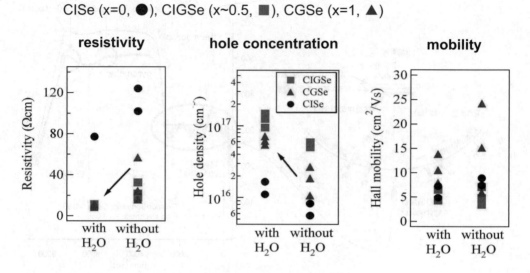

図5　水蒸気照射による電気特性の変化

5.2.2　界面・表面の評価

　WG-CIGS 太陽電池の高効率化には，ヘテロ接合の界面・表面の系統的な評価と，それに基づく界面形成法の確立が不可欠である．図6にCIGS太陽電池のヘテロ界面についての課題を示す．そもそもCBDバッファー層は必要なのか，カドミウム（Cd）拡散によるCIGSのp-n接合の有無，CdS/CIGSの伝導帯の正確なバンド不連続値，CIGS表面のCu欠損層（Cu(InGa)$_3$Se$_5$）の有無など，精密な界面評価法が未確立なためにこれらの界面の課題に関して解釈が統一されてい

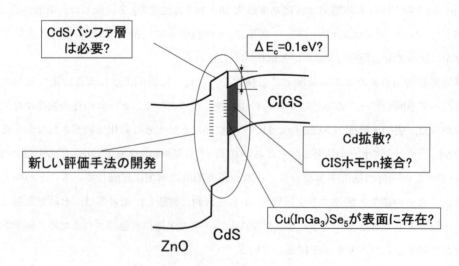

図6　CIGS太陽電池の界面についての課題

ない。

　界面の評価にはこれまでは主に光電子分光法が用いられてきた。この方法ではまず，ZnO，CdS，CIGSの価電子帯のエネルギー値を光電子分光法で実験的に決定する。この値にそれぞれの材料の禁制帯幅エネルギーの文献値をプラスすることで，伝導帯のエネルギーを計算し，伝導帯のバンド不連続などを議論する。しかしながら，CIGS表面に存在すると言われている禁制帯幅の異なるCu欠損層の存在は計算に含まれておらず，化学堆積法による極薄バッファー層（CdS）の禁制帯幅も文献によるバルク値と同じと仮定するなど，この計算法の基になる仮定には疑問も多い。筆者らは，鹿児島大学の寺田研究室と共同でZnO/CdS/CIGS界面の電子状態を精密に評価する技術の開発を行っている。寺田等は，伝導帯のエネルギーを価電子帯とは独立に実験的に決定できる逆光電子分光法の技術を有している。まず最初に，CIGSの表面清浄技術やダメージレスなイオンエッチングなどの基礎技術を確立した。次に，CdS/CIGS界面を，CdS表面から徐々にエッチングしながら，伝導帯・価電子帯のエネルギーの変化を測定し，バンド不連続や禁制帯幅の精密測定を行った[7]。CdS/CIGS界面での伝導帯のバンド不連続は $\Delta E_c = E_c$(CdS)$-E_c$(CIGS)で表現される。Ga組成 $x = 0.24$ ではCdS/CIGSのバンド不連続が $\Delta E_c = 0.20$-0.30 eVであるのに対して，$x = 0.4 \sim 0.5$ では $\Delta E_c \sim 0$ に，さらにGa組成が増加すると $\Delta E_c < 0$ になるなど，ΔE_c がGa組成に強く依存することを実験的に初めて示した[8]。

　さらにこれらのCIGS光吸収層の表面付近（CdSとの界面近傍）の禁制帯幅がバルクの禁制帯幅よりもかなり大きく，すべてのGa組成のCIGSでCu欠損層が存在していることを実験的に示した。

5.3　集積型サブモジュールの高効率化技術

　研究室レベルの小面積セルでは変換効率20％という高い効率が達成されているが，量産されている集積型モジュールの効率は10-12％程度に留まっている。図7と図1を比較するとわかるように，小面積セルと集積型モジュールの工程で使われている材料は同じだが，集積型モジュールでは3回のパターニング工程（P1, P2, P3）が用いられている。一般的には，P1にはパルスレーザが，P2, P3にはダイヤモンド等の針などが使われる。集積型モジュールでは，このパターニングによって各セルの直列接続が可能になる。したがって，結晶シリコン太陽電池におけるアセンブル工程が不要となり，低コスト化が可能になる。しかしながら，パターニングによって太陽電池として使えない部分（デッドエリア）ができ，これが変換効率低下の1つの原因になる。また，集積型モジュールでは，ZnO窓層の中をmm単位で電流が流れるために，ZnO窓層の抵抗を下げるために小面積セルの場合よりもZnO窓層を厚くする必要がある。ZnO窓層を厚くすると光吸収によって入射光が減衰するためにこれも変換効率低下の要因となる。しかしなが

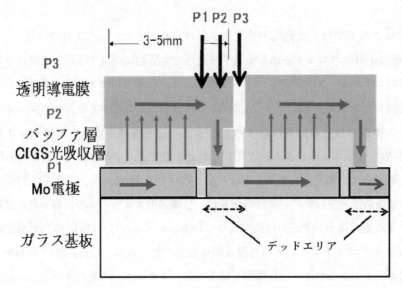

図7 CIGS集積型サブモジュールの断面図

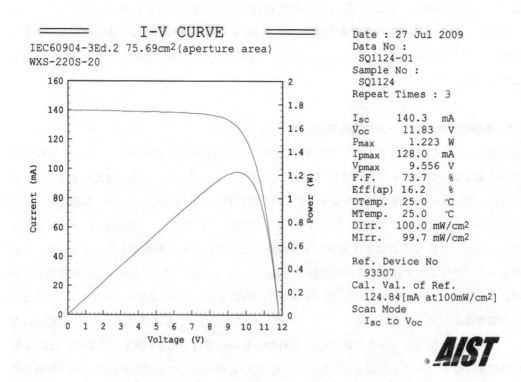

図8 CIGS集積型サブモジュールの特性

第1章　CIGS太陽電池の基礎

図9　集積型サブモジュールの外観

ら，これらの要因による変換効率の低下は絶対値で2％程度と見積もることができる。筆者らの研究グループでは，量産されているモジュールと同じ工程を用いた集積型サブモジュール（面積約75 cm^2）で変換効率16.2％を実現した。詳細な特性を図8に，また集積型サブモジュールの外観を図9に示す。CIGSモジュールにおいては，今後製膜技術やプロセスを向上することでさらなる高効率化が期待できる。

5.4　まとめ

CIGS太陽電池の導入普及を進めるためには，大面積モジュールの着実な効率向上と小面積セルでの理論限界に迫る革新的な高効率化技術の開発というセル・モジュール両面からの研究開発が必要である。前述のように，今後CIGS太陽電池には，SiやGaAsなどの単結晶太陽電池と同等の高い性能が求められている。これまでの試行錯誤的な手法には限界があり，バルク・表面・界面・粒界の電子状態や欠陥の精密な評価と，それに基づいた物性制御やセル設計，という材料科学的なアプローチによる研究開発が必須である。

CIGS太陽電池は，コストだけでなく，性能的にも既存のシリコン太陽電池と競合可能な優れた特性を有している。今後の進展が期待される。

最後に，本稿に用いられている著者等の成果（の一部）は，経済産業省のもと，新エネルギー・産業技術総合開発機構（NEDO）からの委託によるもので関係各位に感謝する。

文　献

1) 2030年に向けた太陽光発電ロードマップ（PV 2030）検討委員会報告書 2004年6月
2) N. Kohara, T. Negami, M. Nishitani and T. Wada: "Preparation of device-quality Cu (InGa) Se$_2$ thin films deposited by coevaporation with composition monitoring," Jpn. *J. Appl. Phys.*, **34**, pp-L 1141-L 1144, 1995.
3) K. Sakurai, R. Hunger, R. Scheer, C.A. Kaufmann, A. Yamada, T. Baba, Y. Kimura, K. Matsubara, P. Fons, H. Nakanishi, S. Niki: "In situ diagnostic methods for thin-film fabrication: utilization of heat radiation and light scattering," Progress in Photovoltaics, in press.
4) S. Ishizuka, K. Sakurai, A. Yamada, H. Shibata, K. Matsubara, M. Yonemura, S. Nakamura, H. Nakanishi, T. Kojima and S. Niki, Jpn. *J. Appl. Phys.* **44**, pp. L 679-L 682 (2005)
5) R. Noufi, et al., *Sol. Cells* **16**, 479 (1986).
6) S. Niki, et al., *J. Cryst. Growth* **201/202**, 1061 (1999).
7) S. H. Kong, H. Kashiwabara, K. Ohki, K. Itoh, T. Okuda, S. Niki, K. Sakurai, A. Yamada, S. Ishizuka and N. Terada, Materials Research Society Symposium vol. **865**, pp. 155-160 (2005).
8) R.T. Widodo, K. Itoh, S.H. Kong, H. Kashiwabara, T. Okuda, K. Obara, S. Niki, K. Sakurai, A. Yamada, S. Ishizuka, *Thin Soid Films*, **480-481**, pp.183-187 (2005).

第2章　CIGS太陽電池の作製プロセス

1　CIGS製膜法とその特長[14]

中田時夫*

1.1　はじめに

　CIGS太陽電池はシリコン太陽電池のように超高純度原料は必要なく，結晶粒界がキャリアの再結合中心とならないことから，必ずしも大粒径である必要もない。さらに，Seは金属との反応性が高いことなどから，多源蒸着法，セレン化法，スパッタ法，ナノ粒子印刷法，ヒドラジン溶液スピンコート法など様々な製膜法が提案されている。ここでは，最初に各種CIGS製膜法の特長を紹介し，比較検討する。つぎにCIGS製膜法の主流を占める多源蒸着法とセレン化／硫化法，その他の製膜法について少し詳しく述べる。

1.2　主な企業の製膜法とその特長

　表1は企業が採用している製膜法を整理し分類したものである。これまで，様々な方法でCIGS薄膜が作製されてきたが，それらのほとんどが多源蒸着法とセレン化／硫化法に属する。電着法やナノ粒子印刷法（Nanoparticle-Based Technology）と呼ばれる方法はプリカーサの作製にのみ使用し，その後，セレン化プロセスを経てCIGS薄膜を形成するので，セレン化法の一種と考えることができる。先行する企業ではIn/CuGaスパッタ積層膜をセレン化／硫化する方法を，また，後発の企業では，非真空プロセスで作製したプリカーサをセレン化する方法を採用している。

　スパッタ／セレン化／硫化法は膜厚の大面積均一性に優れたスパッタ法でプリカーサを作製するため，CIGS薄膜の面内組成の均一性に優れ，金属元素の原料使用効率も高い。また，希釈H_2Seガスを使用するセレン化法ではSeの使用量が蒸着法に比較し少ない利点もある。セレン化法ではGaの拡散が他の元素に比べ小さいため，Mo側に残り，単傾斜禁制帯（Single Graded Bandgap）構造となる。セレン化プロセスはバッチ式ではあるが，一度に大量処理をすることで，スループットを上げることができる。電着膜やナノ粒子印刷膜をセレン化する方法は，装置コストを低く抑えることができ，原料使用効率が高く，省スペースなどの利点があるが，変換効率の改善が今後の課題である。

　＊　Tokio Nakada　青山学院大学　理工学部　電気電子工学科　教授

CIGS 薄膜太陽電池の最新技術

表1 主な企業の CIGS 製膜法

製膜法			光吸収層	開口部変換効率 η_{ap}(%)	企業
	プリカーサ	後段プロセス			
多源蒸着法	なし	なし	$Cu(InGa)Se_2$ $Cu(InGa)Se_2$ $Cu(InGa)Se_2$ $Cu(InGa)Se_2$ $Cu(InGa)Se_2$	13.0 13.5 13.2[b] 9.1[a)b)] 8.7[a)b)]	Wuerth Solar Q-Cells／Solibro Global Solar Ascent Solar Solarion
セレン化／硫化法	スパッタ膜：In/CuGa スパッタ膜：In-Cu-Ga スパッタ膜：In/CuGa スパッタ膜：In/CuGa スパッタ膜：In/Cu	セレン化／硫化 セレン化 固相セレン化／硫化 セレン化／硫化 硫化	$Cu(InGa)(SSe)_2$ $Cu(InGa)Se_2$ $Cu(InGa)(SSe)_2$ $Cu(InGa)(SSe)_2$ $CuInS_2$	13.5 12.8 12.7 11.6 8.7	昭和シェル石油 ホンダソルテック AVANCIS Johanna Solar SulfurCell
	ナノ粒子印刷化合物膜 ナノ粒子印刷酸化物膜	セレン化 水素還元／セレン化	$Cu(InGa)Se_2$ $Cu(InGa)Se_2$	11.3[b] R&D	Nanosolar ISET
	電着膜：CIG 電着膜：CIS	セレン化 硫化	$Cu(InGa)Se_2$ $CuIn(SSe)_2$	11.2[b] R&D	SoloPower IRDPE
スピンコート法	CIGS	高温加熱	$Cu(InGa)Se_2$	R&D	IBM

a)はフレームを含めたモジュール変換効率，b)はフレキシブル基板を使用したロール・ツー・ロール法，他はガラス基板を使用。

一方，現在，変換効率18%を超える小面積セルは，3段階法と呼ばれる多源蒸着法で得られるが，これは，CIGS 太陽電池の高効率化にとって重要な2重傾斜禁制帯（Double Graded Bandgap）の形成が容易なことが大きく寄与している。最近，ZSW（独）では，3段階法を模したインライン蒸着装置を開発し，小面積セルで世界最高となる変換効率20.1%を達成した。しかしながら，大面積モジュールの開口部変換効率は13%程度，30cm角のサブモジュールで15%程度と小面積セルと大面積モジュールとの差が大きく，膜組成や膜厚の大面積均一性が今後の課題である。

多源蒸着法は歩留まりが高く，とくに3段階蒸着法では高効率が得られる点で他の製膜法より優れている。しかしながら，装置コストが割高となることや，原料使用効率が劣るなどの欠点がある。また，大面積用の量産機では大型蒸発源の設計，蒸着量や膜組成のモニタリングが必要となる。さらに，ソーダライムガラス基板を使用する際には，基板を下にしてその上方から蒸着するデポダウン方式が必要である。これは，500℃程度の製膜温度で大面積ガラス基板がたわむのを防ぐためである。このため，ZSW/Wuerth Solar 社では，特殊なリニアソースを開発している。耐熱性が高い無アルカリガラス基板を用いる場合には，蒸発源の上方に基板を通過させることができる。この方式でも，Cu用蒸発源は1000℃以上の高温となるため，特殊な設計が必要となる。最近，装置メーカーの進展も目覚しく，たとえば，ビーコ社（米）ではデポアップとデポダウンの両方が可能なリニアソースを開発し，ロール・ツー・ロール装置の蒸発源に用い，膜組

第2章　CIGS太陽電池の作製プロセス

成の面内均一性や歩留まりの改善に成功しており，今後新たな展開が予想される。

1.3 多源蒸着法

　高効率CIGS太陽電池を得るためには，面内組成均一性と膜厚方向での組成制御の両方が重要である。これまで多くのCIGS製膜法が提案されているが，なかでも多源蒸着法は各元素の蒸発量を独立に変えることができるため，膜組成の制御性に優れた方法である。図1に多源蒸着法による製膜プロセスと得られるCIGS薄膜のエネルギーバンド図の概略を示す。図1(a)に示すように各元素の蒸発量を一定に保った場合にはGa/(In+Ga)比が膜厚方向で一定となる。(b)に示す2段階法では第1段階でCu過剰なCIGSとなるようにすることで，$CuSe_2$が混在し，粒径の大きな薄膜が成長する。次に第2段階でGa/(In+Ga)比を大きくし，僅かにCu不足にすると，膜表面から内側に向かってGa/(In+Ga)比が大きくなる単傾斜分布となる。(c)は3段階法と呼ばれる方法である。詳しくは後で述べるが，第1段階と第3段階でIn，Ga，Seを第2段階でCu，Seを照射する。このようにすると，Ga/(In+Ga)比の膜厚方向分布は2重傾斜となる。

　一方，CIGSの禁制帯幅はGa濃度が高くなるにつれて1.01から1.64 eVとなるが，このとき価電子帯の頂上は変化せずに，伝導帯のみが上にシフトするようになる。したがってGa/(In+Ga)の分布は直接，伝導帯の形状に反映し，図1(a)，(b)，(c)の製膜プロセスで得られるCIGS薄膜は各々，(d)フラット禁制帯，(e)単傾斜禁制帯（Single Graded Bandgap），および(f) 2

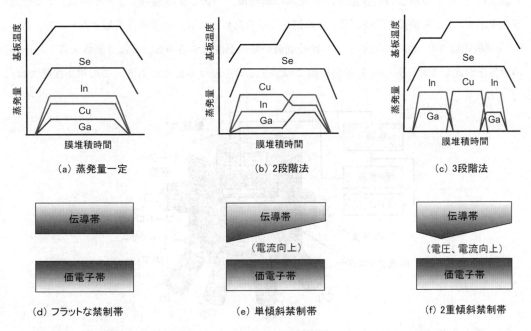

図1　多源蒸着法による製膜プロセス（上）とCIGS薄膜のエネルギーバンド図の概略（下）

重傾斜禁制帯（Double Graded Bandgap）となる。フラットな禁制帯プロファイルでは空乏層の端からキャリア拡散長の範囲に存在する光生成キャリアのみが発電に寄与する。これに対して，(e)単傾斜禁制帯プロファイルでは伝導帯中の電子は電位傾斜があるため，接合側（左側）にドリフトし，短絡電流が改善される。(f) 2重傾斜禁制帯プロファイルでは接合近傍（左側）の伝導帯を僅かに上げることで開放電圧も向上する。

1.4 3段階法（Three Stage Process）

前節で述べた2重傾斜禁制帯を実現する製膜法として3段階法が一般的に知られている。3段階法はNREL（National Renewable Energy Laboratory：米国立再生可能エネルギー研究所）が開発した多源蒸着法の一種であり，CIGSの特殊性をうまく利用した優れた方法である[1〜3]。これまでに多くの研究機関で変換効率18%以上のCIGS太陽電池を報告しているが，これらはすべて3段階法を用いたものである。1 cm^{2}程度の小面積セルから10cm角程度のミニモジュールの作製には，図2に示すような各元素の蒸発量の制御が容易な分子線エピタキシー（MBE）装置が用いられる。各元素の蒸発量はクヌードセン・セル（Kセル）と呼ばれる蒸発源の温度とヌードゲージの一種であるビームフラックスモニターで制御する。また，蒸発源およびベルジャー周辺に水冷または液体窒素シュラウドを配置し雰囲気ガスを吸着することで各元素の分子線を形成する。基板温度のモニタリングには基板裏面の熱電対を用いる。

図3（左）に3段階法の製膜温度，各元素の蒸発量，および生成膜のCu/(In+Ga)比の時間変化を示す。CIGS製膜は最初にGaの傾斜をつけるためとMoとの密着性を増すため，In, Ga, Seを基板温度350-400℃で照射する。比較的低い基板温度にするのは，高温で製膜すると，InSeの蒸気圧が高いため，膜の付着量が極端に減少するのを避けるためである。この第1段階では，

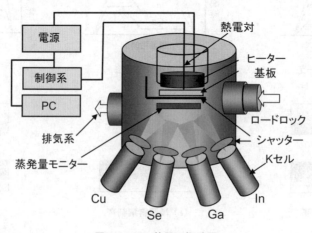

図2 MBE装置の概略図

第2章　CIGS 太陽電池の作製プロセス

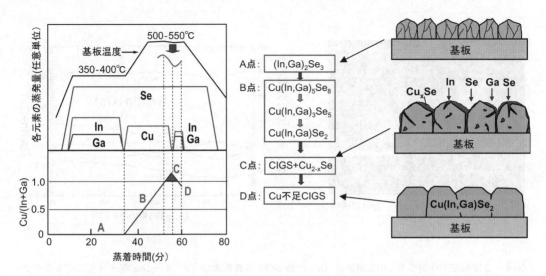

図3　3段階法による製膜プロセス（左）と CIGS 薄膜の成長モデル（右）

蒸着初期に裏面電極用の Mo スパッタ膜と Se の反応により $MoSe_2$ 薄層が生成し，その上に $(In,Ga)_2Se_3$ が生成する。第2段階では基板温度を 500～550℃に昇温し，Cu と Se のみを照射する。このようにすると最初に Cu 不足の $Cu(In,Ga)_5Se_8$ や $Cu(In,Ga)_3Se_5$ などが生成し，次第に化学量論的組成の $Cu(In,Ga)Se_2$ 相となり，さらに，Cu が増えると $Cu_{2-x}Se$ と固相 CIGS の2相共存状態となる[4]。このとき，$Cu_{2-x}Se$ がフラックスとして働き急激な大粒径化が起こる[2]。一方，この $Cu_{2-x}Se$ は低抵抗で太陽電池特性に悪影響を与えるため，第3段階で In，Ga，Se を再び照射することによって，わずかにⅢ族過剰な平均膜組成（Cu/Ⅲ＝0.8～0.9）となるように制御する。膜組成の制御は基板温度のモニタリングで行うのが簡便である。これは Cu 過剰な組成で生じる基板温度の低下を利用した方法で，松下中研グループによって開発された。このようにして得られる膜は Ga/(In＋Ga) 比が膜厚方向で V 字型となり，CIGS 太陽電池の高効率化に重要な2重傾斜禁制帯構造となる。

　図3（右）は3段階法による CIGS 薄膜の成長メカニズムを模擬的に表したものである。すなわち，第1段階では $(In,Ga)_2Se_3$ が成長し，第2段階で Cu を照射すると次第に Cu 過剰となるが，このとき CIGS の表面や粒界に $Cu_{2-x}Se$ が存在し，膜表面に到達する In，Ga，と Se がこの層を介して成長し，CIGS になる。カルコパイライト型構造は立方晶スファレライト型構造を積み重ねた正方晶であるが，Cu_2Se も立方晶の逆蛍石類似構造である。CIGS と Cu_2Se は両者とも Se の立方細密充填構造を基本としているため，両者の結晶構造は類似しており，a 軸の長さと体積もほぼ等しい。このため，Cu_2Se を介する CIGS 薄膜成長では，ボイドや欠陥のない良質な薄膜となる[5]。図4に3段階法で作製した CIGS 薄膜の断面 SEM 写真およびオージェ

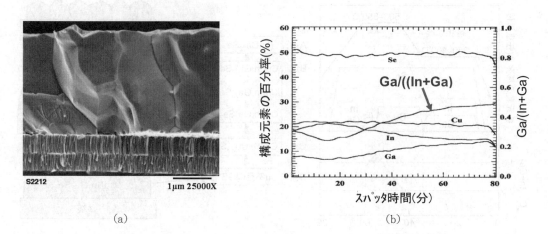

図4　3段階法で作製したCIGS薄膜の（a）断面SEM写真および（b）オージェ電子分光法によるデプスプロファイル[6]

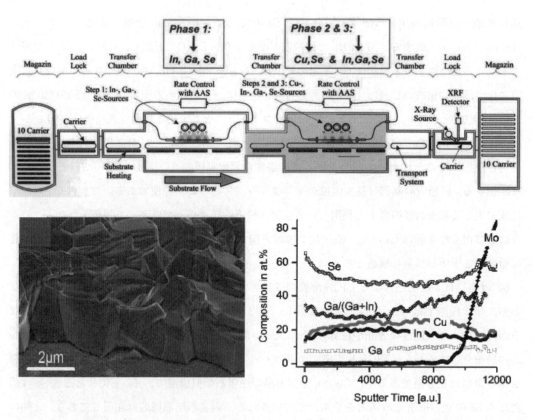

図5　30 cm角基板対応のインライン式蒸着装置（上）と得られたCIGS薄膜のSEM写真（左下）およびSNMS（Secondary Neutral Mass Spectroscopy）デプスプロファイル（右下）[7]

第2章　CIGS太陽電池の作製プロセス

電子分光法によるデプスプロファイル[6]を示す。

3段階法は大面積モジュール製造にも適用できると考えられるが，最近，ZSWでは，図5（上）に示すような，30cm角基板対応のインライン式蒸着装置で良質なCIGS薄膜の形成に成功している[7]。蒸着の初期段階ではIn，Ga，Seを照射し，次に，Cu，Seを最後にIn，Ga，Seを照射し，3段階法と同様なプロセスとなるように工夫している。この装置のもう1つの特徴は，高温製膜時に起こる基板のたわみを避けるため，リニア蒸発源を開発し，デポダウン方式を採用している点である。

この装置で作製したCIGS薄膜は図5（下）のSEM写真やSNMS（Secondary Neutral Mass Spectroscopy）デプスプロファイルに示すような大粒径で高効率化に適した2重傾斜禁制帯となる。ZSWではこの装置を用い，ごく最近，小面積セルでは世界記録となる20.1%を達成した。この結果はMBE装置とまったく変わらない性能が量産機に近い装置で得られたことになり，今後，大面積化への展開が注目される。

1.5　セレン化／硫化法

セレン化法はSeが金属と反応し易いことを利用した方法で，Se源が固体であるか気体であるかによって各々気相セレン化法，および固相セレン化法と呼ばれる。図6にセレン化／硫化法の概念図を示す。気相セレン化法は，CuGa合金膜とIn薄膜を積層したIn/(CuGa)プリカーサを

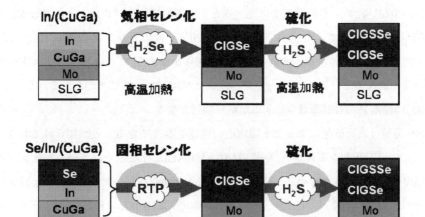

図6　セレン化／硫化法の概念図
上は気相セレン化法，下は固相セレン化法。

CIGS薄膜太陽電池の最新技術

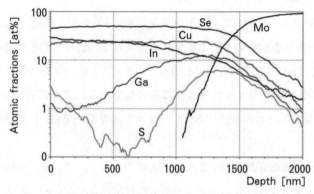

図7 Johanna Solar Technology 社のセレン化 Cu(In,Ga)(S,Se)₂ 薄膜の SIMS デプスプロファイル
Ga/(In＋Ga) 比は表面に向かって単調減少しており、単傾斜禁制帯を示唆している[9]。

H₂Se ガス中で加熱し、CIGS 薄膜を形成する。金属積層プリカーサは通常、大面積化と組成および膜厚均一性に優れたスパッタ法で作製するため、セレン化法は大面積化，量産化に適した方法となる。後述するように，プリカーサは電着法やナノ粒子印刷法など他の方法でも可能である。固相セレン化法は基板上に積層した Se/In/(CuGa) プリカーサを 450～500℃で加熱し，固相反応によって CIGS 薄膜を形成する。In/(CuGa) 積層膜はスパッタ法で形成し，Se は蒸着法で堆積する。セレン化 CIGS 膜では Ga が熱拡散し難いため，一部は Mo 裏面電極側に残り，単傾斜禁制帯を形成する。セレン化法は膜厚方向の Ga 分布や禁制帯プロファイルを最適化するには変化パラメータが少ないため，多源蒸着法に比べると 2 重傾斜禁制帯プロファイルの形成はやや困難である。図7に一例として Johanna Solar Technology 社のセレン化 Cu(In,Ga)(S,Se)₂ 薄膜の SIMS デプスプロファイルを示す。この図から明らかなように，Ga は Mo 裏面電極側から表面に向かって単調減少し，In はほぼ一定だが僅かに増加していることがわかる。したがって，Ga/(In＋Ga) の膜内分布も単調減少し，単傾斜禁制帯となる。

他方，CIGS 薄膜は表面硫化によって太陽電池の性能を改善できることが知られており，ソーラーフロンティア（旧昭和シェルソーラー）社や AVANCIS 社などでは，セレン化プロセスに続いて基板温度を 500℃程度に昇温し，H₂S ガス中で表面硫化を行っている[8]。表面硫化によるセル性能向上の理由については，CIGS 表面に形成される Cu(In,Ga)(S,Se)₂ や S そのものによるパッシベーション効果が考えられている。

1.6 ナノ粒子塗布／セレン化法（非真空プロセス）

金属，金属酸化物，Se 化合物などのナノ粒子をインク状にして，基板上に印刷し，セレン化する方法である[10,11]。出発材料が金属酸化物ナノ粒子の場合は，一旦水素還元して金属プリカーサ

第 2 章　CIGS 太陽電池の作製プロセス

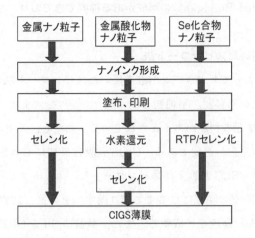

図8　ナノ粒子塗布／セレン化プロセス[14]

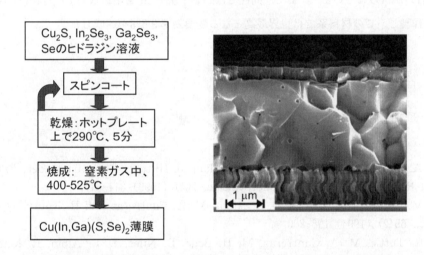

図9　ヒドラジン溶液を用いたスピンコート法と $Cu_{0.9}(In_{0.7}Ga_{0.3})(Se_{1.9}S_{0.2})$ 薄膜の断面 SEM 写真

にしたものを H_2Se ガスでセレン化する。Se 化合物ナノ粒子の場合は $CuSe_2$ や In_2Se_3 などのナノ粒子を出発材料にし，Se 雰囲気中で急速加熱処理（RTP）する。これらの方法の利点は，大面積化が可能なことや原料使用効率が高いこと，膜組成はプリカーサの組成で決まることなどである。装置コストに関しては，真空蒸着装置に比べ，かなり安価であるが，非真空プロセスとはいえ，Mo 裏面電極や透明導電膜の作製にはスパッタ装置が必要である。さらにモジュール全体に占める CIGS 製膜部分のコストを考慮する必要がある。この方法は開発当初，種々の問題があり，高効率化は疑問視されていたが，最近，Nanosolar 社により通常のグリッド型セル構造で小面積ながら変換効率 15.3％が達成された。同社の報告によれば，高効率化の鍵となる CIGS 光吸

収層の傾斜禁制帯（Graded Bandgap）の形成がある程度できており，今後の進展が注目される。

1.7 ヒドラジン溶液を用いたスピンコート法

最近 IBM/東京応化によってヒドラジン溶液を用いたスピンコート法が開発された。分子レベルで組成均一，セレン化が不必要，不純物（O, Cl, C 等）を含まず，μm オーダーの大粒径 CIGS 薄膜の作製が可能などの利点があるとされている。ただし，ヒドラジンは非常に危険であり，その扱いには細心の注意が必要である。CIGS 製膜は最初に Cu_2S，In_2Se_3，Ga_2Se_3，Se 等のヒドラジン溶液を Mo/SLG 基板上にスピンコートし，ホットプレート上で 290℃，5 分間，乾燥する。この工程を，所望の膜厚になるまで繰り返す。その後，窒素ガス中，400～525℃で焼成し，$Cu(In,Ga)(S,Se)_2$ 薄膜を形成する。また，微量の Sb を CIGS 中にドープすることで粒成長が促進され，小面積セル（0.45cm^2）で変換効率 13.6%（J_{sc}=27.5mA/cm^2，V_{oc}=0.667V，FF=0.741）が得られている[12]。また，同社では同じ手法で In を用いない $Cu_2(ZnSn)(S,Se)_4$ 太陽電池を作製し，この材料系では世界最高となる変換効率 9.6% を達成した[13]。

文　　献

1) M. A. Contreras, B. Egaas, K. Ramanathan, J. Hiltner, A. Swartzlander, F. Hasoon, and R. Noufi : Progress in photovoltaic, 7(4) (1999) 311-316.
2) A. M. Gabor, J. R. Tuttle, D. S. Albin, M. A. Contreras and R. Noufi: *Appl. Phys. Lett.*, **65**(2) (1994) 198-200.
3) J. R. Tuttle, M. A. Contreras, M. H. Bode, D. Niles, D. S. Albin, R. Matson, A. M. Gabor, A. Tennant and R. Noufi: *Appl. Phys. Lett.*, **77**(1) (1995) 1-9.
4) T. Gödecke, T. Haalboom, F. Ernst: Z. Metallkd. 91 (2000)
5) T. Wada, N. Kohara, T. Negami, and M. Nishitani: J. Mater. Res. 12, 1456, (1997).
6) K. Ramanathan, M. A. Contreras, C.L. Perkins, S. Asher, F.S. Hasoon, J. Keane, D. Young, M. Romero, W. Metzger, R. Noufi, J. Ward and A. Duda: Prog. Photovolt: Res. Appl. 11 (2003) 225-230.
7) G. Voorwinden, R. Kniese, P. Jackson and M. Powalla: Proc. 22nd European Photovoltaic Solar Energy Conf., (2007, Milan, Italy) 2115-2116.
8) K. Kushiya, S. Kuriyagawa, T. Kase, M. Tachiyuki, l. Sugiyama, Y. Satoh. M. Satoh and H. Takeshita: Proc. 25th IEEE PVSC (1996) 989-982.
9) V. Probst, F. Hergert, B. Walther, R. Thyen, G. Batereau-Neumann, B. Neumann, A. Windeck, T. Letzig and A. Gerlach: 24th European Photovoltaic Solar Energy

Conference (2009, Hamburg) PP 2455-2459.
10) C. R. Leidholm, G. A. Norsworthy, R. Roe, A. Halani, B. M. Basol, and V. K. Kapur: Proc. 15th NCPV Photvolt. Prog. Rev. (1998) 103-108.
11) C. Federic, C. Eberspacher, K. Pauls, J. Serra, and J. Zhu: Proc. 15th NCPV Photvolt. Prog. Rev. (1998) 158-163.
12) D. B. Mitzi 1, T. K. Todorov, O. Gunawan, M. Yuan, Q. Cao, W. Liu, K. B. Reuter, M. Kuwahara, K. Misumi, A. J. Kellock, S. J. Chey, T. G. Monsabert, A. Prabhakar, V. Deline, and K. E. Fogel: Proc. 35th IEEE Photovoltaic Specalists Conf., (2010).
13) T. K. Todorov *et. al.*, Adv. Mater. 22, DOI 10. 1002/adma. 200904155 ("Early View") (2010).
14) 中田：CIGS 太陽電池の基礎技術, 日刊工業新聞社 (2010).

2 THREE-STAGE PROCESS AND DEVICE PERFORMANCE OF Cu(In,Ga)Se$_2$ SOLAR CELLS

Miguel Contreras*

2.1 General historical trends in device performance and cell structure

The performance of Cu(In,Ga)Se$_2$ (CIGS) solar cells has seen steady progress since its proposal as a photovoltaic (PV) material over three decades ago. Today the highest reported energy conversion efficiency for this thin-film technology stands at 20%[1]. Is important to note that at that efficiency level the CIGS solar cell matches in performance the polycrystalline Silicon solar cell. This is no small accomplishment when one considers (a) the utterly superior amount of funding (both private and public) that has historically gone into the research and development of Silicon based technologies compared to that channeled to CIGS (and other polycrystalline thin-film technologies) and, (b) the supporting technological base established and standardized for Silicon wafer processing and its characterization as compared to the rather limited supporting technological base for CIGS and the total absence of standardization for equipment and processes to fabricate CIGS photovoltaic devices. In spite of those shortcomings, the pioneering work in CIGS materials and devices laid down the foundation to discover key properties that would allow additional improvements to the performance of this type of PV materials. An important implication of today's CIGS world-record efficiency is the validation of a non wafer semiconductor material system (CIGS) and a device structure that can compete with the most commercially relevant solar cell today: the multi-crystalline or polycrystalline silicon solar cell.

Much has changed for the CIGS cell structure and its performance from the early PV single crystal and thin-film works involving CuInSe$_2$ (CIS). The pioneering work in single crystal CIS based solar cells[2,3] back in 1974 moved rather quickly from initial efficiencies of 5% to 12% in a period of less than a year. However, the improvements to thin-film CIS (and CIGS) materials have lagged behind and, in fact, from the first report for an all thin-film CIS solar cell performing at 6.2% efficiency[4] it took nearly 10 years to reach the 12% efficiency level[5] and since then, another twenty plus years to reach the

---

* Miguel Contreras National Renewable Energy Laboratory Ph. D.

20% efficiency mark. These chronological improvements to the solar cell efficiency have much to do with the understanding of the material science behind all constituent layers of the device structure, the application of basic and advanced semiconductor physics, the development of junction physics and the understanding of junction formation phenomena.

Perhaps the most visible changes to the CIS solar cell are in the device structure itself. Beginning with the substrate, most early work on thin-film CIS used borosilicate glass, some metallic foils (Mo, Ni, stainless steel) as well as ceramic substrates (alumina sheet or plate). Nowadays, soda lime glass, commonly known as window-glass, is preferred and not only due to reason of lower manufacturing costs since this glass is one of the cheapest glasses available today but, also due to technological reasons which we now can associate to the beneficial effects of sodium in CIGS. The first report on the presence of sodium in CIGS[6] led to a series of developments in understanding some of the enhanced physical properties (most notably electrical) and optoelectronic changes in CIGS due to sodium incorporation. In summary, it has been found the net effect of sodium incorporation on the electrical properties of CIS (and CIGS) is a significant increase in electrical conductivity of approximately two orders of magnitude. Interestingly, the charge mobility values show negligible changes and therefore, the increase in electrical conductivity seems to be solely related to increased carrier concentration. Figure 1 shows the net effect of minute additions of sodium (and potassium) using thin layers of fluoride compounds as precursor materials for these two species, i.e., NaF

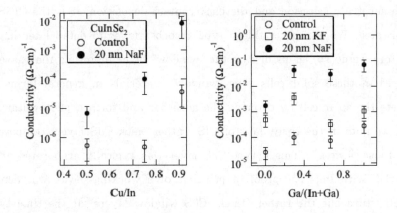

Figure 1 Effect of Sodium (and Potassium) on the electrical conductivity of CIS and CIGS

and KF deposited atop the Molybdenum back contact prior to CIS (and/or CIGS) growth. The usage of NaF to enhance device performance[7] was introduced in 1996 by this author at the 10th Sunshine Workshop, Tokyo, Japan. Soon after that, our group begun to develop highly efficient solar cells in substrates other than glass. Most notably were our first results on stainless steel (and other metallic foils) which by 1999 had reached efficiencies >17%[8].

It must be underlined that any effort to attain high efficiency CIGS will undoubtedly involve the addition of sodium, either as supplied from the glass via a diffusion mechanism while processing CIGS at high temperatures (>500℃) or by the external incorporation via a suitable source for sodium (such as the fluoride or other sodium containing compounds).

The back contact has seen the least changes of all the layers and will merit just a brief description here. DC sputtered molybdenum thin films about 0.5-1.0 μm in thickness were an early choice and their optimization was crucial to attain reproducible high efficiency devices. Our work focused on the relevant issues to the solar cell hence, we closely looked at issues of stress and adhesion[9]. From this work a bi-layer molybdenum back contact was developed that provided good adhesion and an unstressed state for optimum film growth. Molybdenum back contacts are standard now and a replacement does not seem necessary for a single junction device but for new device structures (such as a tandem or multiple junction polycrystalline thin-film device) alternatives will need to be developed as to have an optically transparent back contact in the top cell of the tandem (or mechanically stacked) configuration.

After the substrate selection and the back contact deposition, it is the CIGS absorber that is fabricated. We will cover this p-type absorber layer in detail later in this chapter. But before we do so, let us discuss the "window" layer materials that have been historically used in these solar cells. The "window" materials in general terms are those that complete the solar cell by covering the absorber and form a photovoltaic p-n junction. First, we note in the early days of CIS, rather thick CdS layers composed the full window in those devices[2]. This n-type CdS layer was typically evaporated and realized by doping CdS with In. The proof of principle of a working device was demonstrated with this structure but the rather "thick" CdS window layers (at the time typically 5-10 μm in thickness) drastically limited the current generation from the device due to

第2章 CIGS太陽電池の作製プロセス

strong optical absorption (and some reflection). Many of these optical losses were later avoided (and therefore enhancements to device performance were attained) by employing much thinner layers of a transparent conductive oxide (TCO) in combination with a thin film of CdS over the absorber. That structure is standard today and the one used in the 20% CIGS record cell. That record cell uses a metallic top contact grid atop of a bi-layer of ZnO deposited by RF sputtering and consisting of ~120 nm thick n-ZnO (ZnO doped with 2 wt% alumina) and ~100 nm of intrinsic ZnO.

Another successful TCO as applied to CIGS solar cell manufacturing is ITO (indium tin oxide). More recently, and in a search for lower cost materials and/or deposition processes, yet another family of materials has been demonstrated to work to replace the TCO: single wall carbon nanotubes (SWCN)[10]. Preliminary efficiencies ~13% have been demonstrated using this new structure where the whole ZnO bilayer has been replaced by a single layer of SWCN.

The original CdS junction partner to CIS (and CIGS) is still the material that provides for the highest efficiency attainable in any manufacturing or growth process for CIS (CIGS). Its most significant development perhaps is its deposition process, where from the early physical vapor deposition approaches it has evolved today into chemical bath deposition (CBD) processes using basic components such as a Cd salt (sulfate, chloride), a sulfur source such as thiourea, ammonia and water. Prescriptions for the CBD CdS growth can be found readily in the literature.

CdS films grown by CBD processes typically provide more conformal (uniform) coverage than PVD CdS and are thought to be superior to CdS layers grown PVD by a variety of reasons in addition to uniform coverage. The role of CdS in junction formation and improved junction quality has been discussed to some extent. Possible reported beneficial effects of the bath include: (a) "cleaning" or removal of oxides and/or other impurities from the absorber surface due to the rather basic composition of the bath (ammonia); (b) an ionic exchange between Cu in the absorber and Cd from the bath resulting in doping at the very surface of the absorber and providing a superior band bending for the p-n junction formation. It is interesting to note however, that CdS is not a necessary component to fabricate efficient (>15% efficiency) CIGS solar cells. Notably structures such as: (i) ZnO/CIGS[8]; (ii) ZnS(O,OH)/CIGS[13]; (iii) Zn(S,Se)/CIGS[14]; (iv) and more recently In_xS_y/CIGS[15], have all led to energy conversion efficiencies >13%

but none of them has reached yet the 20% level attained using CBD CdS layers. The search for alternatives to CdS has a lot to do with developing a PV product that contains no hazardous materials (Cd, Pb, others) rather than improving efficiency. That is not to say that new alternatives could be superior to CdS but to get to the levels of performance, reproducibility and device stability provided by CdS layers at present time they all need further development and qualification.

2.2 The CIGS absorber and the three-stage process

Several absorber fabrication processes used today (including non vacuum processes) lead to respectable device efficiencies. From the early two source evaporation deposition process (using CIS powders as evaporation material and a Se source), other successful thin-film growth approaches have been developed: evaporation from elemental sources[16]; selenization (via elemental Se vapor or H_2Se gas) of sputter deposited metallic layers[17]; electro-deposition of Cu-In-Ga-Se precursor compound layers followed by selenization[18]; coating of inks or pastes layers containing nano scale CIGS precursors also followed by selenization[19]; rapid thermal processing[20], and others. However, among all of them, it is evaporation from elemental sources the process that has led to the highest reported energy conversion efficiencies to date. The evaporation process itself has seen an evolution from the early days and not only in the hardware to carry it out but also in the reaction pathway to form high quality CIGS. The development of the hardware for evaporation has been a difficult task when scaling up and much of the know-how on the development of large evaporation sources, handling of glass at elevated temperatures, etc., remain a well kept secret in the companies that have undertaken this approach. On the other hand, the reaction pathway to form CIGS has been intrinsically related to the development of the so-called "NREL three-stage process" and this is how we came upon its development.

Perhaps the first successful evaporation approach from elemental sources was the so-called "Boeing process"[5]. It was used for several years and for a while stood as the best process to grow CIGS or CIS at the time. This Boeing approach was rather a two-stage approach where first, a Cu-rich CIS, i.e., Cu/In>1 was prepared at temperatures ～450℃ followed by a Cu-poor CIS layer deposited at higher temperatures (～500℃). The reaction pathway for this process can be qualitatively described by the following non-balanced chemical equations:

1st stage: Cu (g)+In (g) + Se (g) → CuInSe$_2$ (s) + Cu$_x$Se$_y$ (l)
2nd stage: Cu(In,Ga)Se$_2$ (s) + Cu$_x$Se$_y$ (l) + Cu (g) + In (g) + Se (g) → CuInSe$_2$ (s)

It is important to note the Cu-rich CIS obtained in the 1st stage of the Boeing process actually is a two-phase system: a solid CIS layer capped with a liquid copper selenide compound (copper selenide, according to its phase diagram, is a liquid at those elevated temperatures). Also, the gas label in the equations above does not imply an atomic gas or vapor, rather, a molecular gas/vapor since all these elements will evaporate as clusters (example Se$_2$, Se$_4$, Se$_8$, etc. and similarly for the cations). Diffusion played at major role in this approach in that the Cu-rich and Cu-poor materials inter diffuse to form a final CIS layer with an overall Cu deficient character (a necessary condition to achieve high performance CIGS materials). Through this pioneer process we learnt the benefits of a Cu-rich stage and the role of substrate temperature as important factors in attaining large grain morphologies. Two key factors that were kept in the development of the three-stage process. Structurally speaking, CIGS thin-films obtained in this fashion led to films with either a random orientation or in some cases a (112) type of preferred orientation was also observed and reported.

The Boeing process produced respectable efficiencies, in fact world-records at the time. But after years of development and many trials, it became very difficult to achieve higher efficiencies than 12% or so. Improving efficiency was a major objective in our yearly plans and long term objectives and consequently discussions within our group ensued and a decision was made to explore different routes (or pathways) to the Boeing process described above. Because the benefits of the Cu-rich regime were irrefutable, it was natural to start with a two-stage process that begun in a copper rich environment, in our case, the extreme of the Cu-rich regime materialized by the growth of copper selenide in the 1st stage followed by Indium and Selenium vapor in the second stage:

1st stage: Cu (g) + Se (g) → Cu$_x$Se$_y$ (s and/or l)
2nd stage: Cu$_x$Se$_y$ (s and/or l) + In (g) + Se (g) → CuInSe$_2$ (s)

This approach indeed led to the desired large grain morphology by other technical issues arose in this developmental stage. Specifically, poor adhesion (of the CIS layer to the Mo/glass substrates) and rather rough surfaces hindered yield and reproducibility. Adhesion problems need not an explanation but to clarify why surface roughness is problematic one must keep in mind that the additional surface area provided by the non-flat features of those films translate into (unnecessary) additional junction area that does not contribute to current generation and only leads to additional recombination paths manifested by increased dark reverse current-density values.

For the sake of completion, the reverse pathway was also studied, that is,

1st stage: In (g) + Se (g) → In_xSe_y (s)

2nd stage: In_xSe_y (s) + Cu (g) + Se (g) → $CuInSe_2$ (s)

This approach, as expected, led to small grain morphologies (submicron in size) but surprisingly, adhesion issues were avoided and smoother absorber surfaces were attained. Device efficiencies however, were also limited and their values were not any better or superior to those achieved by the Boeing process. It was therefore a logical step to combine the benefits seen in all the above experimental processes, alas, the three-stage process was born. Specifically, to avoid adhesion problems and attempt to achieve smooth surfaces it was logical to begin with In_xSe_y for a 1st stage; then we introduced a 2nd stage that incorporated more copper than needed (Cu-rich regime) in order to enhance grain growth; and finally, brought the overall composition to Cu-poor by creating a 3rd stage into which only In and Se was introduced. Note: in the discussion and equations above and bellow I have used CIS to illustrate the historical and qualitative development of the three-stage process but Gallium can as well be added to the discussion (and equations) since by then it was also clear that band gap enhancements via Ga alloying also led to better performances. Thus, the three-stage process can be qualitatively described as (non-balanced equations):

1st stage: In (g) + Se (g) → In_xSe_y (s)

2nd stage: In_xSe_y (s) + Cu (g) + Se (g) → $CuInSe_2$ (s) + Cu_xSe_y (l)

3rd stage: $CuInSe_2$ (s) + Cu_xSe_y (l) + In (g) + Se (g) → $CuInSe_2$ (s)

The full depiction of the three-stage process, including substrate temperature and metal deposition fluxes, can be seen in Figure 2. This approach to grow high quality CIGS not only allowed us to fabricate the first 15% CIGS solar cell back in 1993, at the

第2章　CIGS太陽電池の作製プロセス

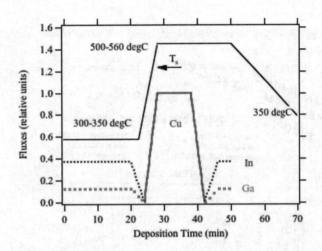

Figure 2 Three-stage process: deposition fluxes and substrate temperature profile.

time a major accomplishment that earned us an acknowledgement from our main industrial collaborators at the time, the people at Siemens Solar CIGS division, but also was deemed deserving of a U.S. patent which was promptly filed and soon licensed by several U.S. CIGS companies. The informal recognition of our accomplishment came to my office one day via fax, with the signatures of all the people at Siemens Solar involved in the CIGS effort in that company (see Figure 3). This efficiency number (∼15%) was indeed a turning point in the development of this industry since at that level, many more business plans could be drawn based upon the potential of the technology for an efficient material system that could compete with silicon and the possibility of lower manufacturing costs compared to wafer technologies.

It is important to note the three-stage process is not necessarily an evaporation process (even though was implemented that way), but rather is a prescription for any process to follow. Hence, it can be implemented by sputtering processes, non-vacuum processes such as nano precursors or electrodeposited precursors, or other thin-film techniques. The U.S. patent on this process is broad in that sense. The intellectual property developed really has more to do with the reaction pathway (chemical reaction) than the process to carried it out.

The first publications our group made in regards to the details of the three-stage can be found in references[21~23] and the claims of the patent can be found in U.S. Patent No. 5,441,897 (issued August 15, 1995).

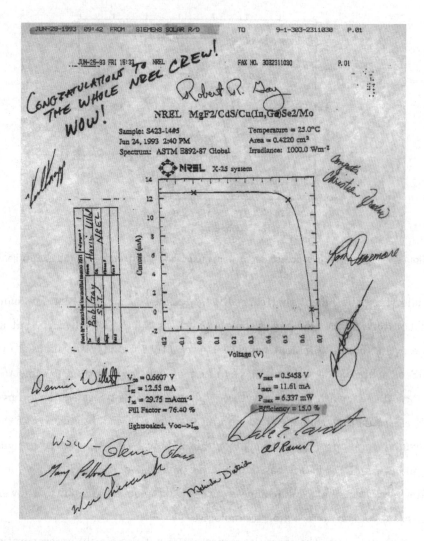

Figure 3 The first 15% CIGS solar cell ever made and congratulatory greetings from our colleagues at Siemens Solar for that milestone result

2.3 Materials and properties of CIGS obtained from the three-stage process

The enhanced optoelectronic properties of the absorber materials obtained in this way manifested immediately in the form of higher energy conversion efficiency values. It was evident the reaction pathway described above had led us to achieve superior absorbers. How do these materials differentiate from other processes? That question has more than one answer and the following paragraphs will attempt to describe such differences or improvements.

First of all, the objective of creating smooth surfaces was verified and quantified, leading us to assert that none of the previous growth process we had used ever gave us smoother films than those obtained by the 3-stage process. Specifically and for Mo coated glass substrates, we measured average roughness values of ～91 nm for films fabricated by selenization of metallic precursors; for CIGS films grown using a Cu-rich precursor (Boeing process) average roughness of ～63 nm were obtained but, for films obtained by the three-stage process that average roughness value was only ～33 nm. These were the smoothest films ever made in our lab (and still are to date).

Second, the desired large grain morphology was also observed and through electron microscopy it could be characterized as composed of columnar grains with grain sizes of the order of the film thickness (～2-3 μm). These new morphologies were significantly different than other reported at the time in the literature and also the grain sizes obtained were larger than those obtained by other processes we had experimented. Figure 4 shows a comparison of the microstructure obtained by previous processes and that of a film made by the three-stage process. The columnar character of the morphology is highly desirable because electrical charge carriers diffusing towards the back contact would encounter fewer potential recombination centers at defect regions such as grain boundaries.

Third, the Ga distribution across the film thickness was found to be non-uniform, with a rather graded structure in which the Ga content was higher towards the back and front of the film and lower in the region near the surface. Secondary ion mass spectroscopy (SIMS) and Auger electron spectroscopy (AES) depth profiles (see Figure 5)

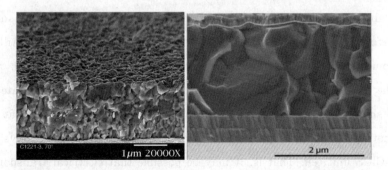

Figure 4 Microstructure of CIS fabricated by simultaneous co-evaporation (left) and by the three-stage process (right)

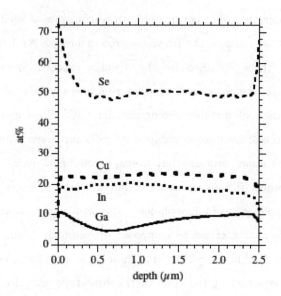

Figure 5 SIMS depth profile of CIGS film grown by the three-stage process

indicated the Ga profile had a "notch" or "saddle" type of distribution which had been argued in theoretical studies to be a superior band gap grading[24] for PV energy conversion.

Subsequent additional variations to the three-stage process we pursued in growth parameters such as substrate temperature and/or Se activity, led us to achieve highly oriented CIGS thin-films with a (220/204) type of preferred orientation[25]. This preferred orientation is another clear differentiating characteristic for films obtained using the three-stage process and it also led to even higher efficiencies. In fact, in our experience, we can associate the highest energy conversion efficiencies attained to date in our lab with CIGS absorbers displaying a (220/204) preferred orientation. The reasons for this superior performance of films with a (220/204) preferred orientation are still today not clear and much discussion has been carried out on the veracity of such association. However, the fact remains, our best absorber so far (leading to the 20% state-of-the-art result) also shows this characteristic feature. This author has proposed that due to the non-cubic nature of the chalcopyrite CIGS system leads to anisotropic physical properties on the CIGS unit cell. That is, it may be possible that electrical transport and even optical phenomena may be different on the different crystallographic axis/directions of the crystal. Many non-cubic systems in nature show such anisotropy but today not much work has been carried out on this issue and the argument remains a speculation or a hypothesis.

In closing this chapter I would like to provide the official current density-voltage (J-V) data certification for one of the cells (we have fabricated several now) with the highest energy conversion efficiency achieved today (20%) in this remarkable CIGS material system (see Figure 6). It is this author projection that developments of new device structures, such as alternative window materials to the ones we currently use (ZnO and CdS) will lead to further improvements in device performance via gains in short-circuit current values. And, additional improvements to the absorber itself (larger grain sizes, new alloys, etc.) may also lead to reduced recombination resulting in higher open-circuit voltages and/or fill factor values that can provide for enhanced performance as well.

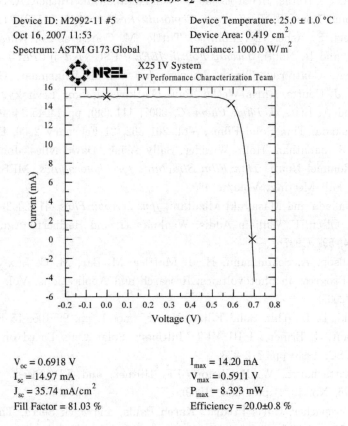

Figure 6　J-V characteristics of a 20% CIGS solar cell

REFERENCES

1) Solar Cell Efficiency Tables (version 33) in *Prog. Photovolt: Res. Appl.* 2009; **17**:85-94
2) S. Wagner, J. L. Shay, P. Migliorato and H. M. Kasper. *Applied Physics Letters*, Vol. 25, No. 8, 15 October 1974, p. 434
3) J. L. Shay and S. Wagner, *Applied Physics Letters*, Vol. 27, No. 2, 15 July 1975, p. 89
4) L. L. Kazmerski, F. R. White, G. A. Sanborn, A. J. Merrill, M. S. Ayyagari, S. D. Mittleman and G. K. Morgan, *Proceedings of the 12th IEEE Photovoltaic Specialist Conference*, p. 534 (1976)
5) W. E. Devaney, R. A. Mickelsen and W. S. Chen, *Proceedings of the 18th IEEE Photovoltaic Specialist Conference*, p. 1733 (1985)
6) M. Bodegård, L. Stolt, J. Hedström, *Proceedings of the 12th European Photovoltaic Solar Energy Conference*, 1994, p. 1743
7) Miguel A. Contreras. *Digest of the 10th Sunshine Workshop* (Tokyo, Japan) November 7-8, 1996
8) Miguel A. Contreras, Brian Egaas, K. Ramanathan, J. Hiltner, A. Swartzlander, F. Hasoon and Rommel Noufi. *Prog. Photovolt: Res. Appl.* **7**, 311-316 (1999)
9) J. Scofield, S. Asher, D. Albin, J. Tuttle, M. Contreras, D. Niles, R. Reedy, A. Tennant, and R. Noufi. *Twenty-Fourth IEEE PVSC (1 st WCPEC)*, 1994 pp. 164
10) Miguel A. Contreras, Teresa Barnes, Jao van de Lagemaat, Garry Rumbles, Timothy J. Coutts, Chris Weeks, Paul Glatkowski, Igor Levitsky, Jorma Peltola, and David A. Britz, *J. Phys. Chem. C*, 2007, **111** (38), pp 14045-14048
11) Tokio Nakada, Thin Solid Films, Vol. 361-362, 21 February 2000, Pages 346-352
12) Kannan Ramanathan, Holm Wiesner, Sally Asher, David Niles, John Webb, James Keane, Rommel Noufi, *Thin-Film Structures for Photovoltaics*, MRS Proceedings of the 1997 Fall Meeting, Volume 485.
13) Tokio Nakada and Masayuki Mizutani, *Jpn. J. Appl. Phys.* **41** (2002) pp. L 165-L 167
14) Larry C. Olsen, F. William Addis, Wenhua Lei, and Heriberto Aguilar, AIP Conf. Proc. **394**, 597 (1997)
15) N. A. Allsop, A. Schonmann, H.-J. Muffler, M. Bär, M. C. Lux-Steiner, Ch.-H. Fischer, Progress in photovoltaics: Research and Applications, Vol. 13, Issue 7, pp. **607-616** (2005)
16) Kazmerski, L. L., Thin Solid Films. Vol. 57, no. 1, pp. 99-106. 15 Feb. 1979
17) D. Tarrant, J. Ermer, "I-III-VI 2 Multinary Solar Cells Based on CuInSq." 23 rd IEEE PVSC, 1993, pp. 372-378
18) R.N. Bhattacharya, W. Batchelor, J.F. Hiltner, and J.R. Sites, *Applied Physics Letters*, **75**, No. 10, September, (1999).
19) Chris Eberspacher, Chris Fredric, Karen Pauls, and Jack Serra, Thin Solid Films, 2001, **18-22**, vol. 387

第 2 章 CIGS 太陽電池の作製プロセス

20) V. Probst, W. Stetter, W. Riedl, H. Vogt, M. Wendl, H. Calwer, S. Zweigart, K. - D. Ufert, B. Freienstein, H. Cerva and F. H. Karg, Thin Solid Films, Vol. 387, Issues 1-2, **29** May 2001, Pages 262-267
21) M. Contreras, A. M. Gabor, A. Tennant, S. Asher, J. Tuttle, and R. Noufi. *Progress in Photovoltaics*, Vol. 2, pp. 287-292, (John Wiley &Sons,1994).
22) A. Gabor, J. R. Truttle, M. Contreras, D. S. Albin, A. Franz, D. W. Niles, and R. Noufi. *Proceedings from the 12 th European Photovolaic Solar Energy Conference* (H.S. Stephens and Assoc., UK), Amsterdam, The Netherlands, 11-15 April 1994, pp. 939-943.
23) *Proceedings of the 1st World Conference on Photovoltaic Energy Conversion*, 24 th PVSC IEEE 94, December 5-9 1994, Hawaii, pp. 62
24) A. Dhingra and A. Rothwarf. *Proceedings of the 23rd IEEE Photovoltaic Specialist Conference*, 1993 pp. 475-480.
25) Miguel A. Contreras, Brian Egaas, David King, Amy Swartzlander, Thorsten Dullweber, Thin Solid Films 361-362 (2000) 167±171

3 ワイドギャップ系太陽電池

西脇志朗*

3.1 はじめに

カルコパイライト型結晶構造を持つ A(I)-B(III)-C(IV)$_2$ 化合物群（A＝Ag, Cu, B＝Al, Ga, In, C＝S, Se, Te）は，電気的，光学的に有用な特性を持つ半導体材料として知られている。とくに，CuInSe$_2$ を基本組成とする材料は，薄膜太陽電池用光吸収材料として大きな成功を収めつつある。表1に光吸収材料に関連したカルコパイライト型結晶構造を持つ3成分化合物とそのバンドギャップエネルギーを示す[1]。これらの化合物を混晶することにより，バンドギャップエネルギー（Eg）は，概ね 1.0-2.7 eV の範囲で調節することが可能である。幾つかの重要な化合物系について，バンドギャップエネルギーの関係式を以下に示す。なお，Ag(In$_{1-x}$Ga$_x$)Se$_2$ に関しては，適当な関係式が報告されていないため，参考文献のみを記述する。

Cu(In$_{1-x}$Ga$_x$)Se$_2$：例えば Eg＝$(1.035+0.389\,x+0.264\,x^2)$eV [2]

Cu(In$_{1-x}$Ga$_x$)(Se$_{1-y}$S$_y$)$_2$：Eg＝$(1.00+0.13\,x^2+0.08\,x^2y+0.13\,xy+0.55\,x+0.54\,y)$eV [3,4]

Cu(In$_{1-x}$Al$_x$)Se$_2$：Eg＝$(1.00+1.08\,x+0.62\,x^2)$eV [5]

Ag(In$_{1-x}$Ga$_x$)Se$_2$：参考文献[6,7]

混晶以外のバンドギャップ調節の可能性として，カルコパイライト型結晶と比べて広いバンドギャップを持つ A(I) サイト欠陥組成（典型的な組成は CuIn$_3$Se$_5$）の利用が挙げられる[8〜10]。ま

表1 CIGS 薄膜太陽電池の光吸収層用材料に関連した化合物の室温でのバンドギャップ

化合物	バンドギャップ（eV）
CuInSe$_2$*	1.04
CuGaSe$_2$	1.68
CuAlSe$_2$+	2.65
CuInS$_2$	1.53
CuGaS$_2$	2.43
AgInSe$_2$	1.24
AgGaSe$_2$	1.80
CuIn$_3$Se$_5$	1.21
CuGa$_3$Se$_5$	1.83

＊：77 K, ＋：110 K

---

* Shiro Nishiwaki EMPA (Swiss Federal Laboratories for Material Testing and Research) Laboratory for Thin Films and Photovoltaics Scientist

第2章　CIGS太陽電池の作製プロセス

た，この化合物を用いた太陽電池においてある程度の変換効率が報告されている[11]。

これまでの研究において，カルコパイライト型結晶構造を持つ化合物系の光吸収材料ではCuInSe$_2$の基本組成に対してInの約30％をGaに置換したCuIn$_{0.7}$Ga$_{0.3}$Se$_2$組成近傍を用い，光吸収層内部で組成を傾斜させることにより（1.1＜Eg＜1.3 eV）この材料系における最高効率〜20％が報告されている[12]。これに対して，カルコパイライト型化合物の太陽電池用光吸収層への応用における「ワイドギャップ」とは，一般に変換効率の最高値が報告されているバンドギャップの範囲よりも広い Eg＞1.2 eV の領域を示す。このワイドバンドギャップ材料は，以下に示すような太陽電池の高効率化と応用における可能性から研究開発が行われている[13]。

高効率化
・地表での太陽光スペクトルから，バンドギャップ Eg 〜 1.4 eV で理論上最高効率が得られる。
・タンデム型太陽電池への利用。

応用
・低電流による直列抵抗損失の低減。また，これに伴い集積型モジュールへの応用におけるスクライブ本数（1章2節参照）の低減。

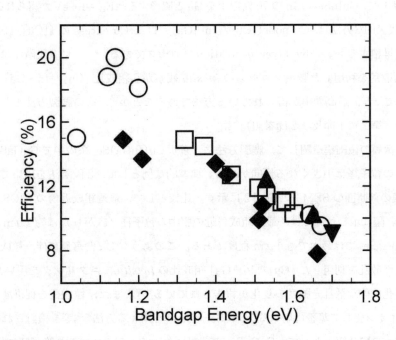

図1　これまでに報告されたカルコパイライト系光吸収材料のバンドギャップと変換効率の関係
図中の記号はそれぞれ以下の化合物と対応する；○：Cu(InGa)Se$_2$[12,14〜17]，▲：Cu(InGa)S$_2$[18]，□：Cu(InGa)(SeS)$_2$[19]，▼：Ag(InGa)Se$_2$[20]，◆：Cu(InAl)Se$_2$[21]。なお，傾斜したバンドギャップを有するものは，量子効率から外挿してバンドギャップを見積もった。また，Cu(InGa)(SeS)$_2$ と Cu(InAl)Se$_2$ は無反射コート無しの値を用いた。

- 長波長領域での透明導電膜による光吸収損失を無視できることから，抵抗が低い高ドープ ZnO 電極が効率の低下なしに利用可能。
- バンドギャップが狭いものと同程度の温度変化（耐環境）や高エネルギー照射（宇宙空間での利用）に対する開放端電圧の劣化速度を想定すると，ワイドバンドギャップ太陽電池は安定性や寿命の点で有利。

上記のカルコパイライト型化合物群及びその混晶を光吸収層に用いた太陽電池のバンドギャップと変換効率の関係を図1に示す[12,14~21]。図1から明らかなように，いずれの化合物を用いた場合でも $Cu(InGa)Se_2$ 系の $Eg<1.2\,eV$ の範囲で見出されたほどの高効率は，これまでのところワイドバンドギャップ材料では報告されていない。以下に上記のワイドバンドギャップ材料，とくにより広いバンドギャップの $Eg \geq 1.4\,eV$ を有するものを中心に，主にその調製に関してこれまでに得られた知見をまとめる。

3.2 $Cu(InGa)Se_2$ 系

この系において，$CuInSe_2$ の In の70％以上を Ga と置換すると $Eg>1.4\,eV$ が得られる。その調製に関して，代表的な方法は，Cu poor（$[Cu]/[In+Ga]<1$）と Cu excess の（$[Cu]/[In+Ga]>1$）層を交互に堆積する layer-by-layer deposition プロセスである。とくに3段階法は，基盤温度や光の表面散乱を利用した製膜プロセスの *in-situ* 観察から組成比 $[Cu]/[In+Ga]$ の精密な制御が可能なこと[22]，最高効率が得られている方法であることか[12]，その調製方法として選ばれることが多い（第2章1節及び2節参照）。

得られる薄膜の微細構造関して，調製方法によらず $Cu(InGa)Se_2$ 系の中で $CuGaSe_2$ 組成に近づくほどその粒子径は小さくなる傾向がある。典型的な例として，3段階法を用いて調製された $CuGaSe_2$ 膜の破断面の SEM 写[16]を図2に示す。比較として，最適組成近傍の CIGS 膜の微細構造も示す[23]。図に示した例では，最適組成付近の膜中の粒子径（広がり）は約 $2\,\mu m$ であるのに対して，$CuGaSe_2$ では最大でも $1\,\mu m$ 程度である。このような Ga 含有量に伴う粒成長の変化から，光の表面散乱を利用した $[Cu]/[In+Ga]$ 組成比の *In-situ* モニタリングを用いた場合，Ga 含有料の変化に伴う散乱光強度の変化が報告されている[24,25]。また，粒成長を促進する試みとして，Ga をイオン化して蒸着に用いる[26,27]や Se-radical を用いる方法[28,29]等も検討されている。

高効率化への取り組みとして，$CuGaSe_2$ の調製において，そのプロセス終了時に僅かに In を堆積して表面改質することによる変換効率の向上が最適組成のものに先立ち報告されている[17]。さらに，この系の Ga 側の端組成 $CuGaSe_2$ は，タンデム型への応用を考慮して，一般的に裏面電極として用いらる Mo だけでなく透明導電膜上（In_2O_3：Sn，ZnO：Al，SnO 等）への製膜

第 2 章 CIGS 太陽電池の作製プロセス

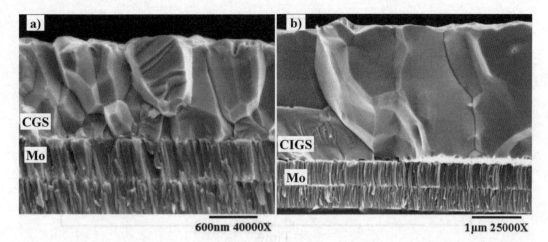

図 2 (a) 3 段階法で調製された CuGaSe$_2$ 膜，及び (b) 3 段階法で調製された Cu(In$_{0.74}$Ga$_{0.26}$)Se$_2$ 膜の破断面の SEM 写真
明らかな粒子径の違いが観察できる。

も試みられている[30〜36]。なお，ZnO：Al/Cu(InGa)Se$_2$ 接合は非オーミックであるが，5-15 nm の Mo 層を ZnO：Al 上に形成した上に Cu(InGa)Se$_2$ を製膜することで，そのオーミック性が改善されることが報告されている[37]。

3.3 Cu(InGa)S$_2$ 系

この材料の最高変換効率も，layer-by-layer deposition を用いて調製された薄膜から得られている[18]。しかし，上記の Se 化物と異なり光吸収材料として高品質の薄膜を得るためには，製膜終了時に Cu 過剰組成であることが必要である[38]。その典型的な調製方法では，Cu-poor 層を比較的低温の基板に蒸着後，基板温度を昇温して Cu-excess 層が蒸着される。これは，概ね 3 段階法の第 2 段階までと同様である。また，この時 Cu-poor 組成から Cu-excess 組成への変化に伴う基板温度等の変化の検出（2 章 2 節参照）が可能である。また，Cu(InGa)S$_2$ 形成後 KCN 水溶液等を用いて Cu-S 不純物相を取り除く必要がある。

この材料の調製に関して特徴的なことは，S 気体[39]あるい H$_2$S[40]を用いた Cu(Ga)-In 金属膜の硫化プロセスを用いても同時蒸着法と比べて太陽電池用光吸収材料として遜色のない高品質な薄膜が得られることである。例として，急速加熱法（RTP）を用いた硫化法における温度プロファイル，及び RTP のプロセス中の膜中の相変化を図 3，図 4 それぞれに示す[39,41]。この RTP では，Cu と In をスッパッタ法を用いてソーダライムガラス/Mo 基板上に堆積し，これを Se 金属と共に反応容器に封入し，加熱，反応を行う。このプロセスの特徴は，加熱，反応がごく短時間で終了することである。このプロセスに於ける重要なパラメータとして，仕込み Cu/In 比，

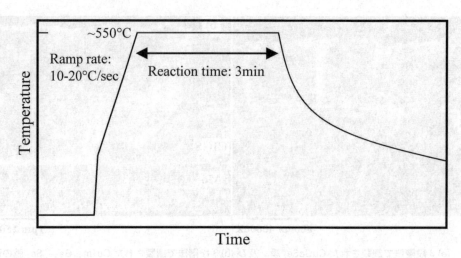

図3　RTPを用いたCuInS₂薄膜調製における基板温度変化の一例
Cu/In金属前駆体の硫化は短時間で終了する。

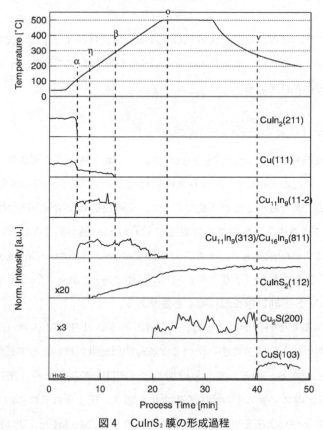

図4　CuInS₂膜の形成過程
一番上に示した基板温度変化に対応して，Cu/In金属前駆体膜（Cu/In＝1.8）がS（気体）により硫化された場合，硫化反応の進行に伴い下図のように膜中の相が変化する図中のギリシャ文字は特徴的な相変化点を示す。

昇温速度，反応温度，反応時間が報告されている[42]。また，仕込み Se 量に依存した反応時の圧力がプロセス中の反応生成物を変化させることが報告されている[43]。

3.4 Cu(InGa)(SeS)$_2$系

ワイドバンドギャップ太陽電池への応用を目的とした Cu(InGa)(SeS)$_2$ は，同時蒸着を用いて調製されている[44]。これまでのところ，この材料を用いたワイドバンドギャップ材料としての最高の変換効率は単純な同時蒸着法により得られた薄膜を用いたものから見出されている[19]。この形成反応に特徴的なことは，表面での Cu-(SeS) 形成反応の有無及び含まれる In と Ga の組成比が，Cu(InGa)(SeS)$_2$ 形成反応における Se と S の取り込み比率（分配係数：partition coefficient）を大きく変えることである[45]。Cu-poor 及び Cu-excess 条件下で単純な同時蒸着法を用いて調製した場合の，蒸着フラックス中の S のカルコゲン全体に対する割合 $Y_{flux}=[S_{flux}]/[Se_{flux}+S_{flux}]$ と得られた膜中の S の割合 $Y_{film}=[S_{film}]/[Se_{film}+S_{film}]$ をプロットした結果を図 5 に示す。図 5 に示したように，Cu-poor では Se を多く，Cu-excess では S 多く取り込んだ Cu(InGa)(SeS)$_2$ が形成される。さらに，Cu-excess 条件では，形成している膜の [Ga]/

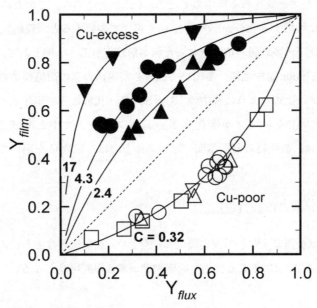

図5 Cu-poor 及び Cu-excess 条件下で調製した場合の，蒸着フラックス中の S のカルコゲン全体に対する割合 $Y_{flux}=[S_{flux}]/[Se_{flux}+S_{flux}]$ と得られた膜中の S の割合 $Y_{film}=[S_{film}]/[Se_{film}+S_{film}]$ の関係
記号の形状は Ga の組成比（$X=[Ga]/[In+Ga]$）に対応し，記号の濃淡は Cu-excess 及び Cu-poor の蒸着条件に対応する。それぞれの記号は以下の条件を示す。X：（▲,△）X=0，（□）X=0.35±0.05，（●,○）X=0.55±0.05，（▼,▽）X=1。Cu-poor と Cu-excess 条件で大きく Cu(InGa)(SeS)$_2$ 形成反応における Se と S の分配係数が変わるだけでなく，Cu-excess 条件では In と Ga の組成比によっても Se と S の分配係数が変化する。

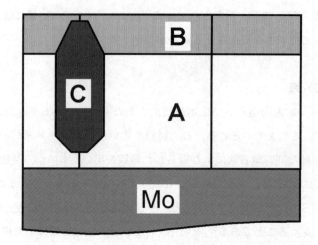

図6 bi-layer 法を用いて形成した場合の Cu(InGa)(SeS)$_2$ 膜の組成に関する微細構造の模式図

図中の A, B, C はそれぞれ, A：第1層目の Cu-excess 層蒸着条件下で形成された S-rich 層, B：2層目の Cu-poor 層蒸着条件下で形成された Se-rich 層, C：2層目形成中, 1層目蒸着時に形成された Cu(SeS) 相と Cu-poor 蒸着相との反応で形成された相.

[In+Ga] 比に依存して形成される膜中の S と Se の比が変化する。このため, Cu-poor と Cu-excess の層を交互に堆積する layer-by-layer 法を用いて製膜すると, 膜組成の履歴に応じて Se 比率の多い層と S 比率の多い層が積み重なった膜が形成される。一例として, bi-layer 法（Cu-excess 層の後に Cu-poor 層を堆積）を用いて成膜した場合の膜の微細構造の模式図を図6に示す。バンドギャップは上式のように膜中の [S]/[Se+Se] 比によって変化するため, この組成変動に伴い膜中のバンドギャップが変化する。蒸着フラックス中と形成される膜中の [S]/[Se+Se] 比の関係は, 製膜時の基板温度一定の条件下では, 定数 C を用いて次式で近似することが出来る。

$$Y_{film}/(1-Y_{film}) = CY_{flux}/(1-Y_{flux})$$

この定数 C は, 基板温度すなわち反応温度に依存し[46], 装置定数なども含んだパラメータである。この曲線を実験的に求めることにより組成制御がある程度可能となる。

3.5 Ag(InGa)Se$_2$ 系

この系のワイドバンドギャップ太陽電池への応用は, 3段階法を用いて調製された薄膜を用いて行われており, [Ga]/[In+Ga] = 0.8, Eg～1.7 eV で最大変換効率 9.3% が報告されている[20,47]。また, タンデム型への応用を考慮して, 最近, Ag の 25% を Cu で置換した組成を用い, 高開放端電圧かつ比較的高変換効率なデバイス（光学的バンドギャップ～1.5 eV）が報告され

第2章　CIGS太陽電池の作製プロセス

た[49,50]。しかし，この材料系における太陽電池への応用に対する報告は限られており，今後の研究が必要とされる。

3.6　Cu(InAl)Se$_2$系

この系では，[Al]/[In+Al]>0.31の組成でEg>1.4 eVのワイドバンドギャップ材料が得られる。調製に関して，3段階法を含んだlayer-by-layer法も報告されているが[51]，最も高い変換効率が報告されている膜の調製方法は，単純な同時蒸着法である[21]。この材料の調製における問題点として，Al含有量が多くなると，すなわちバンドギャップが広がると，Cu(InAl)Se$_2$膜のMo裏面電極に対する吸着性が弱くなることが報告されている[5,52]。これを改善するための一つの方法として，5 nmのGa層をMo背面電極に堆積した後にCu(InAl)Se$_2$を堆積することが提案されている[53]。

文　献

1) Numerical Data and Functional Relationships in Science and Technology (Springer-Verlag, Berlin, Heidelberg, 1985) Landolt-Bornstein-Group III Condensed Matter 41 E, Ternary Compounds, Organic Semiconductors.
2) P. D. Paulson *et al.*, *J. Appl. Phys.* **94**, 879 (2003) 及びその参考文献，William N. Shafarman, Lars Stolt "Handbook of Photovoltaic Science and Engineering", p.567, John Wiley & Sons, Ltd (2003)
3) Su-Huai Wei, Alex Zunger, *J. Appl. Phys.* **78**, 3846 (1995)
4) M. Bar *et al.*, *J. Appl. Phys.* **96**, 3857 (2004)
5) P. D. Paulson *et al.*, *J. Appl. Phys.* **91**, 10153 (2002)
6) Suk-Ryong Hahn and Wha-Tek Kim, *Phys. Rev. B* **27**, 5129 (1983)
7) Kenji Yoshino *et al.*, *J. Crystal Growth* **236**, 257 (2002)
8) Takayuki Negami *et al.*, *Appl. Phys. Lett.* **67**, 825 (1995)
9) Miguel A. Contreras *et al.*, "Thin Films for Photovoltaic and Related Device Applications (Mat. Res. Soc. Symp. Proc. Vol. 426) eds. David Ginley *et al.*", p.243, Warrendale, PA (1996)
10) S. Nishiwaki *et al.*, "Compound Semiconductor Photovoltaics (Mater. Res. Soc. Symp. Proc. Volume 763) eds. Rommel Noufi *et al.*", B 5.18.1., Warrendale, PA (2003)
11) Tokio Nakada *et al.*, "Proc. 14 th European PVSEC PVSEC (Barcelona) ", p.2143, H. S. Stephens & Associates (1997)

12) Ingrid Repins *et al.*, *Prog. Photovolt: Res. Appl.* **16**, 235 (2008)
13) Susanne Siebentritt, Uwe Rau, "Wide-Gap Chalcopyrites" p.1, Springer Berlin Heidelberg (2006)
14) Miguel A. Contreras *et al.*, *Prog. Photovolt: Res. Appl.* **7**, 311 (1999)
15) Shogo Ishizuka *et al.*, *Jap. J. Appl. Phys.* **44**, L 679 (2005)
16) David L. Young *et al.*, *Prog. Photovolt: Res. Appl.* **11**, 535 (2003)
17) Jehad AbuShama *et al.*, "*Proc. 31 st IEEE PVSC (Orlando)*", p.299, AL IEEE (2005)
18) R. Kaigawa *et al.*, *Thin Solid films* **415**, 266 (2002)
19) R. W. Birkmire *et al.*, "Annual Report to National Renewable Energy Laboratory under Subcontract No. ADJ-1-30630-12, 4/01/07-12/31/07" p.43, INSTITUTE OF ENERGY CONVERSION UNIVERSITY OF DELAWARE (2008) (http://www.udel.edu/iec/PDF/NRELreports/)
20) Tokio Nakada *et al.*, "Thin-Film Compound Semiconductor Photovoltaics (Mater. Res. Soc. Symp. Proc. 865) eds. William Shafarman *et al.*", F 11.1.1, Warrendale, PA (2005)
21) W.N. Shafarman *et al.*, "*Proc. 29 th IEEE PVSC (New Orleans)*" p.519, AL IEEE (2002)
22) K. Sakurai *et al.*, *Prog. Photovolt: Res. Appl.* **12**, 219 (2004)
23) K. Ramanathan *et al.*, *Thin Solid Films* **480-481**, 499 (2005)
24) K. Sakurai *et al.*, *Thin Solid Films* **480-481**, 367 (2005)
25) K. Sakurai *et al.*, *Sol. Energy Mater. Sol. Cells* **90**, 3377 (2006)
26) Zhang Li *et al.*, *Phys. Status Solidi C* **6**, 1273 (2009)
27) H. Miyazaki *et al.*, *phys. stat. sol. (a)* **203**, 2603 (2006)
28) Shogo Ishizuka *et al.*, *Appl. Phys. Lett.* **91**, 041902 (2007)
29) Shogo Ishizuka *et al.*, *Sol. Energy Mater. Sol. Cells* **93**, 792 (2009)
30) T. Nakada *et al.*, *Jpn. J. Appl. Phys.* **41**, 1209 (2002)
31) T. Nakada *et al.*, *Solar Energy* **77**, 739 (2004)
32) D. L. Young *et al.*, "*Proc. 29 th IEEE PVSC (New Orleans)*", p.608, AL IEEE (2002)
33) R. Caballero *et al.*, "*Proc. 4 th WCPEC (Waikoloa)*" p.479, AL IEEE (2006)
34) Tokio Nakada *et al.*, "*Proc. 4 th WCPEC (Waikoloa)*", p.400, AL IEEE (2006)
35) S. Nishiwaki *et al.*, *Prog. Photovolt: Res. Appl.* **11**, 243 (2003)
36) M. Symko-Davies and R. Noufi, "*Proc. 20 th European PVSEC (Barcelona)*", p.1721, WIP-Renewable Energies (2005)
37) P. J. Rostan *et al.*, *Thin Solid Films* **480**, 67 (2005)
38) R. Kaigawa *et al.*, *Thin Solid Films* **516**, 7046 (2008)
39) Kai Siemer *et al.*, *Sol. Energy Sol. Cells* **67**, 159 (2001)
40) Anant H. Jahagirdar *et al.*, "*Proc 4 th WCPEC (Waikoloa)*", p.557, AL IEEE (2006)
41) R. Scheer *et al.*, *Solar Energy* **77**, 777 (2004)
42) Jo Klaer *et al.*, *Thin Solid Films* **515**, 5929 (2007)
43) Immo Michael Kotschau *et al.*, "Thin-Film Compound Semiconductor Photovoltaics

(Mater. Res. Soc. Symp. Proc. Volume 1012) eds. Timothy Gessert *et al.*", 1012 Y 13 09, Warrendale, PA (2007)
44) Shiro Nishiwaki, William Shafarman, "Proc. 4 th WCPEC (Waikoloa)", p.461, AL IEEE (2006)
45) Shiro Nishiwaki, William N. Shafarmana, *J. Appl. Phys.* **104**, 034912 (2008)
46) S. Nishiwaki *et al.*, "*Proc. 33 rd IEEE PVSC (San Diego)*", AL IEEE (2008)
47) Hiroki Ishizaki *et al.*, "Thin-Film Compound Semiconductor Photovoltaics (Mater. Res. Soc. Symp. Proc. 865) eds. William Shafarman *et al.*", F 5.12.1, Warrendale, PA (2005)
48) T. Nakada *et al.*, "*Proc. 4 th WCPEC (Waikoloa)*", p.400, AL IEEE (2006)
49) "*Proc. 34th IEEE PVSC (Philadelphia)*", p.1240, IEEE (2009)
50) "*Proc. 34th IEEE PVSC (Philadelphia)*", p.1349, IEEE (2009)
51) S. Yamada *et al.*, *J. Cryst. Growth* **311**, 731 (2009)
52) M. W. Haimbodi *et al.*, "*Proc. 28 th IEEE PVSC (Anchorage)*" p.454, AL IEEE (2001)
53) S. Marsillac *et al.*, *Appl. Phys. Lett* **81**, 1350 (2002)

4 アクティブソースによる Cu(InGa)Se$_2$ 薄膜の高品質化

山田　明*

4.1　はじめに

　現在，Cu(InGa)Se$_2$(CIGS) 太陽電池での世界最高変換効率は 20.0%であり，この時のバンドギャップ値は約 1.1 eV である。太陽光スペクトルとの整合を考えた場合，理論的にエネルギー変換効率が最大となるバンドギャップ値は約 1.4 eV である（図1）。従って，ワイドギャップの CIGS 太陽電池を開発することにより 20%を超える高効率太陽電池の実現が期待される。しかしながら，Ga 添加により CIGS 太陽電池のバンドギャップを広くした場合，1.2 eV 程度までは変換効率が向上するものの，1.3 eV を超えると変換効率は低下してしまう。これは，バンドギャップが 1.3 eV 以上になると，開放電圧が期待されるほど上昇しないためである。この理由として，①高い Ga 組成の CIGS 薄膜では粒径が小さいこと，②バッファ層と光吸収層との伝導帯バンドオフセットの整合が取れなくなること等が理由として挙げられている。

4.2　アクティブソースの概念

　高い Ga 組成を有する CIGS 薄膜において粒径が小さくなることは，結晶成長に要するエネルギーが Ga 添加と共に増加することを意味する。このためには，基板温度を上昇させることが有

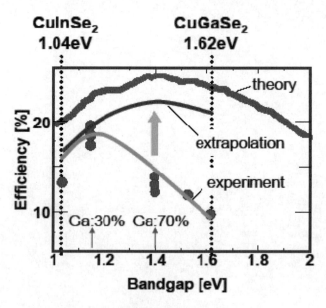

図1　変換効率のバンドギャップ依存性

---

*1　Akira Yamada　東京工業大学　大学院理工学研究科　電子物理工学専攻　教授

第 2 章　CIGS 太陽電池の作製プロセス

効であるが，CIGS 太陽電池の場合には基板に青板ガラスを用いているため，560℃以上の成長温度とすることはできない。そこで原料に用いている Ga 及び Se に成長時において外部からエネルギーを加え，その活性化を図ることを提案した（アクティブ・ソース）。これにより，基板温度を上昇させること無く，実効的に高品質な CIGS 薄膜が得られると期待される。この手法の概念図を図 2 に示す。外部からエネルギーを加えられた原料原子が，基板表面上でそのエネルギーを開放することで，基板表面の局所加熱が期待される。また，飛来原子は高エネルギーを有するため，表面泳動の向上が期待される。これら効果により低基板温度においても，高品質 CIGS 薄膜が得られると考えられる。本節では，①Ga イオン化，②Se クラッキングに関する試みについてまとめる。

4.3　イオン化 Ga を用いた Cu(InGa)Se$_2$ 薄膜の作製
4.3.1　はじめに

　Ga イオン化 K セルは，Ga のイオン化と加速による運動エネルギーの増大を狙いとしている。このため，Ga イオン化 K セルを用いて CIGS 薄膜の作製をするには，Ga の照射と同時に CIGS 粒の成長を促す必要がある。高品質 CIGS 薄膜の標準的な成長法としては，三段階法が用いられている。三段階法では，Ga の照射を一段階目で行い，二段階目では Ga を照射しない。すなわち三段階法では CIGS の粒成長が Ga 照射と切り離されており，Ga イオン化セルの運動エネルギー増大効果を生かすことができない。Ga の照射と同時に CIGS の粒成長を行う成長方法としては，同時蒸着法や二段階法があり，ここでは Ga イオン化と同時蒸着法とを組み合わせた CIGS 薄膜の作製について述べる。

4.3.2　Ga イオン化セル

　図 3 に Ga イオン化セルの模式図を示す。セルは，Ga 粒子をイオン化するイオン化部と，イオン化した Ga 粒子を加速する加速部から構成されている。イオン化部ではフィラメントとグリッ

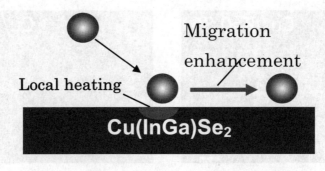

図 2　アクティブソースの概念図

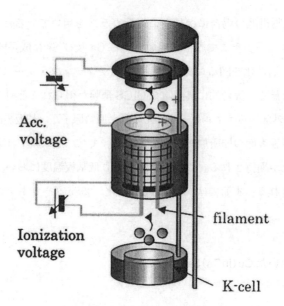

図3　Gaイオン化セルの模式図

ドの間に電圧（イオン化電圧）を印加することができる。電圧を印加することによって，フィラメントで発生させた熱電子が加速され，るつぼから蒸発してきたGa粒子と衝突しGaがイオン化する。また，イオン化電圧とは別に，加速部においても電圧（加速電圧）を印加することができる。加速部で電圧を印加することによって，イオン化したGa粒子を加速させ，Ga粒子の運動エネルギーを変化させることができる。

4.3.3　イオン化Gaを用いたCu(InGa)Se$_2$薄膜の作製及びセル化

初めに，フィラメント電流を5Aと固定し，イオン化電圧を0Vと100Vと変化させた時の表面SEM像を図4に示す。図より，イオン化により粒径の増大が図られることが分かる。イオン化電圧が0Vの時の粒径は1μm程度であったものが，イオン化電圧を100Vまで上げると

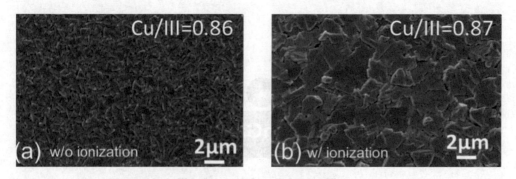

図4　イオン化電圧0V(a)と100V(b)の時のSEM像の変化

第2章 CIGS太陽電池の作製プロセス

粒径は$2\mu m$程度まで増大した。

次に，図5にGaをイオン化して作製したCIGS薄膜とGaをイオン化しないで作製したCIGS薄膜の欠陥密度を示す。欠陥密度の評価には，アドミッタンス法を用いた。GaをイオンしないでCIGS薄膜を作製した場合には，価電子帯から0.230 eVの位置に密度1.06×10^{14} cm^{-3}の欠陥が存在した。一方Gaをイオン化した場合には，価電子帯から0.219 eVの位置に欠陥密度6.03×10^{13} cm^{-3}の欠陥が存在することがわかった。

次に太陽電池構造を作製し，その特性を評価した。図6には，イオン化電圧0Vと100Vとして，フィラメント電流を4Aから5Aまで変化させた時の太陽電池の変換効率を示す。いずれの場合も，フィラメント電流を増加させると変換効率が向上することが分かる。また太陽電池特性は，イオン化電圧が100Vの時の方が高い。アドミッタンス法による欠陥密度の絶対評価は難しいものの，太陽電池特性と合わせ，イオン化GaをCIGS薄膜の作製時に使用することにより，CIGS薄膜中の欠陥密度が低減できる可能性が示唆された。

図7には，同時蒸着法により作製された太陽電池のI-V特性を示す。図には，フィラメント電流を5.5Aとして，イオン化電圧が0Vと100Vの場合の結果を示す。イオン化電圧が0Vの場合の変換効率は13.1%，イオン化電圧100Vの場合の変換効率は15.4%である。特に，

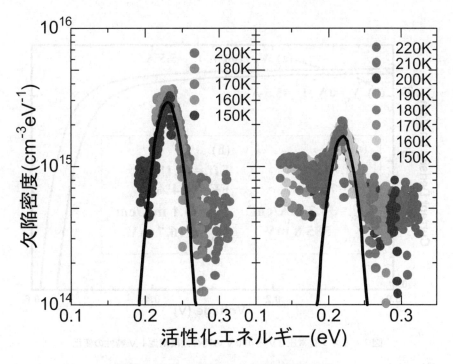

図5 イオン化の有無による欠陥密度の変化
（左：イオン化なし　右：イオン化あり）

CIGS 薄膜太陽電池の最新技術

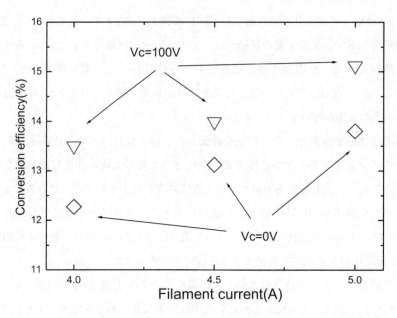

図6　イオン化電圧 0 V と 100 V の時のフィラメント電流に対する変換効率

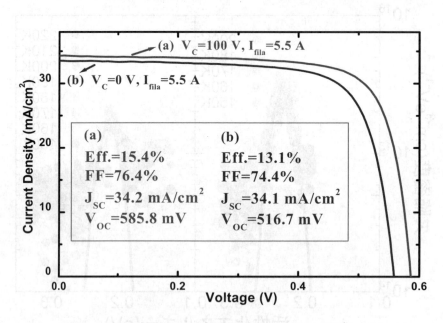

図7　イオン化電圧 0 V と 100 V の時の太陽電池 I-V 特性の変化

第 2 章　CIGS 太陽電池の作製プロセス

イオン化電圧を加えることにより，短絡光電流ではなく開放電圧が向上していることが興味深い。

4.4　クラッキング Se を用いた Cu(InGa)Se₂ 薄膜の作製
4.4.1　はじめに

　通常の三段階法においては Se るつぼの温度は 140℃程度で使用しており，その状態では Se は $Se_{5\sim8}$ のクラスター状態となっている。しかし，分子が大きい状態では反応性に乏しく，また Se の蒸気圧は高いため Se 空孔が生成しやすくなると考えられる。表 1 に示すように，Se 空孔はドナー性欠陥であり，なおかつ 0.08 eV と浅い欠陥を形成する。よって，Se 空孔の増加はキャリアの補償効果により，p 形 CIGS 光吸収層の正孔濃度を低下させてしまう。Se クラッキングの目的は，Se 分子を低分子化することにより反応性を高め，良質な CIGS 薄膜を得ることにある。

　Se 分子の平衡状態における温度特性について見ると，通常の製膜に用いる K セル温度 400 K では，比較的低分子である $Se_{2\sim4}$ を生成することはできない。これに対し，K セル温度が 550 K を過ぎた辺りから $Se_{6\sim8}$ が指数関数的に低下し，$Se_{2\sim4}$ の低分子 Se の蒸気圧が高くなる。従って，Se クラッキングによる効果を得るためには，少なくとも Se_6 と Se_2 の蒸気圧が逆転する 800 K 以上の高温での Se クラッキングが必要となる。

　このように Se 分子の低分子化によって反応性の高くなった Se 分子を製膜に用いることにより，ドナー性欠陥である Se 空孔を低減できると期待される。また，低分子化によって運動しやすくなった Se は，膜表面での表面泳動が促進され，CIGS 薄膜の高品質化が期待できる。さらに，クラッキング Se による基板表面の局部加熱が期待される。熱クラッキングされた Se は，通常の Se より高い熱エネルギーを有する。このためクラッキング Se は，基板表面に飛来した際，高い運動エネルギーを有していると考えられ，そのエネルギーの一部が基板の局所加熱に寄与する。これにより実効的な表面温度の上昇が図られ，成長が促進されることにより良質な CIGS 膜が得られると期待される。

表 1　CIS の固有欠陥

固有欠陥	電気的特性	欠陥準位[eV]
V_{Cu}	Acceptor	0.03
V_{In}	Acceptor	0.17
Cu_{In}	Acceptor	0.29
In_{Cu}	Donor	0.34
Cu_i	Donor	0.20
V_{Se}	Donor	0.08

4.4.2 クラッキングSeを用いたCu(InGa)Se$_2$薄膜の作製及びセル化

作製したCIGS膜について走査型電子顕微鏡（SEM）を用いて評価した。また，エネルギー分散型X線分析装置（Energy Dispersive X-ray spectrometer：EDX）によって，組成の確認を行った。組成比によって結晶粒の大きさが変化することが知られているので組成の確認は重要である。クラッキング温度を変化させたときの表面SEM画像を図8に示す。

図より，すべてのクラッキング温度において粒径は1μm以上になっており，結晶が密に成長していることが分かる。この表面SEM像は，三段段階法により作製したCIGS膜の典型的な像である。これにより，クラッキングSeを用いても，十分に良質なCIGS薄膜が作製可能であることが示された。

次に作製したCIGS薄膜をX線回折（XRD）法により評価した。測定したX線回折パターンを図9に示す。測定に用いた膜の組成及び膜厚は，ほぼ同じである。

図9のX線回折パターンより，CIGSのカルコパイライト構造に起因するピークのみが観察され，異相は見られないことが分かる。550℃において，ピークが広がっているように見えるのは（112）配向の強度が他と比べて約10倍高いためである。いずれの膜も（112）面に優先配向

図8　表面SEM画像

第2章 CIGS太陽電池の作製プロセス

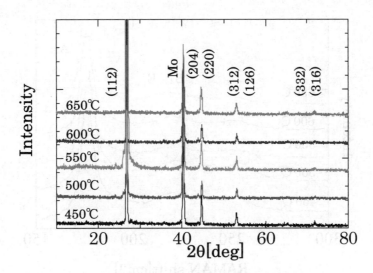

図9 XRD回折パターンのクラッキング温度依存性

している。三段階法によって作製されたCIGS膜は，(112)，(204)／(220)の3種類の配向が支配的となり，(112)配向面が最も生成されやすいことが知られている。クラッキングSeを用いた製膜においても三段階法を使用しており，この傾向に沿った実験結果が得られた。

次に，得られた膜をラマン散乱分光法を用いて評価した。測定したラマンスペクトルを図10に示す。測定に用いた試料の組成比，膜厚は，EDX及びSEM像観察においてほぼ同じであることは確認している。

図10においてCIGSの振動モードに起因するピークのみが観察され，異相は確認されていない。A_1モードのピーク位置が若干異なっているのはGa含有量が異なっているためである。また，すべてのクラッキング温度において半値幅はほぼ同一であった。200，250 cm^{-1}付近に見られる緩やかなピークはB_2，Eモードである。これらピークは，カルコパイライト特有のピークである。ラマン散乱観察においても，クラッキング温度の違いによる大きな変化は観察されなかった。

次にC-V測定により求めたキャリア濃度を図11に示す。キャリア濃度の算出には，太陽電池構造を作製し，ショットキー構造を仮定してアクセプタ濃度N_Aを求めた。測定周波数は，100 kHzである。図に示すように，クラッキング温度を上げることによりアクセプタ濃度が増加した。化合物半導体の場合，pn型の判別はドナーとアクセプタのどちらがより多く存在するかで決定される。アクセプタ濃度が増加したことは，クラッキング温度を上昇させることによってアクセプタ濃度が増加した，若しくはドナー性欠陥が減少したことを意味している。現状，どちらが主要因であるかは確定できない。しかしながら，クラッキング温度を増加させることにより活性な低分子Seの割合が増加すると考えられることから，ドナー性欠陥であるSe空孔がクラッ

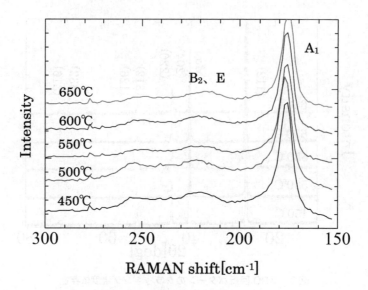

図10　クラッキング温度の異なる RAMAN シフト

キング Se により有効にパッシベーションされ，相対的にアクセプタ濃度が増加したと考えている。アクセプタ濃度の増加は，太陽電池の変換効率向上に繋がるため，この結果は，アクティブソースの有効性を示す結果である。

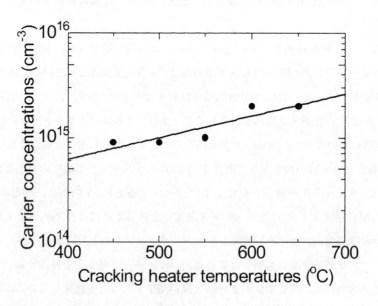

図11　アクセプタ濃度のクラッキング温度依存性

第2章 CIGS太陽電池の作製プロセス

次にこのようにして得られたCIGS膜を実際に太陽電池に応用し，評価を行った。図12から15に，太陽電池特性のクラッキング温度依存性を示す。図12の開放電圧特性をみると550℃のみ電圧が低下しているが平均電圧は500 mV程度になっており，クラッキング温度による依存性は明確に現れていない。同様に図13の短絡電流特性を見てもほぼ30 mA/cm^{2}となっている。図14の曲線因子の依存性は，クラッキング温度の上昇と共に改善されていることが分かる。結果として変換効率は，クラッキング温度の上昇と共に向上した。先に，キャリア濃度はクラッキング温度と共に向上するとの結果が得られたので，開放電圧に改善が見られても良いと考えられるが，現状では必ずしも単膜評価と対応した結果とはなっていない。

最後に，クラッキングSeを用いて作製した太陽電池の変換効率を図16に示す。Seクラッキング温度は500℃である。開放電圧625 mV，短絡電流密度38.1 mA/cm^2，曲線因子0.71，変換効率16.9%の太陽電池が得られた。収集効率から，CIGS薄膜のバンドギャップを計算すると

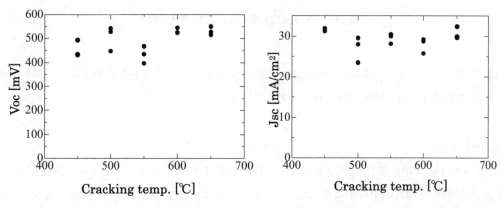

図12 開放電圧のクラッキング温度依存性　　　図13 短絡電流のクラッキング温度依存性

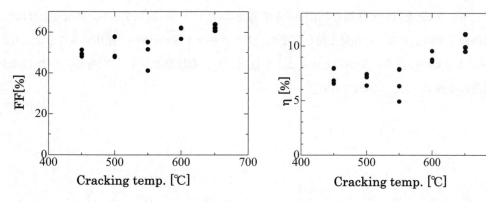

図14 曲線因子（FF）のクラッキング温度依存性　　　図15 変換効率のクラッキング温度依存性

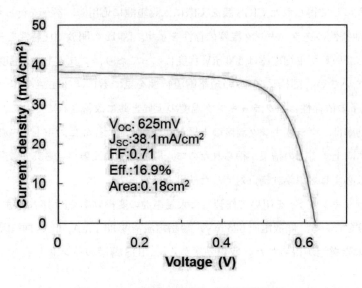

図16　CIGS薄膜太陽電池の電流-電圧特性

1.15 eV ほどであった。変換効率 16.9％は，CIGS 太陽電池として十分高い値であり，クラッキング Se の有効性を示す結果が得られたと考えている。

4.5　おわりに

　イオン化 Ga を用いて同時蒸着法により CIGS 薄膜を作製したところ，SEM 像観察から，CIGS 薄膜の粒径増大が明らかになった。さらに，アドミッタンス法を用いた欠陥評価及び太陽電池特性より，イオン化 Ga を用いることで膜内の欠陥密度が減少するとの示唆が得られた。現状，イオン化 Ga を用いて同時蒸着法により作製された太陽電池の変換効率は 15.4％である。

　クラッキング Se を用いて作製した CIGS 太陽電池において，Se のクラッキング温度上昇につれ，変換効率が向上するとの知見を得た。また，クラッキング Se を原料に使用することにより，C-V 法により膜内の正孔濃度が向上することを見出した。現状クラッキング Se を用いた CIGS 太陽電池の変換効率は，16.9％である。

第2章　CIGS太陽電池の作製プロセス

文　　献

1) "Cu(In,Ga)Se$_2$ thin-film solar cells grown with cracked selenium", M. Kawamura, T. Fujita, A. Yamada, J. of Crystal Growth, **311**, 753-756　(2009)
2) "Growth of Cu(In,Ga)Se$_2$ thin films using ionization Ga source and application for solar cells", L. Zhang, M. Nishijima, A. Yamada, M. Konagai, physica status solidi (c), **6**, 1273-1277　(2009)
3) "Growth of CIGS Thin Films using Cracked Selenium", M. Kawamura, T. Nakashiba, Y.Chiba, A. Yamada and M. Konagai, 17th International Photovoltaic Science and Engineering Conference, 2007, Dec.3-7, Fukuoka, Japan
4) "Growth of High-Quality CuGaSe$_2$ Thin Films using Ionized Ga Precursors", A. Yamada, H. Miyazaki, T. Miyake, Y. Chiba and M. Konagai, 4 th World Conference on Photovoltaic Energy Converstion, 2006, May 7-12, Hwaii, USA

第3章　大面積モジュールの製造技術

1　蒸着法による高速製膜技術

根上卓之*

1.1　はじめに

$CuInSe_2$，$Cu(In,Ga)Se_2$（以下総称として CIGS と略す）系太陽電池は，薄膜太陽電池の中で最高の変換効率 20.0 % が達成され[1]，高効率・低コスト太陽電池としての位置付けがさらに高まっている。これまでの効率向上の進展から得られた CIGS 膜の結晶成長とバンド構造，バッファー層の形成と機能，デバイス動作等の要素技術をバックグラウンドとして，CIGS 太陽電池モジュールの製造開始，拡大がアナウンスされている。国内メーカは，セレン化法をベースとした CIGS 太陽電池モジュールの製造を先駆けて開始し，さらなる量産化を計画している。米国，欧州のメーカでは，蒸着法をベースとして製造開始，拡大を計画している。蒸着法，セレン化法

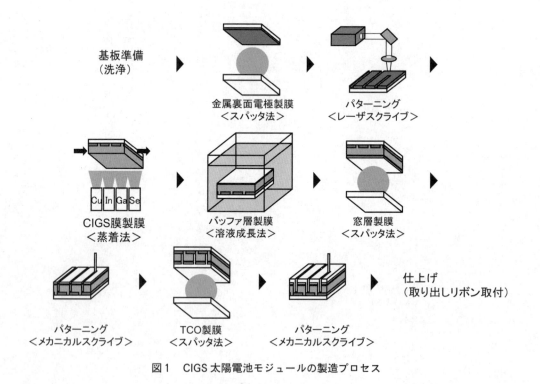

図1　CIGS 太陽電池モジュールの製造プロセス

---

*　Takayuki Negami　パナソニック㈱　先行デバイス開発センター　主幹技師

第3章 大面積モジュールの製造技術

ともに真空プロセスを使用することから，製造コストにかかる設備コストを低下させるスループットの向上が低コスト化の鍵となる。図1に蒸着法によるCIGS太陽電池モジュールの典型的な製造プロセスを示す。裏面電極膜，透明電極膜等はスパッタ法やCVD法を用いて作製される。スパッタ，CVD法は，液晶あるいはアモルファスSi系太陽電池の薄膜プロセスでスループット向上の要素技術が確立されている。これに対し，CIGS膜作製に用いる多元蒸着法は，特有なプロセスであり，設備コストも高くなることから，スループット向上のための高速製膜は低コスト化に必須となる。ただし，高速製膜によるCIGS膜の膜質低下，欠陥増加を抑制し，高い変換効率を維持して製膜速度の高速化を図る必要がある。ここでは，蒸着法によるCIGS膜の高速製膜技術について，現在までに開発されている主な技術内容を紹介する。

1.2 高速製膜技術

　CIGS太陽電池では，p型CIGS膜で太陽光を吸収し，キャリア（電子）が励起される。キャリアはCIGS膜の中を移動し，窓層（透明電極層TCOまで含む）とCIGS膜で形成されるpn接合を介して外部に取り出される。従って，太陽電池の光吸収層として，キャリアの再結合が少ない低欠陥CIGS膜が要求される。欠陥を低減するには，CIGS膜の結晶成長の促進が必要である。ここでは，高速製膜での結晶成長に適していると考えられる3つの蒸着プロセスを紹介し，その特性について述べる。

1.2.1 バイレイヤー法

　図2(a)にバイレイヤー法の概略を示す。バイレイヤー法は，初めにCu過剰組成（CuがⅢ族元素の和より大きい組成比Cu/(In+Ga)＞1）となるCIGS膜を形成した後，In，Ga，Se（あるいはⅢ族元素過剰組成となるCu，In，Ga，Se）を供給することにより，若干Cu不足（(In，Ga)過剰）組成のCIGS膜を形成するプロセスである。Cu過剰のCIS膜は，図3(a)に示すCu_2Se-In_2Se_3の疑似二元状態図[2]からCu_2SeとCISに分離される。ここで，Cu-Seの二元系は図3(b)に示す相図[3]から523℃以上の温度で液相となり，CIGS膜表面に偏析する。このCu-Se液相が結晶成長のフラックスとなり，Cu，In，Ga，Seが溶け込み固相CIGS膜の結晶粒が成長する。しかしながら，Cu過剰組成のCIGS膜では，表面に析出したCu_2Se（あるいは$Cu_{2-x}Se$）層が低抵抗となるため，太陽電池に必要となるpn接合が形成できない。図4にCu/(In+Ga)比に対する変換効率の依存性の一例を示す。図4から明らかなようにCu/(In+Ga)＞1のCu過剰組成膜では効率は0％となる。そこで，バイレイヤー法では，Cu過剰組成条件でCIGS膜を成長させた後に，In，Ga，Seを供給して表面のCu-Se層をCIGS膜に変換することにより，大粒径で太陽電池に適したCIGS膜を形成する。ただし，図4に示すようにCuが過不足の組成Cu/(In+Ga)＜0.8では効率が低下する。図4からCuと(In+Ga)の組成比は0.8＜Cu/(In+Ga)

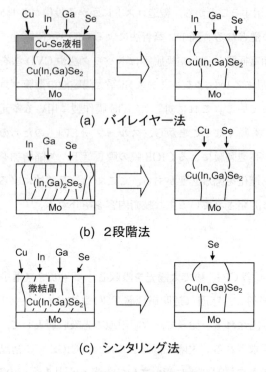

図2　CIGS膜の蒸着プロセス

＜1の組成範囲で高効率が得られることがわかる。この組成範囲は図3(a)のCu$_2$Se-In$_2$Se$_3$の疑似二元状態図のγ相（カルコパイライト相）にほぼ相当する。従って，高効率太陽電池を得るには単相のカルコパイライト構造CIGS膜を形成する必要がある。バイレイヤー法は，Boeing社により考案され[4]，National Renewable Energy Laboratory（NREL；米国国立再生エネルギー研究所）やStuttgart大（ドイツ）により結晶成長モデルが提案され[5,6]，蒸着法で製造するCIGS太陽電池の高効率化のベースとなるプロセスである。

バイレイヤー法と同様にCu-Seの液相を利用してCIGS膜を形成する方法として，three-stage process（3段階法：(In, Ga)$_2$Se$_3$膜を形成後にCu, Seを供給してCu過剰CIGS膜を形成した後にIn, Ga, Seを供給してCu不足組成のCIGS膜を形成する方法）[7]やCu poor-rich-off process（Cu不足のCIGS膜を形成した後にCu過剰条件になるCu, In, Ga, Seを供給し，最後にCuの供給を停止し，In, Ga, Seを供給してCu不足組成のCIGS膜を形成する方法）[8]等が提案されている。低速製膜（堆積速度0.1μm/分以下）では，3段階法で18％以上の高い変換効率がいくつかの研究機関で達成されている[1, 9~11]。

1.2.2　2段階法

図2(b)に2段階法の概略を示す[12]。2段階法は，バイレイヤー法とは逆に，初めに(In, Ga)$_2$

第3章　大面積モジュールの製造技術

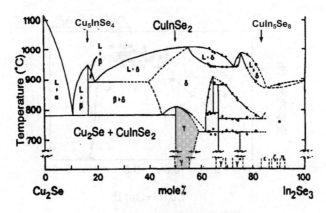

(a) Cu_2Se-In_2Se_3擬二元状態図

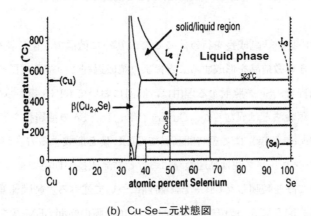

(b) Cu-Se二元状態図

図3　Cu_2Se-In_2Se_3とCu-Seの状態図

Se_3膜を形成した後，Cu，Seを供給することにより，Cu，In，Gaの相互拡散を生じさせて若干Cu不足（(In, Ga)過剰）組成のCIGS膜を形成するプロセスである。最初の$(In, Ga)_2Se_3$膜は高温で再蒸発を生じることから，基板温度300〜450℃で形成し，その後Cu，Seを供給する際には，Cu，In，Gaの相互拡散と結晶成長を促進するために500℃以上の高温に基板温度を昇温してCIGS膜を形成する。2段階法では，図3(a)を参照して，$(In, Ga)_2Se_3$から始まりCuが拡散することにより結晶構造が，$(In, Ga)_2Se_3$ → $Cu(In, Ga)_5Se_8$ → $Cu(In, Ga)_3Se_5$ → $Cu(In, Ga)Se_2$へと相変化し，それに伴い結晶成長する[13]。この相変化の過程において，Cuの拡散が速いことから高速製膜に適していると考えられる。

1.2.3　シンタリング法

図2(c)にシンタリング法の概略を示す[14]。この方法は，450℃以下の低温でCu，In，Ga，Seの同時蒸着でCu不足組成の微結晶CIGS膜を形成した後，Seを照射しながら500℃以上の高

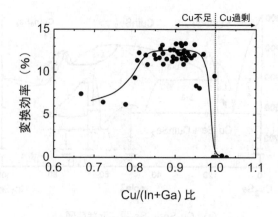

図4 Cu/(In+Ga) 比に対する変換効率の依存性

温にて焼成し，CIGS膜の結晶成長を行う。ここで，初めに低温でCIGS膜を形成する利点は，表面エネルギーの大きい微結晶を形成することにより焼成過程での結晶成長を促進できることである。また，焼成過程で，Seを照射する理由は，高温においてCIGS膜からのSeの再蒸発を防止するためである。蒸着法とは異なるが，Cu-Ga合金，In，Seの積層膜を形成した後に，RTP（Rapid Thermal Processing）にて短時間高温でCIGS膜を形成する方法が報告されている[15]。RTP法と同様に，シンタリング法は高速製膜における結晶成長が期待できる方法である。

3つの方法を用いて高速製膜したCIGS膜の特性について述べる。製膜速度は3つの方法とも約0.8μm/分である。図5に3つの方法で形成したCIGS膜の断面SEM像を示す。ここで，製膜中の基板温度の最高温度は，3種類のCIGS膜ともに540℃以上である。図5(a)のバイレイヤー法で形成した膜は，基板から表面へ柱状に成長した大きな結晶粒が観察される。バイレイヤー法では，図6に示す製膜途中段階のSEM像からわかるように，Cu-Seの液相を用いることにより製膜初期段階から粒成長している。これに対し，図5(b)の2段階法で形成したCIGS膜は，

(a) バイレイヤー法

(b) 2段階法

(c) シンタリング法

図5 高速製膜したCIGS膜の断面SEM像
（製膜速度 0.8μm/分）

第3章　大面積モジュールの製造技術

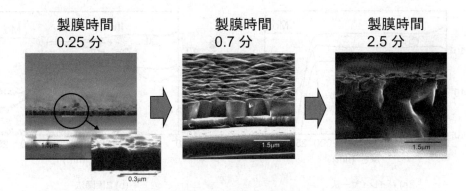

図6　バイレイヤー法で作製したCIGS膜の成長過程
（製膜速度 0.8μm/分）

基板から表面への成長方向に多くの粒界が観察され，結晶成長が十分ではないことが観察される。図5(c)のシンタリング法は，柱状ではあるが小さな粒径のCIGS膜となっている。高速製膜すると，2段階法ではCu，In，Gaの相互拡散が不十分となり，シンタリング法では焼成が不十分なために結晶成長が阻害されると考えられる。断面SEMによる結晶の粒径と形状から，バイレイヤー法が高速製膜において結晶成長を促進できるプロセスであることがわかる。

図7に3つの製膜法で形成したCIGS膜の深さ方向のSIMS（二次イオン質量分析）分布を示す。図7(a)のバイレイヤー法と(c)のシンタリング法では，膜表面を除いてCu，In，Gaが深さ方向にほぼ均一に分布していることが観測される。これに対し，図7(b)に示す2段階法では，膜表面付近にInが，膜裏面付近にGaが多く偏析している。このような偏った分布ができるのは，$(In,Ga)_2Se_3$膜の表面にCuが到達した際に，標準生成エンタルピーからCuがGa_2Se_3と反応して$CuGaSe_2$を形成するよりも，CuはIn_2Se_3と反応して$CuInSe_2$を形成しやすい傾向にあるためと考えられる[16]。膜表面から反応が進行するため裏面側にGa_2Se_3が取り残される。最終的に$CuInSe_2$とGa_2Se_3との固相反応によって$Cu(In,Ga)Se_2$が形成されるため，膜表面と裏面付近にそれぞれInとGaが偏析したと考えられる[17]。

次に，3つの方法で形成したCIGS膜を用いて試作した太陽電池の特性の比較を示す。太陽電池は，ガラスを基板として，裏面電極Mo膜（膜厚0.8μm），光吸収層CIGS膜（p形，膜厚約2μm），バッファー層と窓層がCdSとZnO膜の2層構成（n形，各膜厚0.1μm），透明電極ITO膜（膜厚0.1μm），反射防止MgF_2膜（膜厚0.1μm）の積層構成である。図8にCIGS膜の結晶成長の大きな因子となる基板温度に対する変換効率の変化を示す。2段階法，シンタリング法では各々500℃，580℃以上でほぼ一定の効率となり，その値は約13.5％である。基板温度を上昇させても2段階法ではInとGaの相互拡散が不十分なため，シンタリング法では結晶成

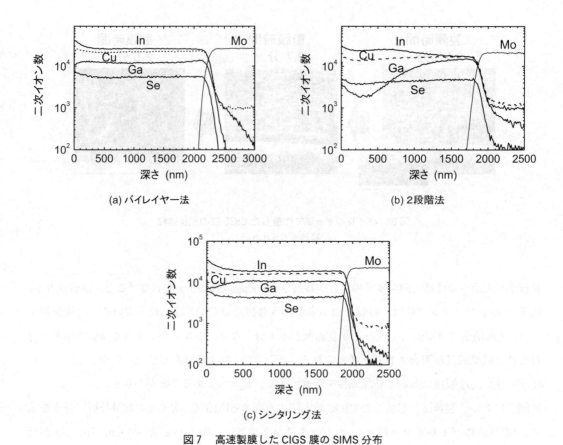

図7 高速製膜したCIGS膜のSIMS分布
（製膜速度 0.8 μm/分）

長が不十分なため効率が向上しないと考えられる。これに対し，バイレイヤー法では，基板温度の上昇に対し直線的に効率が増加し，約600℃で効率15.8％が得られている。図5の断面SEM像の結果と併せると，高速製膜で結晶成長を促進することにより，太陽電池の変換効率が向上することがわかる。

図9に，CIGS膜の蒸着時間に対する変換効率の変化を示す。ここでは，本節で述べたバイレイヤー法（○）と蒸着レートの時間的な分布を用いた方法（●）と3段階法（three-stage process：△）の3つの蒸着プロセスで形成したCIGS太陽電池の結果を示している。本節のバイレイヤー法は，図2(a)の蒸着シークエンスに示すとおり，Cu過剰組成となる蒸着レートのCu, In, Ga, Seを一定時間蒸着した後にCuの供給を停止し，In, Ga, Seのみ供給する方法である。蒸着レートの時間的な分布を用いた方法は，Seの供給は一定で，Cu, In, Gaの供給を時間的に分布させ，CuとIn, Gaの分布をずらすことによりCu過剰組成からCu不足組成に変化させる方法である[18]。具体的には，Cuの供給（蒸着レート）のピークとなる時間より後にInとGaの供給

第3章 大面積モジュールの製造技術

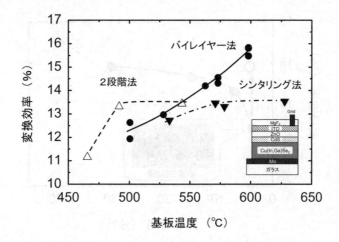

図8 バイレイヤー法，2段階法，シンタリング法で作製したCIGS太陽電池の基板温度に対する変換効率の変化

（蒸着レート）のピークの時間を設定している。3段階法は，前述したように，(In, Ga)$_2$Se$_3$膜を形成後にCu, Seを供給してCu過剰CIGS膜を形成した後にIn, Ga, Seを供給してCu不足組成のCIGS膜を形成する3つのステージで蒸着する方法である。蒸着レートの時間的な分布を用いた蒸着法では，蒸着時間が短くなるにつれ効率が徐々に低下し，蒸着時間4分で効率13%以下まで低下している。これに対し，Cu過剰組成条件とCu供給停止の2ステップでの本節のバイレイヤー法では，蒸着時間4分でも約16%の変換効率が得られている。これは，図9の中の断面SEM像[18]に示すように，蒸着レートの時間的な分布を用いた蒸着法では，蒸着時間が短くなるとCu過剰組成となる蒸着レートや時間の制御が困難となり，結晶成長が不十分になるためである。これに対し，Cu過剰組成で製膜したCIGS膜は，図6に示すように製膜初期段階から結晶成長が促進されるため，約16%の高い変換効率が得られる。従って，バイレイヤー法においては，製膜途中段階でCu過剰組成を経ることにより，蒸着時間（蒸着速度）にほとんど依存せずに高い変換効率が得られることがわかる。また，3段階法では，各元素の典型的な蒸着量（蒸着時間40分）を2倍供給することにより高速製膜している[19]。各元素の供給量を単純に2倍しているため，第2段階でCu過剰組成を経由している。しかしながら，効率は約14%に低下している。これは，高速製膜することにより，第2段階でのGaの拡散が不十分なため，図7(b)の2段階法に示すSIMS分布のようにInとGaの膜深さ方向の分布が偏析，つまりバンドギャップ分布が極端になりV_{oc}が低下することによる。従って，高速・高効率化を図るには，InとGaのグレーデッド分布を形成できる高速製膜プロセスが必要になる。これを実現できるプロセスの一つとして，前述したCu poor-rich-off process（CUPRO）が挙げられる[8]。CUPRO法は，

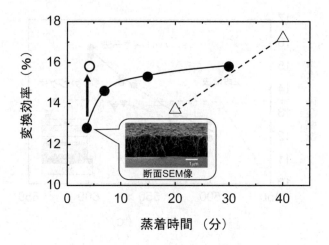

図9　蒸着時間に対する変換効率の変化
（バイレイヤー法（○），蒸着レートの時間的な分布を用いたバイレイヤー法（●），3段階法（△））

3段階法に近い設計のプロセスであるが，第1段階，第2段階ともに，Cu，In，Ga，Seを供給するため短時間での膜厚増加が期待でき，高速製膜に適している。また，第1段階から第3段階までのプロセス全体を通してInとGaを供給することから極端なInとGaの偏析を避けることができ，グレーデッド分布を高速で形成する可能性がある。筆者らは，CUPRO法を，基板を移動させながら蒸着するインライン法に適用し高速製膜（堆積速度約1μm/分）したCIGS太陽電池モジュールで変換効率14.1％（開放電圧V_{oc} = 18.4 V，短絡電流I_{sc} = 92.1 mA，曲線因子FF = 0.718，開口面積91.1 cm²，ラミネート有り）を達成している[20]。

1.3　高速製膜技術の今後の展開

CIGS太陽電池モジュールの製造コスト低減には，スループットの向上が必須である。蒸着法においては，CIGS膜作製工程がプロセスの律速となっており，高速製膜が鍵となる技術である。本節で記したように，Cu過剰組成制御により高速製膜でも高い変換効率が得られるCIGS膜は形成可能である。しかしながら，モジュール製造工程で再現性良く組成制御するには，設備設計や組成モニター技術の開発が必要になる。また，膜深さ方向のバンドギャップ分布（InとGaの組成分布）の制御が効率に大きな影響を及ぼすことから，高速でのバンドギャップ分布制御技術も同時に開発する必要がある。バンドギャップ分布制御には，組成制御に必要となる技術開発だけでなく，バイレイヤー法や3段階法を改良したプロセス設計自体が今後重要になってくると考えられる。また，高速製膜における制御が短時間かつ高精度を要求されることから，CIGS膜の膜質への許容度の広いプロセスの設計も重要になってくる。

第3章　大面積モジュールの製造技術

　これまで，高効率化を主目的として CIGS 太陽電池は研究開発されてきたが，モジュール量産が本格的に進められてくると，高速製膜といったスループット向上のための技術開発は重要度が増してくる。さらに，モジュールコストの大幅な低減を目指したロール・ツゥ・ロール法による CIGS 太陽電池の開発も進められてきており，今後，CIGS 膜の高速製膜技術はより重要になってくる。

文　　献

1) M. A. Green et al., *Prog. Photovolt: Res. Appl.*, **17**, 85 (2009)
2) M. L. Fearheily, *Solar Cells*, **16**, 91 (1986)
3) H. Rau et al., *J. Solid State Chem.*, **1**, 515 (1970)
4) R. A. Mickelsen et al., *IEEE Trans. Electron Devices*, **31**, 542 (1984)
5) J. R. Tuttle et al., *J. Appl. Phys.*, **77**, 153 (1995)
6) R. Klenk et al., *Adv. Mater.*, **5**, 114 (1993)
7) A. M. Gabor et al., *Appl. Phys. Lett.*, **65**, 198 (1994)
8) J. Kessler et al., *Prog. Photovolt.*, **11**, 319 (2003)
9) M. A. Contreras et al., *Prog. Photovolt: Res. Appl.*, **13**, 209 (2005)
10) T. Negami et al., *Sol. Energy Mater. Sol. Cells*, **67**, 331 (2001)
11) P. Jackson et al., *Prog. Photovolt.: Res. Appl.*, **15**, 507 (2007)
12) S. Zweigart et al., Proc. 1st World Conf. Photovolt. energy Conversion, Hawaii, 60 (1994)
13) S. Nishiwaki et al., *J. Mater. Res.*, **14**, 4514 (1999)
14) S. Nishiwaki et al., *Sol. Energy Mater. Sol. Cells*, **67**, 217 (2001)
15) V. Probst et al., *Mater. Res. Soc. Symp. Proc.*, **426**, 165 (1996)
16) D. Cahen et al., *J. Phys. Chem. Solids*, **53**, 991 (1992)
17) 佐藤琢也，博士論文「高効率太陽電池のための Cu(In, Ga)Se$_2$ 薄膜の形成技術に関する研究」，京都大学，p.62 (2006)
18) O. Lundberg et al., *Thin Solid Films*, **431-432**, 26 (2003)
19) K. Ramanathan et al., Proc. 20th E. U. Photovolt. Solar Energy Conf., Barcelona, 1695 (2005)
20) 松下電器，平成17年度「太陽光発電技術開発及び関連事業」に関する成果報告会予稿集，㈱新エネルギー・産業技術総合開発機構，川崎，56 (2006)

2 In-line Co-evaporation of CIGS for Manufacturing

Michael Powalla*

Abstract

This article provides an overview of the status and challenges involved in the commercial production of Cu(In,Ga)Se$_2$-based (CIGS) solar modules produced using the in-line co-evaporation method. The processes employed by various manufacturers are compared on a general level. More specific considerations regarding the optimisation of the quality, rate, and materials yield of in-line CIGS co-evaporation are approached. The subject is rounded out by an excursion into module stability, testing, and applications.

2.1 Introduction

Large-scale manufacturing of Cu(In,Ga)Se$_2$ (CIGS) thin-film solar modules is now reality. Several factories are already mass producing CIGS solar cells and modules on both rigid and flexible substrates. The CIGS absorber film can be synthesised through various routes, including co-evaporation of the elements and the selenisation of elemental or compound precursor layers deposited in vacuum or by low-cost non-vacuum techniques. The basic processes in solar cell processing, selenisation, and the special considerations for flexible cells and modules are described in other articles of this special issue. This article describes the current status of CIGS manufacturing using the co-evaporation method.

2.2 Basics

The basic layer construction of a commercial CIGS solar cell consists of a substrate carrying a molybdenum back contact, the CIGS absorber layer, a buffer layer, and the highly doped ZnO transparent front contact. Figure 1 illustrates the layer stack em-

---

* Zentrum für Sonnenenergie- und Wasserstoff-Forschung Baden-Württemberg (ZSW)

  Theresa Friedlmeier, Philip Jackson, Dimitrios Hariskos, Richard Menner, Hans-Dieter Mohring, Wiltraud Wischmann (ZSW)

  Jochen Eberhardt, Georg Voorwinden (Würth Elektronik Research GmbH & Co. KG)

第3章 大面積モジュールの製造技術

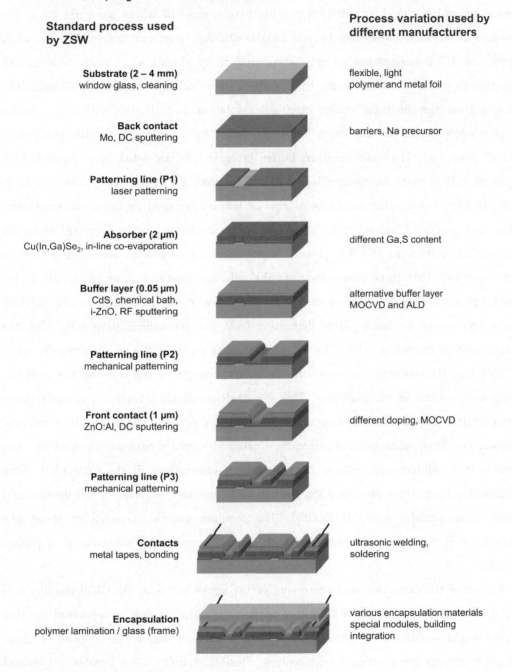

Figure 1 The sequence of processing steps for the production of a Cu(In,Ga)Se$_2$ thin-film solar module

ployed as a standard process at ZSW. The descriptions on the left indicate the general sequence of processing steps and thickness of the layers. Those on the right indicate process variations used by different manufacturers, most of whom use rigid glass substrates. Alternative substrates include flexible stainless steel and polyimide foils, while Solyndra (USA) is pursuing an interesting concept by coating glass rods. Although all manufacturers use a molybdenum back contact, some include a barrier for elements diffusing from the substrate and/or electrical insulation, as indicated. The n-type buffer and window layers are necessary for completing the heterojunction with the p-type CIGS compound. The most common buffer layer is CdS deposited in a chemical bath coupled with a radio-frequency-(RF)-sputtered intrinsic ZnO layer. Cadmium-free alternatives like O-containing sulphides of zinc or indium are used by some manufacturers. The ZnO window is doped with either aluminium or boron and is deposited either by sputtering or with an MOCVD process. These layers are deposited sequentially to form the solar cell. Patterning steps integrate the cells into modules: laser patterning of the molybdenum before the CIGS process (P 1), mechanical patterning down to the molybdenum layer after the buffer layer deposition (P 2), and mechanical patterning after the front contact deposition (P 3). The P 1 and P 3 cuts separate the cells electrically while P 2 enables the connection between the ZnO front contact of one cell and the molybdenum back contact of its neighbour. This so-called monolithic integration is easily incorporated into the production process, causes minor area loss, and has only a minimal impact on the appearance of the module. Custom-designed modules with specified sizes and output voltages are possible through minor adjustments in the patterning. Since monolithic integration processes for flexible CIGS modules are still in the development phase, commercially available flexible CIGS modules generally consist of large cells which are first processed, sorted, and then finally connected by shingling or a similar method.

Following the deposition and processing of the active layers of the CIGS module, it is vital to encapsulate it in order to ensure mechanical and corrosion protection of the thin films. Rigid modules are typically sealed with a polymer and a second pane of glass. Some producers use additional edge sealing. Flexible modules use a flexible foil instead of the cover glass. The encapsulation materials must be long-lived and UV-resistant. Standard testing procedures like damp heat (85°C and 85% relative humidity for 1000 hours), thermal cycling (−40℃ to 85℃), and humidity freeze (−40℃ to 85℃ at 85% relative humidity) are used to certify thin-film modules and give insight into their ageing behaviour. The results can depend on the employed materials and the quality of the encapsulation process. Studies indicate that especially the molybdenum and zinc oxide contact layers are sensitive to corrosion through moisture exposure and oxidation. The contact resistance between these films in monolithically integrated modules (at the P 2 interconnect) can increase through corrosion processes.

There are two major deposition pathways for the "heart" of the solar cell, the CIGS absorber layer: co-evaporation and selenisation. This article concentrates on the co-evaporation method for CIGS deposition. For the sake of completeness, however, Table 1 includes manufacturers which apply the selenisation/sulphurisation approach: Avancis, Johanna Solar, Showa Shell, Sulfurcell, and Honda. This approach involves the deposition of precursors containing Cu, In, and Ga as metals, alloys, or chalcogenide compounds followed by a selenisation and/or sulphurisation processing step using either a thermal treatment in the chalcogen atmosphere or reactive chalcogen compounds like hydrogen selenide or hydrogen sulphide. Alternative, low-cost, non-vacuum methods may also be applied for precursor deposition and concepts for large-scale production are in the pilot phase.

Table 1 The most important CIS manufacturers and their respective CIS process and substrate types

Manufacturer	Sequential + post-annealing	Co-evaporation	Comment
Avancis	Selenisation Rapid thermal processing (RTP)		Glass substrate
Global Solar		In-line	Stainless steel substrate
Honda Soltec	Selenisation		InS buffer
Johanna Solar	Selenisation with H_2Se		Glass substrate
Showa Shell	Selenisation with H_2S, H_2Se		Zn (S,OH)x buffer
Solibro		In-line	Glass substrate
Solyndra		In-line	Glass rods substrate
Wurth Solar		In-line	Glass substrate

2.3 In-line CIGS deposition by co-evaporation

Continuous in-line processing is essential for efficient large-scale manufacturing. From glass cleaning to encapsulation, each processing step is handled by specialised equipment. Some of these, like the sputtering plants, could be adapted from commercially available systems normally used for coating insulation glazing or flat panels. The manufacturers of flexible CIGS can employ roll-to-roll plants which are particularly efficient for coating flexible substrates. Again, the "heart" of every CIGS factory is the absorber film deposition system.

Historically, the first approach to transfer the CIGS co-evaporation process from a static laboratory process with constant elemental flux rates to an in-line process with substrates travelling continuously over stationary sources assumed that a gradient will occur in the ratios of the metallic components[1,2]. This behaviour was simulated in static plants by adjusting the metal source fluxes and is now known as the "bi-layer" process as developed by the Boeing Company[3]. In this process, a Cu-rich layer is first deposited at temperatures around 300 to 400℃. It is then transformed into a slightly In-rich film by continuously changing the Cu/(In+Ga) rate ratios. The substrate temperature is around 550℃ for the In-rich deposition process phase. The bi-layer process produces CIGS layers with large grains and small-cell efficiencies around 16%.

The real in-line co-evaporation technique requires the simultaneous and homogeneous thermal evaporation of the elements copper, indium, gallium, and selenium in the correct proportions for forming high-quality CIGS. The sources can be designed as an array of individual point sources or as line sources. References 4) and 5), for example, describe details of how the rates and spatial distribution of the elemental fluxes can be determined and adjusted for achieving the desired coating parameters in an in-line CIGS co-evaporation plant. The rate profiles are simulated using the finite element method or Monte Carlo ray tracing and the results are applied to optimise the geometric configuration. Figure 2 presents a schematic diagram of an in-line CIGS co-evaporation plant with Cu, Ga, In, and Se line sources with downward directed vapour fluxes. Handling load locks introduce and collect the glass panes in magazines which are also used to transfer the substrates between processing plants. A web coater for flexible substrates will have rolls of substrate material at the load locks. The rates are controlled using a technique like atomic absorption spectroscopy (AAS)[6] and the final film composition and thickness is

第3章 大面積モジュールの製造技術

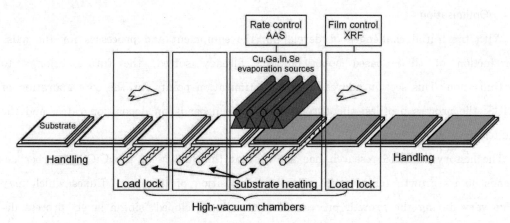

Figure 2 Schematic diagram of an in-line CIGS co-evaporation plant

controlled using an X-ray Fluorescence (XRF) system integrated into the final chamber of the deposition plant. Other methods like "end point detection" are under development[7].

The companies which are already producing large volumes of CIGS solar modules are successfully employing the technology described here. Companies like Würth Solar and Solibro produce monolithically integrated CIGS solar modules using the co-evaporation process on rigid glass substrates and encapsulate them using an additional glass pane. These companies announce module efficiencies of 12 to 13%. The figure shows top-down evaporation onto substrates which are lying on carriers and are heated from below to approx. 600℃. Other plants evaporate from the bottom up and the substrates are hanging in frames. The bottom-up configuration limits the substrate temperature to around 510℃ because the glass panes will otherwise deform due to gravity as they soften. Some companies are already able to produce flexible solar cells on metal or polymer foils. The cells are produced in roll-to-roll systems, sorted, and then connected mechanically to make the modules which are finally encapsulated with a flexible polymer foil. The leading manufacturer of flexible CIGS solar modules is Global Solar, who use stainless steel substrate foils for cell efficiencies up to 13%[8]. Other companies like Solarion and Flisom are entering the market with flexible co-evaporated CIGS solar modules on polymer foils. Solarion announces cell efficiencies over 11%[9]. Odersun produces $CuInS_2$-based solar cells on narrow ribbons of copper foil.

2.4 Optimisation

With the initial challenges of developing the equipment and processes for the mass production of CIGS-based solar modules already solved, the future belongs to optimisation. This section addresses three optimisation points for the co-evaporation of CIGS: the process profiles, the throughput which depends on deposition rates, and the materials yield.

The history of CIGS research has shown that the quality of the CIGS absorber depends on its growth temperature and the composition of the metal fluxes which may also vary during the growth process. The initially developed "single layer" process describes growth at constant conditions. For in-line processing, sources at constant rates provide a cosine-like flux at the moving substrate. The bi-layer or Boeing process starts with excess Cu flux for improved crystallite size and quality and finishes with excess In flux to react with the Cu_xSe surface phase. The three-stage process produced the highest laboratory efficiencies for CIGS solar cells so far 10). It involves an initial Cu-poor phase, which effects improved current collection, followed by a Cu-rich growth phase and finishes like the Boeing process with a final Cu-poor phase. In an in-line CIGS coating plant, the substrates pass at constant speed through the constant source fluxes. The growth process is thus regulated through the relative fluxes and the source positions. The absolute growth rate in an in-line process also has a cosine-like progression as the substrate passes through the plant. Reference 5) provides a detailed description of composition gradients achieved through the positioning of line sources in an in-line CIGS coating plant. The Würth Solar CIGS coating plants currently produce CIGS using an optimised one-step in-line configuration. Several in-line configurations of profiles and corresponding materials profiles in the films are presented in Ref. 5). A scientific study by Global Solar and ITN demonstrates improved process robustness attributed to the Cu-rich growth phase[11]. The best mini-module efficiency of 16.6% produced by the University of Uppsala further establishes the high efficiency potential for co-evaporated CIGS[12].

Recently, an in-line co-evaporation plant at the ZSW was modified to simulate the highest-quality multi-stage process[13]. The source configuration gives freedom to optimize gradients of the elements in the absorber layer for optimum cell performance. Optimisation of this in-line process development promises higher module efficiencies also for future production. By using this process with flexible source configuration, the ZSW has recently been able to demonstrate the highest cell efficiency attained in an industrial in-line process: 19.6% as certified by Fraunhofer ISE, see Figure 3. The standard performance parameters are included in the figure. A fit of the data provides further information: saturation current I_0 of 26.5 pA, diode factor A of 1.365, and series and parallel resistances of 442 mΩ and 7.05 kΩ, respectively.

The deposition rate (together with the overall throughput of the system) is an attractive optimisation parameter, since the CIGS deposition is currently one of the slowest processing steps. Faster deposition translates directly to higher productivity. At the same time, reducing the CIGS film thickness also directly improves the materials yield, a further parameter for optimisation. Materials yield can be influenced through the source design and positioning. Reference 4) describes flux profile modelling for optimising thermal sources to provide the best material utilization and thickness uniformity within the available chamber space. Material costs can be further reduced by including recycling options and qualifying cheaper sources. Process flows within the factory and standardised procedures also contribute to cost reduction, together with other aspects related to economies of scale.

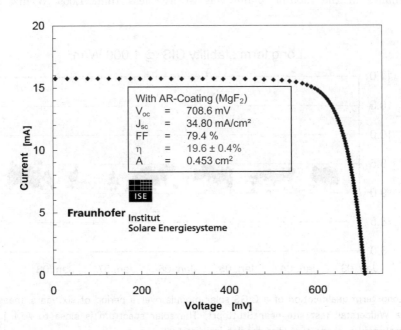

Figure 3 IV curve of the European record CIGS cell produced at ZSW in May 2009

Furthermore, the interfaces between each set of material layers are very important for optimal performance. Mainly the engineering of the Mo-CIGS and the CIGS-buffer interface improves device performance by reducing recombination losses. Hariskos et al. describe such optimisation efforts in Ref 14). Using a modified CIGS growth and a ZnS/ZnMgO buffer combination they could demonstrate a 10×10 cm^2 mini-module with 15.5% efficiency. Losses which occur due to absorption in the buffer layer are reduced by employing ZnS instead of CdS, taking advantage of its higher band gap. Nearly 13% more current can thus be generated with a ZnS buffer as compared to CdS[13]. Other materials with higher band gaps based on O-containing sulphides of indium and zinc are options being investigated or already implemented by several manufacturers and research groups.

2.5 Stability and applications

The stability of CIGS-based thin-film solar modules is good, as demonstrated by extreme laboratory testing and realistic outdoor testing. Figure 4 provides an example of long-term measurements on a CIGS module over six years at the ZSW outdoor testing site in Widderstall, Germany. Missing data are mostly during winter months when the solar irradiance in the module plane was always less than 1,000 W/m^2. As in all

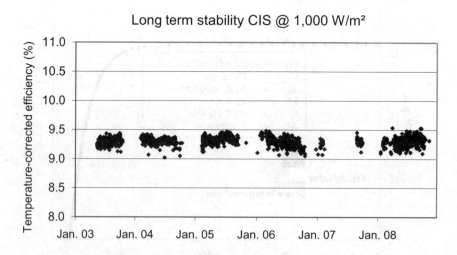

Figure 4 Long-term qualification of a CIGS solar module over a period of six years, measured outdoor at the Widderstall test site near Stuttgart. The solar spectrum is close to AM 1.5, with a nearly normal incidence angle of direct solar irradiation.

photovoltaic modules, the efficiency is reduced at higher temperatures, so the measurements are corrected using the temperature coefficient to indicate the power which would have been generated at 25℃. This correction is necessary for comparing module performance despite differences in ambient temperature. The diagram indicates both the stability of CIGS solar modules under real operating conditions as well as the complicated issues to be considered when evaluating module performance.

Another non-trivial aspect specific to thin-film modules is their uniform black appearance which makes them very attractive for aesthetic building integration, e.g. on facades and shading elements. The glass panes can integrate a heat insulation function and otherwise serve as part of a building's skin. The solar modules can be patterned for partial light transmission and coloured glass or foils open up a wide variety of design options for the architect, while at the same time offering the benefits of power generation. In many cases the additional costs for employing solar modules instead of conventional design elements only play a minor role. As an example, Figure 5 shows an attractive modern house in Germany with pitched roofs that are constructed entirely of CIGS solar modules produced by Würth Solar.

2.6 Outlook

It is easy to understand why the CIGS technology is attracting new manufacturers and investors. The good stability combined with the promise of highest efficiencies for thin-film solar modules make CIGS very appealing. Furthermore, continuing develop-

Figure 5 Modern house with solar roofing; CIGS modules produced by Würth Solar are used instead of shingles.

ments promise increased profitability through advances and optimisation in production technology. The production of flexible CIGS solar modules in roll-to-roll systems, once optimised, will provide a significant breakthrough in the reduction of production costs, and will significantly simplify the transportation and distribution of the flexible, lightweight modules. Several manufacturers are already in different phases of realising remarkable expansion plans for the production of both glass-based and flexible CIGS solar modules. With exponential growth figures, CIGS solar module production is truly booming!

2.7 Acknowledgments

We gratefully acknowledge financial support by the German Federal Ministry for the Environment, Nature Conservation and Nuclear Safety (BMU project CIS-MatTec No. 0329585F).

文　　献

1) L. Stolt, K. Granath, E. Niemi, M. Bodegård, J. Hedström, S. Bocking, M. Carter, M. Burgelmann, B. Dimmler, R. Menner, M. Powalla, U. Rühle, H.W. Schock, *Proc. of the 13th European Photovoltaic Solar Energy Conf.*, edited by W. Freiesleben, W. Palz, H. A. Ossenbrink, P. Helm, (H. S. Stephens & Associates, Bedford, UK, 1995), S. 1451
2) J. Hedström, H. Olsén, M. Bodegård, A. Kylner, L. Stolt, D. Hariskos, M. Ruckh, H. W. Schock, in *Proc. 23rd Photovoltaic Specialists Conf.* (IEEE, New York, 1993), S. 364
3) R. A. Mickelsen, W. S. Chen, The Boeing Company, Seattle, Wash., U.S. Patent No. 4335266, (31.12.1980), Re. 31968, 13, (13.8.1985)
4) Patrin J, Bresnahan R, Miller DL. Thin film deposition system optimization using flux profile modelling. *Proceedings of the 23rd European Photovoltaic Solar Energy Conference*, Valencia, 2008;2607
5) Voorwinden G, Kniese R, Powalla M. In-line Cu(In,Ga)Se$_2$ co-evaporation processes with graded band gaps on large substrates. *Thin Solid Films* 2003; **431-432**: 538-542
6) Powalla M, Voorwinden G, Dimmler B. *Proceedings of the 14th European Photovoltaic Solar Energy Conference*, Barcelona, 1997; p. 1270

第3章 大面積モジュールの製造技術

7) Sakurai K, Hunger R, Scheer R, Kaufmann CA, Yamada A, Baba T, Kimura Y, Matsubara K, Fons P, Nakanishi H, Niki S. In situ diagnostic methods for thin-film fabrication: Utilization of heat radiation and light scattering. *Progress in Photovoltaics: Research and Applications* 2004; **12**: 219-234, DOI: 10.1002/pip.519
8) Beck ME, Wiedeman S, Huntington R, VanAlsburg J, Kanto E, Butcher R, Britt JS. Advancements in flexible CIGS module manufacturing. *Proceedings of the 31st IEEE PVSC, Orlando*, FL, 2005; 211-214
9) Solarion AG. *personal communication* 3/2009
10) Contreras M, Ramanathan K, Abu Shama JA, Hasoon F, Young DL, Eggas B, Noufi R. Diode characteristics in state-of-art ZnO/CdS/Cu(In$_{1-x}$Ga$_x$)Se$_2$ solar cells. *Progress in Photovoltaics: Research and Applications* 2005; **13**: 209-216, DOI: 10.1002/pip.626
11) Repins IL, Fischer DC, Beck ME, Britt JS. Effect of maximum Cu ratio during three-stage CIGS growth documented by design of experiment. *Proceedings of the 31st IEEE PVSC*, Orlando, FL, 2005; 311-314
12) Kessler J, Bodegard M, Hedstrom J, Stolt L. New world record Cu(In,Ga)Se$_2$ based mini-module: 16.6 %, *Proceedings of the 16th European Photovoltaic Solar Energy Conference, Glasgow*, 2000; 2057-2060
13) Powalla M, Voorwinden G, Hariskos D, Jackson P, Kniese R. Highly efficient CIS solar cells and modules made by the co-evaporation process. *Thin Solid Films* 2009; **517**: 2111-2114
14) Hariskos, H, Fuchs B, Menner R, Powalla M, Naghavi N, Lincot D. The ZnS/ZnMgO buffer combination in CIGS-based solar cells. *Proceedings of the 22th European Photovoltaic Solar Energy Conference*, Milan, 2007; 1907-1910.

3 セレン化／硫化法による CIS 系光吸収層製膜技術

櫛屋勝巳[*]

3.1 CIS 系光吸収層製膜技術としてのセレン化／硫化法の歴史

　セレン化／硫化法は，CIS 系薄膜太陽電池の p 型 CIS 系光吸収層の製膜技術である。この製膜技術の開発の歴史は，米国独立系石油会社の Atlantic Richfield（ARCO）社の 100％子会社であった ARCO Solar, Inc.（ASI）社が，Boeing Aerospace 社が同時蒸着法（二段階法，あるいはバイレイヤー法）[1]）で，$CuInSe_2$ 光吸収層を製膜し，やはり蒸着法で製膜した n 型の CdS 膜との pn ヘテロ接合の薄膜太陽電池で，光電変換効率 10％を達成したことに触発されて，1 年後の 1981 年に「固相セレン化法」[2]）を開発したことに始まる。1990 年に，ドイツ資本の Siemens 社が ARCO 社から ASI 社を買収したことに伴い，Siemens Solar Industries（SSI）社となる等の変化があったが，この方法はその後，SSI 社を中心に多様な発展を遂げた。表 1 に示すように，セレン（Se）の供給法により製膜技術を分類すると理解が容易である。

表 1　セレン化／硫化法の分類
ここで，$CIS=CuInSe_2$，$CIGS=Cu(In, Ga)Se_2$，$CIGSS=Cu(In, Ga)(Se, S)_2$

セレン化／硫化法の分類	技術の詳細
固相セレン化法 （図 1）	・1981 年に，ASI 社が開発した CIS 光吸収層製膜技術：スパッタ法で In/Cu/Mo 積層構造を製膜した後に，真空蒸着法で固体のセレン（Se）を製膜した「Se/In/Cu-Ga/Mo 積層構造」の金属プリカーサー膜を，窒素ガス雰囲気中でアニールする方法[2]）。
気相セレン化法 （図 2）	・1988 年に，ASI 社が開発した CIS 光吸収層製膜技術：スパッタ法で製膜した Cu/In 積層構造の金属プリカーサー膜を，窒素ガス希釈の低濃度セレン化水素（H_2Se）ガス中に封じ込めてアニールする方法[3]）。
気相セレン化後の気相硫化（SAS）法	・1991 年に，SSI 社が開発した CIS 系光吸収層製膜技術：SSI は五元系の CIGSS 光吸収層作製技術と発表[4]）。昭和シェル石油は 1995 年に「CIGSS 表面層を持つ CIGS 光吸収層」作製技術と発表[5]）。この方法は，スパッタ法で製膜した「In/Cu-Ga 合金/Mo 積層構造」の金属プリカーサー膜を低濃度 H_2Se ガス雰囲気中に封じ込めて，まず「セレン化」し，その後雰囲気ガスを低濃度の硫化水素（H_2S）ガスに入れ替え，さらに昇温して「硫化」する二段階の製膜法。
急速加熱法（RTP 法）による固相セレン化法および固相セレン化・気相硫化法 （図 3）	・1993 年に，Siemens 社中研/Siemens Solar GmbH（SSG）社が開発した CIS 系光吸収層製膜技術（固相セレン化法）：スパッタ法で In/Cu-Ga 合金/Mo 積層構造を製膜した後に，真空蒸着法で Se を製膜した「Se/In/Cu-Ga 合金/Mo 積層構造」の金属プリカーサー膜を，窒素ガス雰囲気の RTP 炉内で急速アニールするセレン化法[6]）。 ・2000 年に，SSG 社が開発した CIS 系光吸収層製膜技術（固相セレン化・気相硫化法）：同じ積層構造の金属プリカーサー膜をアニールする雰囲気を窒素ガスから低濃度の H_2S ガス雰囲気に変更し，RTP 炉内で急速アニールすることで，セレン化・硫化を同時に行う方法[7]）。
硫化法	・$CuInS_2$ 光吸収層製膜技術：スパッタ法で製膜した Cu/In 積層プリカーサー膜を窒素ガス希釈の低濃度 H_2S ガス雰囲気の RTP 炉内で急速アニールする硫化法[8]）。

　　　　[*]　Katsumi Kushiya　昭和シェル石油㈱　ソーラー事業本部　担当副部長

第3章 大面積モジュールの製造技術

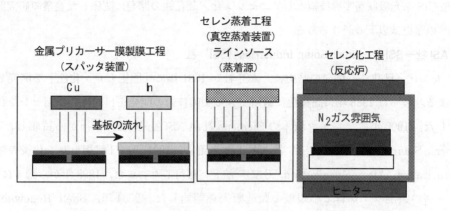

図1　固相セレン化法

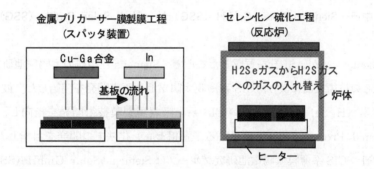

図2　気相セレン化後の気相硫化法

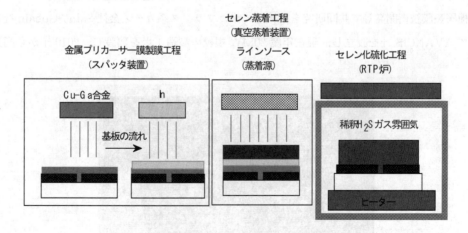

図3　RTP法による固相セレン化・気相硫化同時法

CIGS 薄膜太陽電池の最新技術

p 型 CIS 系光吸収層製膜技術としてのセレン化／硫化法の開発に関係した企業の研究開発と商業化への歴史は以下の通りである。

① ASI 社→SSI 社→Shell Solar Industries（SSI）社

「セレン化／硫化法」開発の歴史は，ASI 社が 1981 年に「固相セレン化法」を開発したことに始まる。彼らは 1988 年に商業化に適用できる製膜技術の開発を目的に「気相セレン化法」へ移行した。1990 年に，ドイツ資本の Siemens 社が ASI 社を ARCO 社から買収したことで，Siemens Solar Industries（SSI）社となった。更に，1991 年に「気相セレン化後の気相硫化 (Sulfurization After Selenization, SAS) 法」へ移行した。また，1998 年から図 4 に示す ST シリーズの製品ライン群で小規模の製造販売を開始した。2004 年，Shell Renewables 社が Siemens 社から SSI 社を買収したことで Shell Solar Industries（SSI）社となったが，2006 年 6 月で Shell Renewables 社の世界戦略の変更により製造販売から撤退した。

② Siemens 中研→Siemens Solar GmbH（SSG）社→Shell Solar GmbH（SSG）社→AVANCIS 社

1990 年に Siemens 社が ASI 社を買収したことで，Siemens 社中研の太陽電池研究グループが米国の SSI 社との技術交流により，CIS 系薄膜太陽電池の研究開発を開始した。彼らは特材ガスのセレン化水素（H_2Se）を使用しない CIS 系光吸収層製膜技術開発を指向し，急速加熱法 (Rapid Thermal Process, RTP) 法による「固相セレン化法」の開発を目指した。2000 年に Siemens 社中研の CIS 系薄膜太陽電池研究グループは Siemens Solar GmbH（SSG）社に移籍すると共に RTP 法による「固相セレン化・気相硫化法」へ移行した。2004 年に Shell Renewables 社が SSI 社を買収したことで Shell Solar GmbH（SSG）社となった。2006 年，それまで Mo 裏面電極層製膜技術開発等で共同研究を実施して来たフランス系ガラス会社 Saint-Gobain 社との合弁で AVANCIS 社を設立し，現在年産 20MW 規模の製造工場を建設し，2010 年から商業化

図 4　SSI 社の ST シリーズ

第3章　大面積モジュールの製造技術

に移行した。その過程で2009年，Saint-Gobain社の100％子会社となった。

③　昭和シェル石油㈱→昭和シェルソーラー㈱→ソーラーフロンティア㈱（2010年4月に社名変更）

　昭和シェル石油㈱は，新エネルギー・産業技術総合開発機構（NEDO）の委託研究により1993年から2005年度までの期間で開発した製造要素技術（CIS系光吸収層製造技術としては「気相セレン化後の気相硫化（SAS）法」）を基盤技術とし，製造販売を目的に設立した「昭和シェルソーラー㈱」が操業する年産20MW規模の製造工場を2006年後半に建設し，2007年前半から商業生産を開始し，2008年に，年産60MWの第2工場を建設し，2009年から年産80MW生産体制に移行した。更に2009年に，2011年半ばには年産1000 MW（1 GW）生産体制に移行する計画を発表し，年産900 MWの第3工場を現在建設中である。

　当初，製造は"昭和シェルソーラー㈱"，国内販売は"昭和シェルソーラー販売㈱"，海外販売は"ソーラーフロンティア㈱"が担当していたが，2010年4月に，国内外の企業名および商品名のブランドを統一する目的で，社名を「ソーラーフロンティア㈱」に一本化した。

④　㈱ホンダエンジニアリング→㈱ホンダソルテック

　ホンダエンジニアリングは，1999年から開発して来た製造要素技術（CIS系光吸収層製造技術としては「気相セレン化法」）を基盤技術とし，製造販売を目的に設立した「㈱ホンダソルテック」が操業する年産27.5MW規模の工場を本田技研工業㈱熊本製作所内に建設し，2007年10月から商業生産を開始した。

⑤　Johannesburg大学のグループ→Johanna Solar Technology（JST）社

　JST社は，IFE Projekt und Beteiligungsmanagement社（結晶系Si太陽電池モジュール製造会社であるAleo Solar社の46％の株式を所有）が南アフリカのJohannesburg大学のグループが所有する特許（CIS系光吸収層製造技術としては「気相セレン化後の気相硫化（SAS）法」）の使用ライセンスを5000万ユーロで買取り，ドイツ，オルデンブルグに年産30MW規模の工場を建設した。現在商業生産に向け製造ラインを立ち上げ中である。販売はAleo Solar社が担当する。2009年にBosch社がAleo Solar社の株式の40％，JST社の60％の株式を買収し子会社化した。

⑥　Hahn-Meitner Institute（HMI）→Sulfurcell社

　ドイツ，ベルリンのHahn-Meitner Institute（HMI）（現在，Helmholtz Centre Berlin for Materials and Energy）の開発者が，硫化物系のCuInS$_2$光吸収層の製膜技術（「気相硫化法」）を基盤技術にして，Sulfurcell社を起業し，現在販売先を限定しての小規模での試験販売中である。Intel Capital等のベンチャーキャピタルが投資し，年産75MW規模での商業生産への移行計画を持ち，2009年より，ベルリンに工場を建設中である。2010年9月，光吸収層を硫化物系

の CuInS$_2$ からセレン化物の CuInSe$_2$ に変更することを発表した[9]。これで商業化を決定した企業はすべてセレン化物の光吸収層を使用することになった。

3.2 セレン化／硫化法による大面積 CIS 系光吸収層製膜技術

CIS 系光吸収層製膜工程は，CIS 系薄膜太陽電池製造工程における最高温プロセスである。大面積化では集積構造のサーキット作製が必要であり，基板であるガラスの変形を防止することが必要である。そのために，CIS 系光吸収層は基板材料の変形が抑制できる温度プログラムで作製される。すなわち，青板ガラスの軟化点（520℃程度）以下の温度範囲，あるいは，その温度での保持時間を短縮する等の対応が取られる。現在「セレン化／硫化法」による大面積 CIS 系光吸収層製膜技術を採用して商業生産に取り組んでいる企業は 5 社である。このデバイス構造を図 5 に示す。ホンダソルテックは液晶用ガラスを基板としており，73cm×92cm サイズである[10]。他

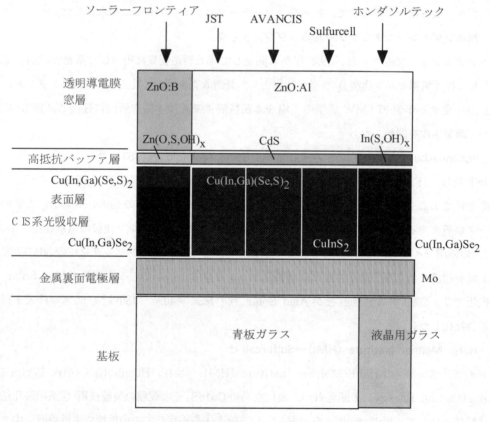

図 5　商業生産に取り組む 5 社のデバイス構造

入射光は最上層の n 型透明導電膜窓層から入る（厚さは任意）。Sulfurcell は 2010 年 9 月にセレン化物 CIGS への移行を発表。

第3章 大面積モジュールの製造技術

の4社は青板ガラスを基板とし，ほぼ60cm×120cmサイズで商業生産を行っている。この5社が採用する集積構造デバイス製造技術には共通点がある。すなわち，4種類の構成薄膜層を基板上に金属裏面電極層から順次，p型CIS系光吸収層，2種のn型薄膜層（高抵抗バッファ層，透明導電膜窓層）と製膜し，途中3種類のパターンで集積構造を形成する。大面積化技術には，大面積で面内均一性と均質性を確保できる製膜技術が採用される。

また，国内2社（ソーラーフロンティア㈱，㈱ホンダソルテック）はいずれもCdを含まない高抵抗バッファ層材料を使用したデバイス構造で商業生産しており，CdS代替材料として研究開発が進むZn系とIn系の材料をそれぞれ使用している。

昭和シェル石油は，n型高抵抗バッファ層にZn(O, S, OH)$_x$（ZnO，ZnS，Zn(OH)$_2$の混晶）を使用したデバイス構造で，1996年に光電変換効率14.2%（10cm×10cmサイズの集積型デバイス構造，開口部面積51.6cm^2，自社測定）を達成した[11]。その後も同じデバイス構造での大面積化を進め，基板サイズ30cm×30cm，30cm×120cmの集積構造サブモジュール（あるいはサーキット）では，現在も世界最高効率である16.0%，13.6%（開口部面積はそれぞれ841cm^2，3456cm^2，自社測定）を達成している[12,13]。また，ソーラーフロンティア㈱の宮崎第1工場の製造ラインからのモジュールでも光電変換効率13.1%（開口部面積7128cm^2，産総研測定）を達成し，研究開発での製造要素技術が移転できたことを確認している[13]。ホンダソルテックも，ホンダエンジニアリングが開発したIn(S, OH)$_x$バッファ層を使用したデバイス構造で，光電変換効率12.8%（73cm×92cmの基板サイズの集積型デバイス構造，開口部面積，10039cm^2，NREL測定）を達成している。

3.3 セレン化後の硫化法によって製膜されたCIS系光吸収層の特徴

「セレン化後の硫化法」によって製膜されたCIS系光吸収層は，金属プリカーサー膜の積層構造，アニール温度に起因して，CIS合金系中では拡散係数が小さいガリウム（Ga）が常にMo裏面電極層側に偏析する傾向を示すために，図6に示すように，長波長側にテールを引いた「グレーデッドバンドギャップ構造」を取る[14]。

また，セレン化工程でのセレンの供給および硫化工程での硫黄の供給はいずれも，表面からの拡散により膜中に取り込まれる。したがって，CIS系光吸収層表面の欠陥密度を低い状態で維持することが，pnヘテロ接合界面特性向上の観点から極めて重要である。そのためには，「セレン化／硫化法」によるCIS系光吸収層の生成反応過程および良質な表面状態維持のための制御方法の理解が重要である。「セレン化／硫化法」で作製されるCIS系光吸収層は多源同時蒸着法の半分程度の1.3μm前後の膜厚で作製されている。また，セレン化／硫化の前段階である「金属プリカーサー膜」製膜に使用されるスパッタターゲットがリサイクルできることも低コスト化に寄与している。

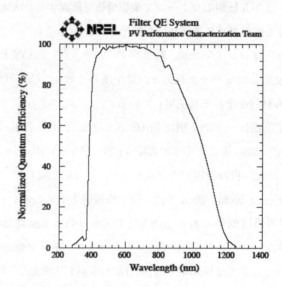

図6 セレン化後の硫化法によって製膜された CIS 系光吸収層のスペクトル感度（QE）

CIS 系光吸収層作製技術としての「セレン化／硫化法」を量産化技術とするための課題は製膜速度向上と面内均一性の向上が可能な装置開発である．また，基板ガラスの材質の違いにより，Na 源に対する考え方が異なる．青板ガラス（ソーダライムガラス）の場合は，アルカリバリア層を製膜するかしないか，アルカリ成分を完全にシャットアウトできるアルカリバリア層を製膜するか，アルカリ成分がある程度拡散できるアルカリバリア層を製膜するかで，アルカリバリア層の材料が異なる．また，基板として液晶用ガラスを使用するホンダソルテックは，Na 水溶液をスプレー法で Mo 裏面電極層上に塗布することで供給している[10]．

多源同時蒸着法を採用するグループも Würth Solar 社へ p 型光吸収層作製技術として「一段階法」を移転した ZSW (Zentrum für Sonnenenergie-und Wassenstoff-Forschung Baden-Württemberg, 太陽エネルギーと水素の有効利用のための研究センター，ドイツ，バーデンビュ

第3章　大面積モジュールの製造技術

表2　セレン化／硫化法の利点

利点	内容
反応性の高いガスを使用できることで，セレン使用量の大幅な削減が可能	<省資源化に対応>　固体セレン使用ケースに比べて1/40程度
膜厚制御性の良いスパッタ法で，金属プリカーサー膜を製膜できる結果，CIS系光吸収層の薄膜化が容易＝膜厚1.2-1.5μmの範囲で制御	<省資源化に対応>　「多源同時蒸着法」によるCIGS光吸収層のほぼ1/2の膜厚で商品化済み
金属プリカーサー膜製膜用スパッタターゲットが（汚染がないので）リサイクル可能	<低コスト化と省資源化に対応>　スパッタターゲットは「リサイクルフロー」に乗っている
世界標準の基板サイズの60cm×120cmサイズまでの「大面積化」に対応済み（ソーラーフロンティアの年産900MW規模の第3工場では90cm×120cmサイズを使用する予定）	<CIS系薄膜太陽電池の共通課題>　インライン方式であるRTP炉もバッチ式の反応炉も量産向けの装置開発が必要
世界規模でロールツーロール方式の製造技術開発が進んでおり，欧米の新興ベンチャー企業が大量一括加熱処理可能な方法として採用を検討中	印刷法によるプリカーサー膜製膜後に溶剤を加熱除去するための焼成過程として「セレン化法」を使用

ルテンブルグ州）が中心となって「高効率化技術」の開発に取り組んでいる。すなわち，NREL（National Renewable Energy Laboratory，米国，国立再生可能エネルギー研究所）が小面積単セルで「三段階法」によって達成した光電変換効率19.5％を念頭に，「三段階法」を達成できる次世代型インラインプロセスの開発に取り組み[15,16]，20.5％（トータルエリア効率，0.5 cm^2）の世界最高効率を達成した。この場合，装置の大型化に伴い，装置コストの削減が課題である。同時に，製膜速度向上と製造コスト削減を目的に，NRELが膜厚1μmのCIS系光吸収層で達成した変換効率17％を目標に，多源同時蒸着法でのCIS系光吸収層の膜厚を標準的な2μmから半分にする研究も進めている[17]。セレン化／硫化法の利点を表2にまとめる。

3.4　まとめ

　CIS系薄膜太陽電池は大面積化と商業化において第一世代にまだ遅れを取っているが，新エネルギー・産業技術総合開発機構（NEDO）作成の「2030年に向けた太陽光発電ロードマップ」（PV 2030プラス（＋））[18]において，高効率化による低コスト化を狙える太陽電池として，結晶系Si太陽電池と同等の変換効率が達成できる太陽電池と位置付けられている。

　2005年以降，結晶系Si太陽電池セル向けシリコン（Solar-grade Si）原料不足問題の顕在化と深刻化により薄膜系太陽電池へのシフトが鮮明になった。このような状況が契機となって，変換効率向上の可能性が高い上に，シリコン原料を使用しない太陽電池として，CIS系薄膜太陽電池は注目を集めていたが，2006年後半から2007年前半にかけて，青板ガラスを基板材料とするグループから4社（Würth Solar社，昭和シェルソーラー（2010年4月より，ソーラーフロンティア），ホンダソルテック，JST社）が商業生産を開始したことで，薄膜太陽電池第2世代の

CIGS薄膜太陽電池の最新技術

商業化が現実になり，さらに注目度が高まった。その後，Solibro社，AVANCIS社が続いた。

　CIS系薄膜太陽電池は2011年半ばからソーラーフロンティアの第3工場（年産900 MW規模）が商業生産を開始する。これにより世界規模でGW生産グループ入りする。国際的なコスト競争力を検証できる生産規模で製造技術の量産性と拡張性を検証する段階になる。また，ベンチャーキャピタルから資金を提供された軽量フレキシブル材料を基板材料とするグループもそれぞれ意欲的な生産計画を発表しており，実際に工場建設を開始し生産に移行したグループもある（Nanosolar社，Stion社，Miasole社など米国企業が多い）。

　2030年以降，「エネルギー多様化（すなわち，エネルギーミックス）の時代」になると想定され，「新・国家エネルギー戦略」[19]によれば，国内太陽電池産業全体で100 GW以上の生産規模が必要になると推察される。したがって，2030年までに，CIS系薄膜太陽電池は生産量・導入量共に「GW時代」に対応できる製造技術になっていることが求められる。現在CIS系薄膜太陽電池は世界的には研究開発からパイロット生産への移行期に入った段階であるが，ソーラーフロンティアのように，1社年産1 GW規模の本格的な生産段階へ早期に移行することが期待される。CIS系薄膜太陽電池はいかに迅速に研究開発段階から本格生産段階へ移行し，さらに，「高効率化技術と量産化技術」を確立することが必要である。まず，市販結晶系Si太陽電池モジュールと同等の光電変換効率13-15％を製品レベルで達成することが第1段階であり，その過程で，本格的な量産段階への移行に耐え得る製造プロセスおよび量産向け製造装置の確立が必要である。"PV2030プラス（+）"ロードマップおよび「新・国家エネルギー戦略」の期待に応えるための「高効率化技術開発と量産化技術への拡張」は容易ではないが，その方向に向けて，SAS法によりCIS系光吸収層を製膜するソーラーフロンティアのように動き始めている企業もある。

文　　献

1) M. R. A. Mickelsen, W.S. Chen, US Patent No. 4, 335, 266 (1982).
2) U. V. Choudary, Yun-Han Shing, R. R. Potter, J. H. Ermer, V. K. Kapur, US Patent No. 4,611,091 (1986).
3) J. H. Ermer, R. B. Love, US Patent No. 4, 798, 660 (1989).
4) C. L. Jensen, D. E. Tarrant, J. H. Ermer, G. A. Pollock, Proc. 23rd IEEE Photovolt. Spec. Conf. (1993) 577.
5) K. Kushiya, T. Kase, M. Tachiyuki, I. Sugiyama, Y. Satoh, M. Satoh, H. Takeshita, Proc. 25th IEEE Photovolt. Spec. Conf. (1996) 989.

6) V. Probst, W. Stetter, W. Riedl, H. Vogt, M. Wendl, H. Calwer, S. Zweigart, K.-D. Ufert, B. Freienstein, H. Cerva, F. H. Karg, Proc. Symposium N on Thin Film Chalcogenide Photovoltaic Materials, **387**(2000) 262.
7) V. Probst, W. Stetter, J. Palm, R. Toelle, S. Visbeck, H. Calwer, T. Niesen, H. Vogt, O. Hernandez, M. Wendl and F.H. Karg, Proc. 3rd World Conf. Photovolt. Energy Conversion (2003) 2 OC 701.
8) A. Meeder, A. Neisser, U. Rühle, N.Meyer: Proc. 22nd EC Photovolt. Sci. Eng. Conf. (2007) 1935.
9) Sulfurcell 社プレスリリース (2010年9月6日)
http://www.sulfurcell.com/fileadmin/docs/presse/Pressemitteilungen/2010/100906_PM_Sulfurcell_EU_PVSEC_en.pdf
10) K. Matsunaga_, T. Komaru, Y. Nakayama, T. Kume, Y. Suzuki, *Solar Energy Materials and Solar Cells* **93**, Issues 6-7 (2009) p.1134-1138.
11) K. Kushiya, M. Tachiyuki, T. Kase, I. Sugiyama, Y. Nagoya, D. Okumura, M. Sato, O. Yamase, H. Takeshita, *Sol. Energy Mater. Sol. Cells* **49** (1997) p.277.
12) Y. Chiba, S. Kijima, K. Kawaguchi, M. Nagahashi, T. Morimoto, T. Yagioka, T. Miyano, T. Aramoto, Y. Tanaka, H. Hakuma, S. Kuriyagawa and K. Kushiya, Proc. 35th IEEE PVSC (2010), to be published.
13) K. Kushiya, *Solar Energy Materials and Solar Cells* **93**, Issues 6-7 (2009) p.1037-1041.
14) K. Kushiya, M. Ohshita, I. Hara, Y. Tanaka, B. Sang, Y. Nagoya, M. Tachiyuki, O. Yamase, *Sol. Energy Mater. Sol. Cells* **75** (2003) 171.
15) D. S. Albin, J. J. Carapella, M. A. Contreras, A. M. Gabor, R. Noufi, A. L. Tennant, US Patent No. 5, 436, 204 (1995).
16) ZSW プレスリリース (2010年8月23日)
http://www.zsw-bw.de/fileadmin/ZSW_files/Infoportal/Presseinformationen/docs/pi 11-2010-e_ZSW-Weltrekord-DS-CIGS.pdf
17) M. Powalla, Proc. 21st EC Photovolt. Sci. Eng. Conf. (2006) 1789.
18) NEDO・ホームページ, 太陽光発電ロードマップ (PV 2030＋),
http://www.nedo.go.jp/library/pv 2030/index.html
19) 「新・国家エネルギー戦略 (中間とりまとめ)」(経済産業省, 2006年3月発表)

4 The emerging CIGS industry — challenges and opportunities

Lars Stolt*

4.1 Introduction

Around 1980 the Boeing Aerospace Company developed a $CuInSe_2$-based (CIS) thin film solar cell with 10% efficiency. The performance was further enhanced by exchanging some of the In for Ga to form $Cu(InGa)Se_2$ (CIGS) which has a more optimal bandgap than CIS. Today no company is working with pure CIGS even if some companies still use the acronym CIS also for $Cu(InGa)Se_2$. The results of Boeing Aerospace inspired several other R&D groups to start work on this technology. Since then CIGS thin film PV technology has emerged as the most promising option to meet efficiency and cost requirement for large scale deployment of solar cells for power generation. This has spurred quite a number of commercial projects. In the following text the more industrially relevant achievements as well as remaining issues relating to a continued commercial success of the CIGS technology will be described. Finally some opportunities for further development will be discussed.

4.2 The design of CIGS PV modules

There are different ways to design a PV module - a product - starting from the basic cell structure, the active building block which generates elctric power in sunlight. This text focuses on the main-stream design of thin film CIGS modules where float glass is used as substrate material and series interconnects are made monolithically as described schematically in Figures 1a-c. The usage of monolithic interconnects is one of the main advantages enabling low production costs in which thin film PV modules differ from the crystalline silicon wafer technology.

Fig. 1c shows a naked module. In order to connect wires to the module, thin metal ribbons are attached to the cells at the edges. In a junction box mounted on the back side these ribbons are connected to wires for the electrical installation of the modules. In order to provide a durable and transparent protection of the thin film structure for a long service life in the field the naked module is laminated to a low iron front glass. Low iron glass is used because its higher transmission for infrared wavelengths. Special

---

* Lars Stolt Solibro GmbH Solibro Research AB

第 3 章　大面積モジュールの製造技術

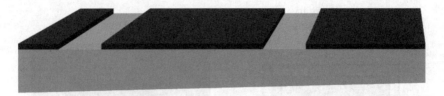

(a) The back contact is formed by sputter-depositing Mo on floatglass which is subsequently patterned by laser ablation in order to insulate the back contacts of the individual cells.

(b) The CIGS absorber layer is grown on the back contact. On top of the CIGS absorber layer a thin buffer layer is deposited and often also an additional buffer of high resistivity ZnO. Contact vias for series interconnection is opened by mechanical scribing.

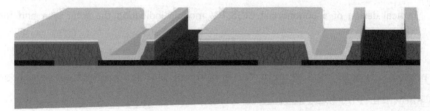

(c) The cell structure is finished by deposition of a transparent front contact commonly made of doped ZnO, and the series interconnect is finished by electrical insulation of the front contacts by mechanical scribing.

Figure 1　Fabrication of the cell structure and monolithic interconnects of a CIGS PV module.

attention is paid to the edge area in order to ascertain a hermetic seal of the active area of the module. This edge sealing area, as well as the area covered by the metal ribbons, are dead areas. These are included in the total area of a module but not the aperture area. For a product the total area efficiency is ultimately important but for comparison of R&D modules it makes sense to use aperture area efficiency because edge to total area ratio may vary widely depending on the size of a module and/or how much effort has been put into the climate protection. Fig. 2 depicts a module schematically and indicates a typical difference between total and aperture area of a commercial CIGS module.

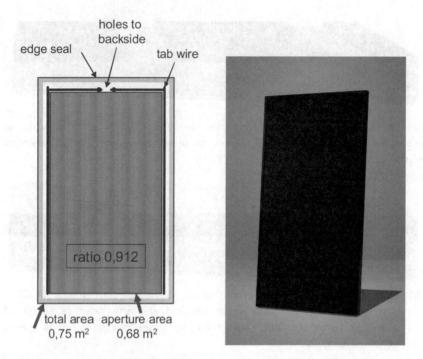

Figure 2 Typical design of a commercial CIGS PV module indicating the total area and the aperture area.

Table 2 presents typical module data for a state of the art product, of which a photograph is shown in Fig. 2.

4.3 Market introduction of CIGS PV modules

The first milestones in the industrial development of the CIGS based thin film solar cell technology can be considered to be the fabrication of module prototypes with a size of about 0.4 m² by ARCO Solar in the late 1980's. Some of these modules were installed in the field and did show excellent long term stability over the years to follow. The efficiency of these modules was about 8%. Although already a complete product, it took about another 10 years until the production technology was mature enough to enable the introduction of a commercial CIGS product in the marketplace. This second milestone happened in year 1998 and the company to do this was Siemens Solar who had acquired ARCO Solar in the meantime. Next milestone was achieved by Würth Solar in Germany who installed and took into operation a commercial production facility with an annual capacity of 15 MW$_P$. The announcement of the decision was made in 2006 and

Table 1 Producers of CIGS PV modules of mainstream design.

	Current capacity	Expansion in production or in ramp-up
Würth Solar	30 MWP/a	
Showa Shell	20 MWP/a	60 MWP/a
Honda Soltec	27,5 MWP/a	
Solibro	30 MWP/a	+15 and 90 MWP/a
Avancis	20 MWP/a	
Johanna Solar	30 MWP/a	
Sulfurcell	5 MWP/a	35 MWP/a
Sunshine PV (Centrotherm)	30 MWP/a (in ramp-up)	

the production commenced in 2007. Würth had already been operating a 1 MW$_P$ pilot facility since 1999. From 2007 up to now Würth Solar has been followed by several companies with production capacity of a similar level. The fourth milestone is the upscaling of these around 20 MW$_P$ production units to the order of 100 MW$_P$ annual capacity. This milestone has been manifested during 2009 by both Solibro GmbH and Showa Shell Solar ramping up 90 MW$_P$ and 60 MW$_P$ production units, respectively. Table 1 summarizes the production capacity on stream or in ramp at the end of 2009.

Next milestone will be the achievement of production capacity approaching 1 GW$_P$ per annum. Showa Shell has already announced that they plan to be at this level in 2011.

4.4 Other CIGS PV module designs under industrialization

The concept roll-to-roll coaters for thin film deposition has some attractive features. One is potentially lower capex than glass coaters of corresponding productivity. A disadvantage is that glass substrates, which gives the higest cell efficiencies, can not be used. Instead, two other categories of substrate materials are utilized. One category is metal foils which have the advantage that similar substrate temperatures as for glass can be used but due to the conductivity of the substrates material monolithic series interconnects are not possible. The consequential approach is to cut the foil in "wafer cells" which are assembled to modules in a manner a lot like conventional crystalline silicon PV modules. Due to the size the wafer cells do also require a metal grid similar to silicon wafer cells in order to avoid excessive series resistance. Two companies manufacture CIGS PV modules from CIGS wafer cells on metal foil substrates. These are Global Solar having 75 MW_P production capacity and Nanosolar which has annnounced expansion from pilot scale to 640 MW_P annual capacity.

The other category of substrate material for roll-to-roll thin film coating is polymers. Due to the relatively high substrate temperature for making device quality CIGS only polyimide is of interest. With polyimide it is not obvious that the "cheap plastic" vision will be realized but as opposed to metal foil, polyimide offer the possibility of monolithic interconnects. Ascent Solar is a company which has announced expansion from pilot scale to 30 MW_P based on monolithic CIGS modules using polyimide foil as substrate material. A specific challenge for this type of modules is the poor environmental protection of the active layers from humidity by the substrate material itself, contrary to when glass substrates are used. Thus an additional backside sealing layer is needed. This is also the case for the metal foil "wafer" design where the spacings between cells will allow humidity to enter even if the substrate material itself is a good humidity barrier.

A completely different module design of CIGS PV modules has been developed by the company Solyndra. Their modules are built from a set of tubular submodules separated with free air. This design allows collection of light reflected from the background in addition to the directly incidenting light. The tubular module of Solyndra's design is

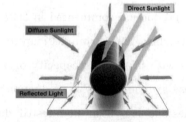

Figure 3　Alternative CIGS modules. Tubular design and flexible design.

Table 2 Typical data for a commercial CIGS thin film module.

Size	Performance at 1000 W/m² AM1.5G irradiance and 25 C module temperature (STC)						
1190×630 mm²	Power	Short circuit current	Open circuit voltage	Current at maximum power	Voltage at maximum power	Temperture coefficient for power	Relative loss of efficiency at 200 W/m²
13.2 kg	85 W	1.61 A	72.4 V	1.46 A	58.2 V	−0.45 %/K	−7 %

shown together with a flexible module in Figure 3.

These other designs do not in general offer better price/performance properties than what here is refered to as the mainstream design with double glass panes. At current, the latter gives the highest efficiency - in line with the results from the research labs - and lowest cost product design for the required service life of more than 20 years. However, it should not be excluded that in specific applications different designs may exhibit substantial advantages and thus being competive in corresponding market niches.

4.5 The opportunity and challenges

The success of PV depends ultimately on how competitive solar cells will be as a means for generating electricity for supply to the power grid. There are many system aspects to this but for the technology of the PV module itself it boils down to how well the CIGS technology meets the requirements of high efficiency, low price and long service life.

4.6 High efficiency

The common measure for efficiency is defined at standard operating conditions (STC). These conditions do represent quite favourable conditions for a PV module which in real operation experience a quite broad variety of temperature and irradiance levels. What is ultimately relevant for the user of the PV module is the number of kWh generated. This is described by the annual yield and/or the performance ratio. What makes the situation more complicated is that these latter quantities are dependent on the location of a PV module installation, whereas the efficiency at STC is not. One possibility is to use a computer model with the module specification data as input. Such a modelling is shown in Figure 4 where the annual output and performance ratio is compared between a CIGS module and a multicrystalline silicon PV module. The performance is calculated for a specific location. It is clear from the modelling that the CIGS module produces more power than multicrystalline silicon for the same installed W_P. The high annual yield/performance ratio for CIGS has been verified with field monitoring. The modelling gives quite reliable prediction but a standardized method has not been defined, like for module reliability certification.

The key parameters for the annual yield are the temperture coefficient and the efficiency at low irradiance. The temperature coefficient is fundamentally linked to the semiconductor material and not so easy to change without increasing the bandgap of the CIGS. On the other hand, at higher bandgaps the efficiency tends to decrease but there may be some room for further optimization with respect to annual yield rather than STC efficiency. Efficiency at low irradiance is very sensitive to parasitic shunts caused by various defects, or weak areas where the diode properties are less good. Such defects may have simple origins such as e. g. scratches or particles, but there are also less obvious reasons. In this area there are plentyful opportunities for new research.

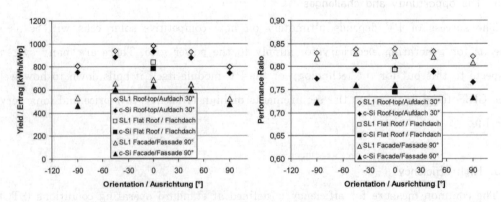

Figure 4 Annual yield and performance ratio for an example of a typical CIGS and multicrystalline silicon module for different module orientaions using Leipzig climate data. Software used is PVSol.

4.7 Production cost

4.7.1 Importance of efficiency

Low production costs, well below 1 USD/W_P is a prerequisite for sustained commercial success of the CIGS PV module technology. One of the most powerful way to bring down production cost per W_P is to increase the efficiency, provided that the efficiency increase is not related to substantially more expensive materials or manufacturing processes. For CIGS, one can conclude from research results that there is a lot of potential for higher efficiency by improving the material quality of the CIGS layer. Such an improvement does not need to carry a corresponding increase of the manufacturing cost, e. g. it could rather be linked to improved process control which would only very marginally affect the costs.

At 100 MW_P annual production, capital costs (including the production facility) constitute typically 20% of the total manufacturing costs. If we assume a total area efficiency of 10%, and we find a way, at negligable added cost, to increase the efficiency to 11%, the impact on the total manufacturing cost is equal to cutting the capital cost in half. This would correspond to more than all the thin film equipment in a fab. The consequence of this is that if we compare an "expensive" CIGS fabrication method with a so called "low cost" method, the efficiency difference can only be a few tenth of a percent point even if the equipment cost of the low cost method is essentially zero.

4.8 Materials costs

Around 100 MW annual production capacity the cost of materials will constitute more than half of the total cost of production. A typical distribution of the materials cost on

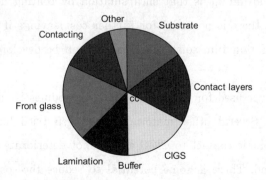

Figure 5 Distribution of material cost for CIGS PV modules

different categories is shown in Figure 5. The largest part of materials cost is the front glass. In order of importance, the front glass is followed by the contact layers (Mo and ZnO:Al), CIGS layer, substrate, contacting (tab wires and junction box) and the lamination/sealing materials. From the figure it can be seen that the size of each category is not very different and they do all contribute significant portions of the materials cost. The following sections discuss briefly each of these categories and suggest possible routes to cost reduction.

4.8.1 Front glass

The front coverage of the module needs to be durable, highly transparent, and a good barrier to moisture. Tempered low iron front glass fulfils all these requirements, and is also used in essentailly all commercial modules at current. Coated plastic materials is an which also can be made flexible. At current there is no low-cost product that have properties good enough to replace the glass, and further development is required. An advantage with this kind of front side covers is that they are more lightweight than glass, but this is also related to less mechanical strength which need to be compensated for with a stronger substrate and/or mounting methods which distribute the load over a larger surface.

Another option to replace the front glass is to directly apply some kind of coating on top of the thin film circuit. This could be thin films such e. g. APCVD-SiO_2, or thick coating such as lacquers. Because of the necessity for extremely low density of defects in order to keep humidity outside the active part of the device, these types of solutions are not easy to fabricate at low cost over large areas. The pros and cons are similar to coated plastics with respect to flexibility, low weight and mechanical strength, but an important additional advantage is that encapsulation by coating do not require a lamination material. Thus there is potential for further cost-savings if a long-lasting encapsulation by coating of thin film solar cell circuitry can be developed.

4.8.2 Contact layers

The back contact layer used for CIGS thin film PV modules is sputtered molybdenum, around 0.4μm thick. Several other materials have been tried but a cheaper material which forms a good ohmic contact to CIGS and do not deteriorate during CIGS processing has not been found. There is some potential to reduce the cost of the molybdenum back contact by making it thinner. When the molybdenum gets thinner it will become more resistive. This can be compensated by making the cells more narrow, but narrower cells lead to a larger area loss by the interconnects since there will be more interconnects per unit area. This means that thickness reduction of the back contact is coupled to improvements in the interconnect technology. An evolution in this direction will take place as the patterning tools get more and more accurate but there is also room for innovation which could lead to a more step-wise improvement.

The front contact used is doped ZnO. If sputtering is used for deposition normally Al-doped ZnO is used and when CVD is the fabrication method the ZnO is B-doped. The thickness is typically 1μm. The main route to reduce the cost of this layer is the same as for the back contact, to make the layer thinner. Again it is a balance between the patterning and interconnect technology so that the cost reduction is not offset by a loss of efficiency due to loss of active area by incresing the density of interconnects as the cells are made narrower.

4.8.3 The CIGS layer

It is of paramount importance that the CIGS photovoltaic quality is as high as possible since this is the main factor for determining the efficiency of the device. If the cost of CIGS materials is reduced at the expense of lost efficiency this will indirectly affect all other materials and manufacturing costs per W_P and the resulting total manufacturing cost is likely to increase. The cost of materials for the CIGS layer, primarily In, Se, and Ga, is strongly affected by the materials yield in the CIGS deposition process. The materials yield in PVD methods for deposition is typically in the range 25-40% so there is quite some room for improvement. Recycling of not utilized materials from the deposition equipment reduces the losses but is not so efficient cost-wise since re-processing of the elemental materials is often required. Better is to reduce the losses which can be done by utilizing cylindrical sputtering targets and more advanced geometries for evaporation. Methods such as electrodeposition and nanoparticle printing have an intrinsic advantage with respect to materials yield but these methods results in significantly lower efficiency of the devices, and the materials yield advantage is not materialized in lower overall manufacturing cost.

As for the contact layers one approach to save cost is to make the CIGS layer thinner. The CIGS layer can be reduced to 1-1.5 μm with only marginal losses but this would also require very high uniformity of the deposited film. Again, at the current cost structure it is not meaningful to make cost savings of the CIGS material if efficency is simultaneously reduced. In order not to loose efficiency for thinner CIGS layer an efficienct light-trapping scheme needs to be developed. These must also include structuring of the back contact in order to obtain suitable scattering properties.

4.8.4 Substrate

The requirements on the substrate are that it is smooth and has low density defects, compatibility with CIGS processing temperature $\sim$ 500℃, thermal expansion properties similar to CIGS, and is electrically insulating in order ot allow monolithic interconnects. Additionally it is beneficial if the substrate also serves as the backside encapsulation. Float glass fulfils all these requirements, and can also be suppied at a reasonable cost. If the insulating properties is sacrified, metal, in foils are options. The advantages are that they are lightweight and flexible, and can be heated and cooled faster that glass (saving equipment costs).

There is some progress in the field of polymeric substrate materials of the polyimide family which posesses similar advantages as metal foils. The temperture endurance is now approaching reasonable CIGS processing temperatures. However, the foil substrates do result in lower record efficiencies than glass without offering lower prodution costs.

4.8.5 Contacting materials

The thin film circuit is contacted by thin metal wires, normally tinned Cu ribbons, using conducting adhesive or glue, soldering or welding. The wires are wrapped around the edge or pulled through holes in the glass into a junction box. The requirements on electrical safety and durability is high. The approch is quite similar to what is used for crystalline silicon module. In the future it is expected that more advanced solutions are available which facilitates fast and standardized installation. The requirements on such solutions will also be that they contribute to reduction of the overall costs.

4.8.6 Lamination materials

The thin film PV industry has inherited EVA as the most common lamination material even if PVB is used by some companies. There is no significant cost difference between them. The possibility to reduce cost is related to the avoidance of the necessity for an edge seal. On the other hand, reliability over 25 years is a must and it is difficult to ascertain this without an edge sealing approach. The ideal method would be protection of the front side by direct coating, then there would not be any need for lamination materials at all.

4.9 Reliability

The long term reliability can not be compromised. Crystalline silicon PV modules which have been around for decades have a proven record. This and nothing else is the benchmark. For CIGS the humidity barrier properties are the crucial requirements of the encapsulation. This motivates conservatism and limits the possibilities for cost cutting. A research strategy for improved lifetime and/or cost cutting is the fundamental understanding of the degradation mechanisms which could enable new solutions for extended service life. Further progress require the development of reliable methods for accelerated aging. The IEC 61646 test protocol is not developed for CIGS and a new standard is required.

4.10 Summary

CIGS PV modules with a double-glass design is available for a number of manufacturers. There is around 200 MW_P of annual production on stream (end of 2009). Products are reliable and have efficiencies in the regime 10-12%. Two companies are expanding above 100 MW_P annual capacity, Showa Shell Solar and Solibro. The product performance is already quite good but there is a lot of room for further R&D. In particular improved material quality of the CIGS and issues relating to reliability such as understanding of the degradation mechanisms and accelerated lifetime testing methods would be valuable for the CIGS industry.

5 Application of Electrodeposition to Fabrication of CIGS Solar Cells and Modules

Bülent M. Başol*

5.1 Introduction

CIGS is a leading thin film PV material that demonstrated small area solar cell efficiencies close to 20% in the laboratory[1]. Despite this success in high efficiency demonstration however, commercialization of CIGS technologies has been slow. This is partly due to the complex nature of this quaternary material and partly due to the difficulties inherent in scaling up the expensive vacuum-based CIGS deposition approaches that were adapted in early 90's during the research and development phase of this material system. Therefore, there is a need to identify lower cost processing methods for CIGS film growth with the ability to yield high efficiency solar cells at high yield. One such processing technique is electrodeposition.

Electrodeposition is a low cost method that has been explored for CIS and CIGS film formation since early 1980's when the technique was successful applied to the formation of high quality CdTe layers for solar cell applications[2,3]. Some CIGS electrodeposition approaches concentrated on the co-deposition of various Cu, In, Ga and Se species from a single electrolyte to form the compound or a multi-phase film[4~7]. The deposited layers were then subjected to a high temperature reaction/crystallization step to form or improve their photovoltaic properties. In other approaches, various metallic and non-metallic constituents of the compound were electrodeposited on a substrate in the form of a precursor film and then this precursor film was reacted and homogenized through high temperature processing, usually in a Se-rich environment, forming a CIS or CIGS compound layer. These two-stage techniques included approaches such as; electrodeposition of thin Cu and In layers forming a Cu/In precursor stack and reaction of the metallic stack with gaseous Se species, such as H_2Se gas, to form the compound[8], electrodeposition of a Cu/In/Se stack on a substrate and rapid thermal annealing of the stack to form CIS[9], electrodeposition of In-Ga[10], Cu-Ga[11] or Cu-In-Ga[12] metal alloys to form precursor layers and reaction of these precursor layers with Se to form the compound, and electrodeposition of In-Se and Cu-Se binaries on a substrate forming a stacked precursor such as a Cu/In-Se/Cu-Se structure and annealing of the structure to

---

*   Bülent M. Başol   Co-founder and Board Member, SoloPower Inc.

form CIS[13]. Novel electroplating baths with the capability to deposit In-Se as well as Ga-Se layers that can be used for the preparation of Ga containing precursors and CIGS layers have also been reported[14]. In these specialized plating chemistry effective complexation of species, especially the Ga species was achieved, which allowed compositional control of the Ga-containing layers.

It should be noted that most of early studies cited above were aimed at growing CIS layers rather than CIGS films. This is partly due to the fact that addition of Ga into the electrodeposited films is challenging because of the high negative plating potential of Ga (-0.53 V) compared to Cu ($+0.34$ V) and In (-0.34 V) in simple aqueous deposition baths. Such high plating potential gives rise to excessive hydrogen evolution on the cathode surface during plating of the Ga containing films. Hydrogen evolution reduces the plating efficiency of Ga and causes defects such as pinholes in the grown layers since the small gas bubbles stick to the surface of the growing film and prevent proper deposition at that location. Reduced plating efficiency also results in poor control of the Ga content of the plated layers. It is for these reasons that while early simple electrolytes were not successful in effective Ga inclusion into the deposited layers, newly developed chemistries providing effective Ga complexation yielded good control of Ga in such films[14,15].

As can be seen from the brief discussion above, electrodeposition is a versatile method with ability to provide thin films of metals, metal alloys and binary or higher order compounds which may be used in the preparation of a wide variety of precursor layer structures. Electrodeposition equipment is low cost. The process is energy efficient since it is typically carried out at low temperatures. Materials utilization in electrodeposition processes can be close to 100%, if stable electrolytes with long lifetime are employed. However, since the photovoltaic properties of CIGS are sensitive to its phase content, which in turn depends on its composition, any thin film deposition technology employed for manufacturing CIGS solar cells needs to have the ability to control the Cu/(In+Ga) and Ga/(Ga+In) molar ratios in the deposited layers, both in macro-scale and micro-scale. Much of the prior electrodeposition work carried out on CIGS through 1980's and 1990's has been laboratory scale research, and thus compositional control and repeatability had not been demonstrated on large area substrates with a truly scalable process. Scaling up the electrodeposition processes requires careful hardware design to provide uniform plating current density distribution as well as uniform electrolyte flow over large area substrates so that the thickness uniformity and the compositional uniformity of the deposited layers may be assured. Recently, SoloPower reported on an electrodeposition based CIGS technology that yielded close to 14% efficient small area cells and over 12% efficient devices with over 100 cm^2 area[16,17] and the process was successfully transferred to a roll-to-roll manufacturing line. Modules with an area of about 1 m^2 and an efficiency of about 10% were also reported. This manuscript is a summary of that published work.

5.2 Experimental Details

CIGS layers were formed on typically 50 μm thick flexible stainless steel foil substrates. After cleaning of the substrates and sputter deposition of a Mo-based contact layer, a precursor film containing preselected amounts of Cu, In, Ga and Se was electrodeposited on the contact layer. Initial development work was carried out on 6"× 8" size substrates in a batch system to collect the deposition uniformity and plating bath stability data. For roll-to-roll processing, an electroplating tool with the capability to handle 13.5" wide foil substrates (web) was employed. The length of the stainless steel web was typically 400-1500 ft although lengths up to about 3000 ft could be handled. Deposition took place onto a nominally 12" wide section of the substrate. An RTP-type annealing/crystallization process step was developed and carried out to convert the electrodeposited precursor films into device quality CIGS layers. For roll-to-roll processing, a reel-to-reel reactor was developed that could apply RTP conditions to long substrates in the form of a web[18]. The typical temperature range employed in this process step was 500-550 ℃, although CIGS film formation was achieved in a wider temperature range of 450-600 ℃. The thickness of the CIGS layers was in the range of 1-2 μm.

For solar cell fabrication, a typically 100 nm thick CdS buffer layer was deposited on the CIGS absorber by the chemical bath deposition approach using batch systems or a roll-to-roll CdS coating tool. An intrinsic ZnO/TCO stack was then sputter deposited over the buffer layer to yield a transparent window sheet resistance value in the range of 40-60 Ω/□. The roll of the solar cell stack obtained after the TCO sputtering step was coated with a large number of silver-based finger patterns using a roll-to-roll screen printing tool, which employed a low temperature ink that can be cured at below

250 ℃. As a result of this process step, a roll containing thousands of solar cells was obtained. Grid patterns deposited on the roll of solar cell structure define the shape and the size of the devices that are later cut from the roll. An automated roll-to-roll cutter was utilized to cut the cells from the rolls based on the pre-selected sizes of the devices. Cut cells were sorted and binned according to their photo current and efficiency values using an automated testing/sorting tool. Sorted and binned flexible cells were then interconnected using standard copper ribbons to form cell strings. The stringing method used low temperature solders or conductive adhesives that cured at temperatures below 250 ℃. Modules with front glass sheets or flexible top sheets were fabricated in a standard vacuum lamination machine. The back sheet was either a flexible polymeric foil or a glass sheet. To form flexible structures, solar cells were packaged in between two flexible transparent sheets with moisture barrier films. For damp heat testing, the packaged cell and module structures were placed in a humidity chamber under the conditions of 85 ℃ and 85% relative humidity. I-V characteristics of the cells and modules were measured under standard AM 1.5 conditions.

5.3 Results and Discussion
5.3.1 Electrodeposited layers

Electrodeposition is a surface sensitive technique. Therefore, substrate quality is a very important factor for electrodeposition-based techniques employed for solar cell manufacturing. Figure 1 shows a typical defect (circled) that may be observed on the surface of a stainless steel foil substrate. A surface profile taken through this defect is also shown in the same figure. As can be seen, this defect has protruding features that are as high as $1.25\,\mu$m, as well as valleys that are as deep as $1.25\,\mu$m. Considering the fact that the CIGS film to be grown on this substrate would be only $1\text{-}2\,\mu$m thick, a defect such as the one shown in Figure 1, with peak-to-valley range of over $2\,\mu$m would represent a location on the substrate where electrodeposition may be discontinuous or non-uniform, both in terms of thickness and composition. As a result, such defects would introduce shunting paths through the solar cells and lower the device efficiency. It is, therefore, very important to reduce the density of large surface defects on the metallic substrates utilized for electrodeposited CIGS film formation.

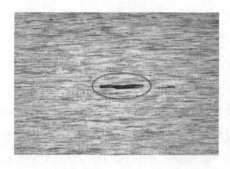
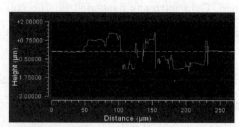

Figure 1   A defect (circled) on a stainless steel substrate, and its surface profile (on the right).

Electrodeposition has unique characteristics to set it apart from the PVD techniques such as evaporation. In the evaporation method, as the size of the substrate increases, the film thickness uniformity becomes more and more difficult to achieve, especially if the source to substrate distance is limited. In the electrodeposition methods employing metallic substrates, on the other hand, the uniformity of the deposit gets better and better as the size of the substrate increases. This is due to the fact that the electric field between a highly conductive cathode, and a highly conductive anode, placed across from each other in a plating solution, is quite uniform everywhere except close to the edges where one may observe current crowding. Therefore, as the substrate size increases, i.e. as the edge-to-area ratio decreases, the deposited film non-uniformity gets reduced. This is demonstrated in Figure 2, which shows the electroplated film thickness non-uni-

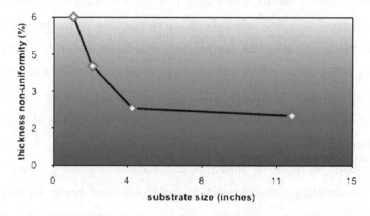

Figure 2   Thickness non-uniformity of electrodeposited layers as a function of the substrate size, which is defined as the shortest dimension of a substrate cut from a roll of stainless steel foil.

formity as a function of the substrate size. As can be seen from this data, the non-uniformity got reduced from 6% to below 2% as the size of the substrate was increased from 1 inch to 12 inches.

As discussed previously, one of the most important requirements for successful application of an electrodeposition technique to CIGS absorber formation is the demonstration of the ability of the technique to control the composition of the deposited films in a reliable and repeatable manner. Figure 3 a shows the Ga/(Ga+In) molar ratio data collected from the electrodeposited layers by ICP measurements during a period of 95 days. The target in this experiment was a molar ratio of 0.3. The electrolyte and the process conditions were kept unchanged during the whole test period. The data of Figure 3 a demonstrates that the electrodeposition process has the capability to include Ga in the deposited films in a reliable and repeatable manner. Figure 3 b shows the Cu/(Ga+In) molar ratio data collected from the same electroplated samples during the same 95 day period. The target ratio in this case was 0.8, and as can be seen from the data, this ratio was controlled between the values of 0.76 and 0.84 as measured by ICP. This is within the accuracy band of the measurement method and therefore the results demonstrate a good ability for the technique to control composition. Furthermore the above results also demonstrate that the electroplating solutions used in this work are very stable.

In addition to the repeatability and robustness of the electrodeposition process in terms of its compositional control, experiments were also carried out with the roll-to-roll electroplating tool to demonstrate that the film thickness and composition are uniform throughout a large area substrate. In one experiment a 13.5" wide and 400 ft long

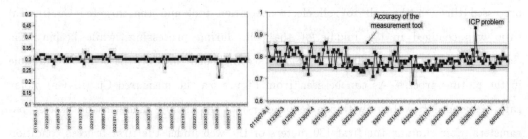

Figure 3 a) The Ga/(Ga+In) molar ratio data; and, b) the Cu/(Ga+In) molar ratio data, collected from samples electroplated in a batch plating tool during a period of 95 days.

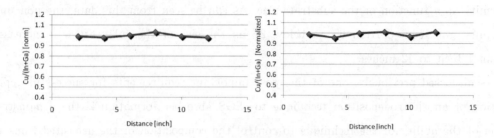

Figure 4　The Cu/(Ga+In) molar ratio measured across a 12" wide section of a 13.5" wide and 400 ft long foil substrate at a location; a) near the beginning of the web, and; b) 300 ft from the beginning of the web, demonstrating good cross-web uniformity of the precursor film composition.

foil substrate was continuously processed through the roll-to-roll electroplating system and then the deposited film thickness, the Cu/(Ga+In) ratio and the Ga/(Ga+In) molar ratios were measured across the 12" wide section of the web as well as along the web, at 100 ft intervals. The thickness of the deposit was found to be within 10% of the target value. Figures 4a and 4b respectively show the Cu/(Ga+In) molar ratio data collected across the width of the foil substrate, at the beginning of the web, and at the location 300 ft away from the beginning of the web. Although the data for the Ga/(Ga+In) molar ratio is not presented here, both the Cu/(Ga+In) molar ratio and the Ga/(Ga+In) molar ratio were found to be within +/- 8% of their respective target values throughout the 400 ft long substrate.

　Electrodeposition technique has the capability to change and control the Cu/(In+Ga) and Ga/(In+Ga) molar ratios independent from each other. Figures 5a and 5b show the results of an experiment carried out to demonstrate such ability for the roll-to-roll electrodeposition process. In this experiment a 240 meters (roughly 700 ft) long roll was processed through the roll-to-roll electrodeposition tool and the targeted Cu/(In+Ga) ratio was changed in the middle of the roll, during processing, while keeping the Ga/(In+Ga) ratio constant. The change was accomplished through the controls available in the plating process. As can be seen from Figure 5a the measured Cu/(In+Ga) molar ratio responded very fast (within a few meters) to the change made in the process parameters after running the first 120 meters of the web under the first process condition (condition 1). Furthermore, after switching to the new condition, the process kept the new Cu/(In+Ga) molar ratio (condition 2) very stable until the end of the roll. Figure 5b

第 3 章　大面積モジュールの製造技術

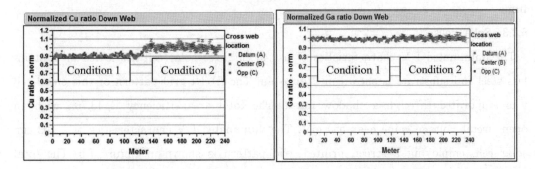

Figure 5　a) The Cu/(In+Ga), and; b) the Ga/(In+Ga) molar ratios measured on an electrodeposited precursor layer formed on a 240 meters long 0.33 meters wide web in a roll-to-roll tool. Process parameters were changed to increase the Cu/(In+Ga) ratio after running the first 120 meter portion of the web while keeping the Ga/(In+Ga) ratio constant.

shows the measured Ga/(In+Ga) molar ratio for the same web. As can be seen from this data the Ga composition is stable throughout the 240 meters of the web as dictated by the process parameters of the roll-to-roll electrodeposition tool. These results demonstrate the ability of the technique to independently adjust and control the two important metals ratios in CIGS processing. It should be noted that the cross web uniformity of the two ratios were also demonstrated in the above data which shows measurements from the center of the web (labeled as Center-green) as well as the two sections along the two edges of the web (labeled as Datum-red and Opp-blue).

5.3.2　CIGS layers

CIGS layers grown employing the electrodeposition-based approach are of good crystalline quality and they normally display a preferred <112> orientation. The grain size is a strong function of the Ga content of the film as well as the details of the crystallization process step, especially the peak temperature used. Typically as the Ga content of the layer increases, its grain size decreases for a given temperature of the RTP step. For a given Ga/(Ga+In) molar ratio, on the other hand, the grain size increases as the peak temperature of the RTP step is increased from 400 ℃ towards 600 ℃. Figure 6 a is a top view SEM taken from a CIGS layer and it shows well formed grains with a grain size of larger than 1 μm. The cross sectional SEM of Figure 6 b was taken from a film formed at the high end of the temperature process window of the RTP step and it shows a grain structure that is columnar with grains extending all the way to the contact layer. A grain size of well above 2 μm is observed for this high temperature film.

5.3.3 Solar cells

The illuminated I-V characteristics of a 0.48 cm^2 area solar cell fabricated on a stainless steel foil substrate is shown in Figure 7 a. The Al/Ni grid pattern of this small cell was evaporated through a shadow mask. The total area efficiency is 13.76% with an open circuit voltage value near 550 mV. The illuminated I-V characteristics of a 102 cm^2 solar cell, employing a screen printed grid pattern is shown in Figure 7 b. The total area efficiency of this large area device is 12.25%. The V_{oc}, J_{sc} and FF values are 0.54 V, 34.4 mA/cm^2 and 65.7%, respectively. This efficiency value corresponds to an active area efficiency of about 13.5%.

5.3.4 Modules

As indicated before, solar cells were first measured and binned and then the devices in each bin were stringed together and packaged in module structures. Figure 8 shows the illuminated I-V characteristics of a glass based rigid module fabricated by bussing and packaging ten cell strings, each string containing ten interconnected solar cells of 100 cm^2 area. The total aperture area of this module is 1.07 m^2. As can be seen from the data the total power output was measured to be 107.5 W with V_m, I_m and efficiency values of about 38.2 V, 2.8 A and 10%, respectively.

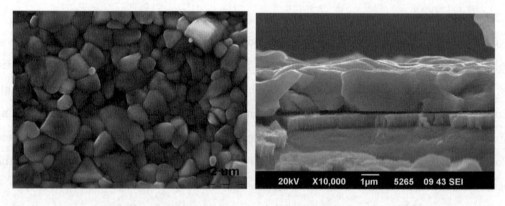

Figure 6 a) Top view SEM of a CIGS layer, b) cross sectional SEM taken from a CIGS layer grown at a temperature above 500 ℃.

第 3 章　大面積モジュールの製造技術

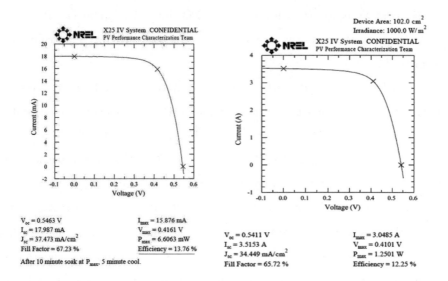

Figure 7　Illuminated I-V characteristics of a; a) 0.45 cm² area solar cell, and; b) a 102 cm² area solar cell, fabricated on flexible metal foil substrates.

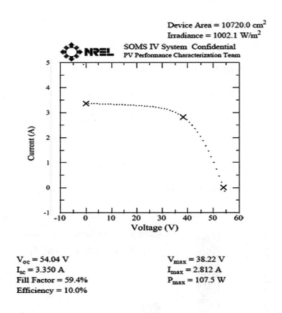

Figure 8　The illuminated I-V characteristics of a 1.07 m² area module with 10% conversion efficiency.

CIGS device structure is known to be sensitive to moisture at elevated temperatures. Therefore, it is essential that the module structure provides hermetic sealing to the solar cells packaged within it. In absence of moisture the CIGS devices are very stable

149

and they perform at peak efficiency for over 2000 hrs when annealed at 85 ℃ in air. With moisture present, however, the efficiency degrades rapidly, typically after 200 hours of annealing.

　Studies carried out to identify the component(s) of the solar cell most affected by the damp heat conditions included testing of each of the components individually under damp heat conditions. These components included the CIGS film itself, the substrate/CIGS/CdS structure, the TCO layer, and the TCO/grid interface. Once the cells are interconnected to form strings and eventually modules, the front and back contacts made to the finger pattern busbars and the stainless steel substrates of the individual cells also become important factors in assessing moisture stability. Figure 9 shows the results of a study carried out on the back contact quality and reliability of unpackaged cell strings formed using four different conductive adhesives. After measuring the initial contact resistance, the samples were subjected to damp heat conditions (85 ℃/85% RH) in an environmental chamber for a period of 504 hours without any protection. Variation in the contact resistance values was measured at the end of the test period and plotted in Figure 9. As can be seen from this data, the back contact resistance value for "material 1" increased by 150% while the contact resistance for "material 4" hardly changed at all. These results demonstrate the importance of carrying out highly accelerated damp heat tests on each component of the CIGS solar cell structure and the interconnects of the cell strings to evaluate their sensitivities to damp heat so that the stability of these components may be optimized yielding a more robust and moisture resistant solar cell as well as moisture resistant module structures.

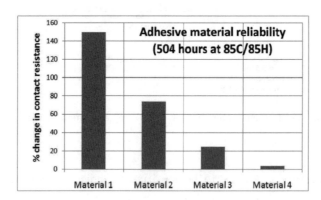

Figure 9　Moisture sensitivity of solar cell back contacts formed using four different adhesive materials.

第 3 章　大面積モジュールの製造技術

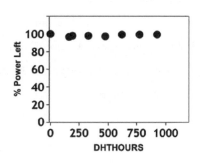

Figure 10　A flexible module structure (on the left) and the stability of a device in the flexible package as evaluated through a 1000 hour long damp heat test carried out at 85 ℃/85% RH.

The solar cells fabricated using the electrodeposition technique of this manuscript are flexible devices. Therefore, it is feasible to manufacture flexible module structures using such flexible solar cells. However, because of the moisture sensitivity pointed out above, a flexible CIGS package needs a transparent flexible front sheet and a reliable edge seal with low water vapor permeability. Several groups have been working on the development of a flexible front sheet comprising transparent inorganic moisture barrier films that can be used for flexible CIGS cell packaging. Figure 10 shows a flexible CIGS module employing such a front sheet and the results of a 1000 hrs stability test carried out in an environmental chamber at 85 ℃/85% RH. As can be seen from this data, performance for this period of time is excellent and therefore the technical feasibility of such a front sheet and edge seal is rather good.

5.4　Conclusions

An electrodeposition based technology was developed and demonstrated for the fabrication of CIGS solar cells on flexible metal foil substrates. Ability of this technique to control the composition of the deposited layers was demonstrated. The technology was successfully transferred to a roll-to-roll manufacturing line and large area solar cells with over 12% conversion efficiency were demonstrated. Processes and materials were developed to string the solar cells and fabricate rigid and flexible modules. Studies were carried out to assess the long term reliability of the module structures using standard testing procedures in environmental chambers.

5.5 Acknowledgements

This is a review article summarizing mostly the research results published on SoloPower technology. Author thanks the SoloPower team who carried out the reported work during the last five years. Names of the SoloPower technical team members may be found in references[16, 17].

文　　献

1) I. Repins, M. Contreras, B. Egaas, C. DeHart, J. Scharf, C. Perkins, B. To and R. Noufi, "19.9% efficient ZnO/CdS/CIGS solar cell with 81.2% fill factor", *Progress in Photovoltaics: Research and Applications*, **16**, 2008, p.235
2) B. Basol, "Electrodeposited CdTe and HgCdTe solar cells", *Solar Cells*, **23**, 1988, p.69
3) B. Basol, E. Tseng and R. Rod, "Thin film heterojunction photovoltaic cells and methods of making the same", *US Patent No. 4,388,483* (1983)
4) R. Bhattacharya, "Solution grown and electrodeposited CIS thin films", *J. Electrochem. Soc.*, **130**, 1983, p.2040
5) R. Bhattacharya, W. Batchelor, J. Granata, F. Hasoon, H. Wiesner, K. Ramanathan, J. Keane and R. Noufi, "CIGS based photovoltaic cells from electrodeposited and chemical bath deposited precursors", *Solar Energy Materials and Solar Cells*, **55**, 1998, p.83
6) D. Guimard *et al.*, "Efficient CIGS based solar cells prepared by electrodeposition", *MRS Sym. Proc.*, vol.763, 2003, p.B 6.9.1
7) S. Taunier *et al.*, "CIGSS solar cells and modules by electrodeposition", *Thin Solid Films*, **480-481**, 2005, p.526
8) V. Kapur, B. Basol and E. Tseng, "Low cost methods for the production of semiconductor films for CIS/CdS solar cells", *Solar Cells*, **21**, 1987, p.65
9) H. Fritz and P. Chatziagorastou, "A new electrochemical method for selenization of stacked CuIn layers and preparation of CIS by thermal annealing", *Thin Solid Films*, **247**, 1994, p.129
10) J. Zank, M. Mehlin and H. Fritz, "Electrochemical co-deposition of indium and gallium for chalcopyrite solar cells", *Thin Solid Films*, **286**, 1996, p.259
11) R. Friedfeld, R. Raffaelle and J. Mantovani, "Electrodeposition of CIGS thin films", *Solar Energy Materials and Solar Cells*, **31**, 1999, p.163
12) M. Ganchev, J. Kois, M. Kaelin, S. Bereznev, E. Tzvetkova, O. Volobujeva, N. Stratieva and A. Tiwari, "Preparation of CIGS layers by selenization of electrodeposited Cu-In-Ga precursors", *Thin Solid Films*, **511-512**, 2006, p.325
13) A. Fernandez, M. Calixto, P. Sebastian, S. Gamboa, A. Hermann and R. Noufi,

"Electrodeposited and selenized CIS thin films for photovoltaic applications", *Solar Energy Materials and Solar Cells*, **52**, 1998, p.423

14) S. Aksu, J. Wang and B. Basol, "Electrodeposition of In-Se and Ga-Se thin films for preparation of CIGS solar cells", *Electrochemical and Solid-State Lett.*, **12**, 2009, p.D 33

15) S. Aksu, J. Wang and B. Basol, "Efficient gallium thin film electroplating methods and chemistries", *U.S. Patent No., 7,507,321* (2009)

16) B. Basol, M. Pinarbasi, S. Aksu, J. Wang, Y. Matus, T. Johnson, Y. Han, M. Narasimhan and B. Metin, "Electroplating based CIGS technology for roll-to-roll manufacturing", *Proc. 23rd European PVSEC*, 2008, p.2137

17) B. Basol, M. Pinarbasi, S. Aksu, J. Freitag, P. Gonzalez, T. Johnson, Y. Matus, B. Metin, M. Narasimhan, D. Nayak, G. Norsworthy, D. Soltz, J. Wang, T. Wang and H. Zolla, *Proc. 34th IEEE PVSC*, 2009, p.2310

18) B. Basol, "Reel-to-reel reaction of precursor film to form solar cell absorber", *U.S. Patent Application No. 2008/0095938* (2008)

6 Manufacturing 'Ink Based' CIGS Solar Cells/Modules

Vijay Kapur*

6.1 Introduction

Among thin film PV technologies, CIGS solar cells are well recognized for their potential for achieving the highest conversion efficiency as well as a very low cost for manufacturing PV modules. The CIGS solar cell device structure, along with the electronic and semiconductor properties of CIGS absorber material, is covered in other chapters of this volume and has been discussed in detail in several handbooks[1] that have been in print since 2003.

CIGS is quite a complex material and the technical literature[2] enumerates a variety of techniques for synthesizing the bulk material and depositing thin layers of CIGS for solar cell fabrication. Because of the low cost and high efficiency potential, a number of companies have entered the field for manufacturing low cost CIGS modules. Many diverse manufacturing processes, at various stages of technology development, are being pursued to introduce CIGS PV modules in the market. The most commonly used techniques are co-evaporation, in which elements i.e. Cu, In Ga, & Se are co-evaporated in a vacuum system onto a heated substrate, and a two-stage process in which metallic precursors are deposited either by sputtering or electroplating followed by selenization or sulfurization to obtain the desired chalcopyrite absorber layer.

The conversion efficiency of CIGS solar cells depend on the electronic properties of the absorber layer and therefore are quite sensitive to variations in composition. As such, a suitable manufacturing process must repeatedly deposit CIGS layers of desired composition and properties at a very low cost. International Solar Electric Technology (ISET) has developed a unique method for depositing CIGS absorber layers of desired properties through an 'Ink Based' process employing a variety of printing processes. In this chapter, we will discuss the promises and challenges of the 'Ink Based' processing of CIGS solar cells as practiced by ISET.

6.2 Criteria for Process Selection

The major challenge for large scale adaptation of photovoltaics is to reduce the cost

---

* Vijay Kapur Ph. D, MBA President/CEO ISET

第3章　大面積モジュールの製造技術

of manufacturing PV modules. To achieve grid parity, projections show that the cost of manufacturing PV modules must be reduced to $0.50-$0.60 per watt range, well below the industry-wide accepted target of $1.00/Watt. A careful analysis of the cost structure of any thin film module shows that the major cost contributing components are as follows: (i) Materials, (ii) Capital Depreciation, (iii) Labor and Labor O/H, and (iv)Manufacturing Overhead. Depending upon the process used, the capital depreciation and the labor cost can switch contribution ranking. Processes that rely on vacuum and physical vapor deposition techniques, such as co-evaporation and sputtering, have higher cost contributions from capital depreciation than non-vacuum processes such as printing and electroplating. Nonetheless, the highest cost contribution remains from materials. Thus, to achieve a low cost of manufacturing, it is imperative that a process of choice should exhibit high materials' utilization and preferably require low capital expense. ISET's patented[3] 'Ink Based' process has both of these attributes.

6.3 ISET's "Ink Based" Process
6.3.1 Cell Fabrication Process

Figure 1 shows a schematic a CIGS solar cell. The entire cell fabrication process consists of sequential depositions for stacked thin-film layers of less than 4μm total thickness. CIGS solar cells of this structure are fabricated using ISET's 'Ink Based' process, which is described schematically in Figure 2.

An initially bare glass substrate is metalized by sputter deposition of a Molybdenum layer typically 0.5μm thick. An aqueous precursor metal-oxide suspension (ink) formulated from nanoparticles of Cu, In, and Ga oxides, is coated onto the metalized substrate using a variety of printing techniques. The thickness as-deposited of wet ink coating is

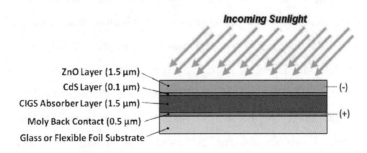

Figure 1　Schematic of a CIGS solar cell

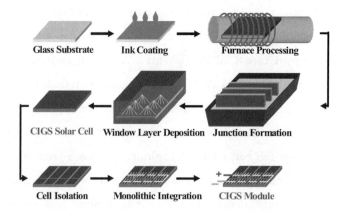

Figure 2 ISET's ink-based process for manufacturing CIGS solar cells and modules.

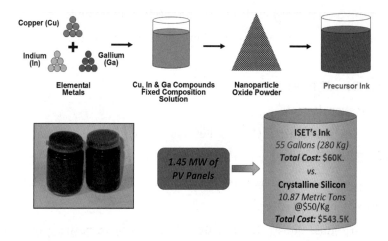

Figure 3 Preparation of CIGS Precursor Ink

between 10-15 μm. When dried, the precursor oxide layer is reduced under a hydrogen gas ambient in a temperature range of 450-500℃ to obtain a Cu-In-Ga alloy layer. The alloy layer is then annealed under H_2Se ambient in a temperature range of 450-550℃ to form the desired CIGS absorber layer with thickness in the 1.2-1.5 μm range. Solar cell formation is completed by chemical bath deposition (CBD) of a CdS window layer in the 0.07-0.1 μm range followed by Low Pressure Organo-Metallic Chemical Vapor Deposition (OMCVD) of a ZnO layer in the 1.2 -1.5 μm range to complete the cell structure. Detailed description of this process can be found in previously published work[4]. In developing it's 'Ink Based' process, ISET has focused on techniques that deliver absorber layers of uniform composition while demonstrating high process yield and high materials utilization.

It is interesting to note that the reduction and the selenization steps are symmetrical as shown in Figure 4. During reduction, H_2 gas removes oxygen from the oxide precursor film and expels it as H_2O vapors, converting the oxide film into a Cu-In-Ga alloy film. During selenization, hydrogen selenide (H_2Se) gas converts the alloy film into a CIGS film by adding selenium and releasing H_2 gas. Understanding the kinetics of these reactions is important for designing the reactors for reduction and selenization steps.

6.3.2 Precursor ink preparation

The process of making an ink from mixed oxides is shown in Figure 3. Nanoparticles of mixed oxides are synthesized using chemical means. Chips of elemental Cu, In and Ga are precisely weighed to obtain the desired Cu/(In+Ga) ratio and then are dissolved by acid digestion to obtain a homogeneously mixed aqueous solution of compounds of Cu, In and Ga. Gelatinous mixed hydroxides are co-precipitated by adding sodium hydroxide (NaOH) solution. After washing, the hydroxide precipitate is dried to obtain a fine powder of mixed oxides. This resultant powder is characterized for the particle size, area and surface charge using standard techniques. Using this information, a suitable dispersant is selected to formulate precursor inks and the mixed oxides are dispersed in water by commonly used milling technique. More details about ink preparation can be found in previously published work[4]. The ink thus prepared is characterized for its rheology and the necessary formulation adjustments are made to obtain the desired viscosity of the ink. A variety of coating techniques including wire bar coating, screen printing, Ink jet printing, reverse roll coat printing, slot die coating and spray coating can be used to deposit the oxide precursor film.

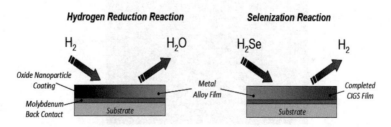

Figure 4 Symmetry in Reduction and Selenization Reaction Steps

6.4 Results and Discussions

Using this process, ISET has fabricated CIGS solar cells on a variety of rigid (glass) and flexible (metallic and polymeric foils) substrates[5,6]. Table 1 shows the best results obtained for each substrate type. ISET has typically concentrated on fabricating CIGS solar cells on glass and Mo foil, although successful applications of ISET's process to other materials have demonstrated the ease with which CIGS solar cells can be fabricated on a variety of substrates. Additional information about champion solar cell performance has been published previously[7].

Figure 5 shows an SEM micrograph of a cross-section of CIGS solar cell fabricated on a glass substrate. Although the CIGS film exhibits large grains, it also includes some voids (marked as A in the figure) that are commonly observed among films prepared via selenization of metal precursors. A fissure (marked as B in the figure) observed at the CIGS and Mo interface is an artifact caused by cleaving the device structure to expose its side view. The surface of the CIGS films grown by this method is usually quite rough, however, CBD deposition of CdS buffer layer and OMCVD grown ZnO deposit

Table 1 Champion Efficiencies

Substrates	Best Efficiency (AM1.5)
Soda lime Glass	14.3%
Flexible Glass	11.9 %
Molybdenum Foil	13.0 %
Titanium Foil	11.7%
Upilex Foil	10.4 %
Stainless steel foil	9.6%

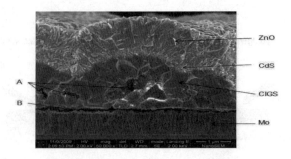

Figure 5 SEM micrograph of a CIGS solar cell fabricated by ISET's process

conformally on the surface of the CIGS absorber layer. Despite voids and rough surface morphology of the CIGS layer, ISET's process has yielded high efficiency solar cells.

Figure 6 shows light and dark I-V curves for the champion solar cell with conversion efficiency 14.3% fabricated on a glass substrate. Figure 7 shows the external quantum efficiency (Q-E) of this device. From the Q-E plot it is quite clear that the estimated bandgap of the absorber is about 1.0 eV, indicating a minimal bandgap opening of the absorber material near the junction of the device. A majority of Ga content in the absorber material is accumulated at the back of the absorber layer near the CIGS/Mo interface. This effect is later confirmed with the Auger depth profile.

Though these results are impressive for thin film CIGS solar cells, the conversion efficiencies observed are much lower than the best result 20.0% obtained for CIGS solar cells fabricated at NREL labs using a three stage evaporation method for deposition of the absorber layer. It is well established that among CIGS absorber layers deposited by

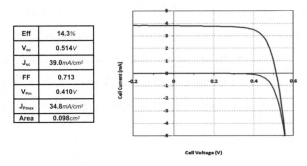

Figure 6 Light and dark I-V curves of the champion solar cell

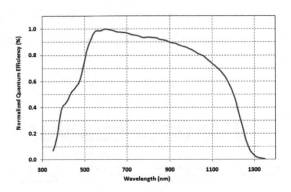

Figure 7 Q-E response of the Champion cell

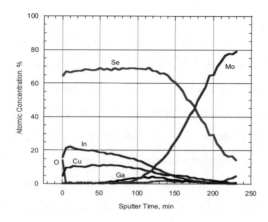

Figure 8 Auger depth profile of the CIGS absorber layer prepared by ISET's process

the two-stage processing method with selenization, the added Ga in the absorber layer tends to accumulate near the Mo/CIGS (Green colored plot) interface in the back and the opening of bandgap intended to be achieved by the addition of Ga in the absorber layer is not realized. Figure 8 shows the depth profile of an absorber layer prepared by ISET ink process and it clearly indicates the Ga accumulation near the back.

ISET is working to increase the efficiency of selenized CIGS solar cells by using a proprietary surface modification technique that redistributes the Ga in the absorber layer. We expect to achieve >16% efficiency in the CIGS solar cells fabricated by ISET's process in the near future.

6.5 Module Fabrication

Figure 9 gives a schematic of a monolithically integrated module. This module fabrication is performed using both laser and mechanical scribes. Molybdenum back contact isolation (P_1) is carried out by laser scribing. Conductive via (P_2) formation for connection

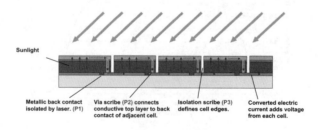

Figure 9 Monolithic interconnection of CIGS cells

第3章 大面積モジュールの製造技術

Figure 10 A Monolithically Integrated CIGS Module (1Ft^2)

of ZnO to the Mo back contact as well as cell definition scribing (P$_3$) are executing by mechanical scribe. Complete encapsulation of the modules is carried out by laminating the glass substrate to clear, low iron tempered glass or to clear polymer film such as 'Tefzel' using an interlayer of ethylene vinyl acetate (EVA). Figure 10 shows a 1ft^2 glass/glass module with monolithically integration carried out in ISET's pilot line.

6.6 Materials' Utilization

ISET's proprietary ink preparation method is schematically shown in figure 3. ISET has established ink quantity requirements for fabricating efficient CIGS solar cells from the results of many years of experiments in our labs. A cost comparison of PV modules from ISET's process with crystalline silicon modules of an equivalent power output is included in the figure. A 55 gallon container of CIGS precursor ink, formulated at a cost of $60K, can be used to manufacture about 1.45 MW of 10% efficient solar modules. Equivalent output from of wafer based silicon modules will require about 10.87 metric tons of poly silicon feedstock priced at $50/Kg costing nearly $543.5, approximately an order of magnitude higher than the cost of CIGS precursor ink. ISET's process clearly demonstrates an inherent cost advantage in materials.

Although the precursor ink coating process has a very high materials' utilization, ISET is improving the other process steps to similarly enhance materials' utilization. Table 2 shows the current and target materials' utilization in various process steps.

In ISET's pilot production, Mo back contact is currently deposited employing planar magnetron sputtering cathodes with relatively poor utilization of the Mo target.

Table 2 Materials' Utilization Estimates

Process Step	Technique Used	Present %	Target %
Mo Back contact	Planar Sputtering	30	85
Precursor Ink Coating	Printing	>90	>95
Selenization	Atmospheric Furnace	>50	90
Junction Formation	CBD CdS	50	90
Window Layer	OMCVD ZnO	55	70

Planned expansion to larger scale production will employ rotary magnetron cathodes with >80% utilization of the Mo target.

During the selenization process, unused H_2Se gas is currently discharged through a scrubber yielding relatively low utilization of H_2Se gas. ISET has developed plans for recycling unused H_2Se gas in larger volumes, which will substantially improve the gas utilization from 50% to 90%.

Chemical bath deposition of the CdS layer during junction formation currently loses a substantial amount of precipitated CdS and therefore has a low material utilization of about 50%. For the large scale operation we have developed plans for recycling CdS and expect to improve the materials' utilization from 50% to 90%.

In the window layer (ZnO) deposition step, the current process and the design of the OMCVD system yield about 55% utilization of Di-Ethyl Zinc (DEZ). We have improved the design of the deposition system and process parameters, which on implementation will improve the DEZ utilization from 55% to 70%.

Thus the inherent attributes of the 'Ink Based' process and improvements in other steps are likely to improve the overall materials' utilization in an impressive way.

6.6.1 Indium Usage and its Availability

Typical thicknesses of CIGS absorber films in ISET's process range between 1.2-$1.5 \mu m$, while the volume of the ink used is about 1.67 ml/ft². Based on these observations, calculations show that manufacturing of a 10% CIGS module by this process uses < \$0.03/watt of Indium priced at \$1000/Kg. Geological data shows that there is more indium in Earth's crust than silver. However it is highly dispersed and therefore requires extra efforts to recover. Based on our laboratory results, we estimate that ISET's 'Ink

第3章　大面積モジュールの製造技術

Based' process will require between 25-30 metric tons on indium to produce a Gigawatt of CIGS PV modules. This level of indium will always be available.

6.7 Advantages of ISET's Process

The following features of the ISET process contribute to maintaining an intrinsically low cost for manufacturing CIGS modules:

Versatility-This process can be used to fabricate CIGS solar cells both on flexible and rigid substrates with minimal changes to the equipment or the process.

High Uniformity, High Process Yield-The Cu:In:Ga ratio is maintained almost molecularly by fixing the composition of oxide nanoparticles in the precursor ink. CIGS films demonstrate a uniform composition which results in high product quality and high process yields.

High Materials Utilization-Printing is an 'Additive' process and the materials' utilization of the precursor ink and therefore of rare elements indium and gallium is very high (>95%).

Low Capital Cost-Most of the equipment used in this process is low cost, simple and can be acquired without introducing very many customized features. Sputtering system for Mo deposition is the most costly vacuum equipment.

Scalability-ISET's process can be scaled up from lab to manufacturing level quickly and inexpensively.

The combined effect of these inherent advantages of ISET's process is substantially lowered cost of manufacturing CIGS modules[8].

6.8 Manufacturing Cost Estimate

Table 3 gives the breakdown of the projected cost of \$0.65/watt for manufacturing 10% efficient glass/glass modules of area 1.0 M^2 in production plant of capacity 50MW/Yr with a process yield of 85%. The major cost component is the materials' cost (\$42.5/M^2), in which the active materials cost is only \$15.00. This low cost of active materials results from the high materials' utilization in ISET's process. The balance of the materials that are top (tempered) and bottom glass, encapsulation and sealing materials, framing materials, and a junction box, which are common to all other processes employed for manufacturing CIGS modules. Compared to other manufacturing processes,

Table 3 Estimated Cost of Manufacturing CIGS Modules in a 50MW/Yr Facility

Direct Materials Costs (10% module efficiency At 85% Yield)	Cost ($/m^2)
Active Device Materials	$15.00
Lamination and Sealant Materials	$20.00
Frames, Junction Box	$7.50
Total Materials Cost:	**$42.50**
Direct Labor with Fringes	$5.00
Capital Equipment Depreciation (St. Line 5 yrs.)	$10.00
Factory Overhead & Management	$7.50
Total Estimated Cost for Output 100 Watts/m^2:	**$65.00**

ISET's process has low Capital cost of about $1.0/watt, which includes a high level of automation to maintain a low labor cost.

It is quite certain that with experience and maturity, the efficiency of CIGS modules manufactured by ISET's 'Ink Based' process will improve from 10% to the 15% range in the near future without adding heavily to the materials and capital costs. We believe that with these projected improvements, the ultimate cost of production will drop to below $0.50/watt in the near future, making high efficiency CIGS modules a commodity and very competitive with crystalline silicon modules.

6.9 Acknowledgements

The author would like to acknowledge the contributions to the subject matter of this chapter by ISET's R & D and manufacturing staff, in particular the contributions made by Dr. Ashish Bansal, Dr. Joel Haber, and Mr. Dale Tarrant, as well as Mr. Vincent Kapur's assistance in preparing this manuscript.

References

1) (a) Handbook of Photovoltaic Science and Engineering, edited by Antonio Luque and Steve Hegedus. John Wiley & Sons Ltd., Publishers, 2003. (b) Practical handbook of Photovoltaics: Fundamentals and Applications, edited by Tom Markvart and Luis Castaner. Elsevier Science Inc., Publishers, 2003.

第3章　大面積モジュールの製造技術

2) Marianna Kemmel, Mikko Ritala and Markku Leskela, *'Thin film Deposition Methods for CuInSe₂ solar Cell'*, Crtical Reviews in Solid State and Materials Sciences, **30**:1-31, 2005
3) V.K. Kapur, B.M. Basol, C.R. Leidholm, R.A. Roe "*Oxide-based method of making compound semiconductor films and making related electronic devices.*" US Patent Number: **6,127,202**; 2000.
4) V. K. Kapur, M. Fisher, and R. Roe, "*Nano particle Oxides Precursor Inks for Thin Film Copper Indium Gallium Selenide (CIGS) Solar Cells*", Mat. Res. Soc. Proc. Vol.668, (2001) ppH 2.6.1 - H 2.6.7, Materials Research Society, Warrendale, PA 15086.
5) V. K. Kapur, M. Fisher, and R. Roe, "*Fabrication of Light Weight Flexible CIGS Solar Cells for Space Power Applications*", Mat. Res. Soc. Proc. Vol.668, (2001) ppH3.5.1-H3.5.6, Materials Research Society, Warrendale, PA 15086.
6) V. K. Kapur, A. Bansal, P. Le, O. Asensio and N. Shigeoka, "*Non Vacuum Processing of CIGS Solar Cells on Flexible Polymer Substrates*" Proceedings of the Third World Conference on Photovoltaic Energy Conversion, Osaka, Japan 2P-D3-43 (2003).
7) V. K. Kapur, A. Bansal, P. Le, and O. Asensio, "*Non-Vacuum Processing of CuIn$_{1-x}$Ga$_x$Se$_2$ Solar Cells on Rigid and Flexible Substrates using Nano particle Inks*", Thin Solid Films, Vol. 431-432 (2003) pp.53-57 Proceedings of Symposium B, European Materials Research Society, Strasbourg, France.
8) V. K. Kapur, R. Kemmerle, A. Bansal, J. Haber, J. Schmitzberger, P. Le, D. Guevarra, V. Kapur, and T. Stempien, "*Manufacturing of 'Ink Based' CIGS Solar Cells/Modules*", **33** IEEE Photovoltaic Specialists Conference (2008).

第4章　要素技術

1　スパッタ法による透明導電膜の製造技術

内海健太郎[*]

1.1　はじめに

太陽電池では，ZAO（Al添加酸化亜鉛），ITO（Sn添加酸化インジウム）といった透明導電性薄膜が使用されている。このような膜の形成法としては，スパッタ法，CVD法などがあげられる。スパッタ法で形成する場合，酸化物粉末を焼結したセラミクスターゲットが使用される。金属ターゲット（例えばZn-Al合金）を使用することも可能であるが，良質な膜が得られるスパッタ条件の範囲が狭いという理由から主流とはなっていない。

ここでは，CIS系太陽電池で使用されるZAO膜とITO膜の膜特性および近年開発された円筒型ターゲットの特性についてまとめる。

1.2　ZAO

ZAO膜は低抵抗の膜が得やすく，原料となるAlおよびZnが安価で資源に富むなどの理由からCIS系太陽電池の透明電極として使用されている。

ZAO膜の電気光学特性は，Alの添加量により異なる。各組成における膜厚＝$1\mu m$時のシート抵抗と透過率を図1に示す。酸化Al添加量の増加により，シート抵抗は低下するが，キャリア密度増加するため近赤外領域における透過率が減少する。また，酸化Alの添加量や膜厚により耐湿抵抗安定性が異なるため，モジュールの構造や特性に合わせた最適な組成の選択が重要となる。

1.3　ITO

ITOの主原料であるInは希少金属のため高価となっている。しかし，低温成膜でも容易に低い抵抗が得られ，また耐湿抵抗安定性が高いことから基板にフィルムを使用するタイプの太陽電池を中心に使用されている。

ITO膜の電気光学特性は，Snの添加量により異なる。室温成膜した後，熱処理により結晶化させたITO薄膜のシート抵抗と透過率を図2に示す。膜厚は150 nmとした。酸化Sn添加量の

---

[*]　Kentaro Utsumi　東ソー㈱　東京研究所　主席研究員

第4章　要素技術

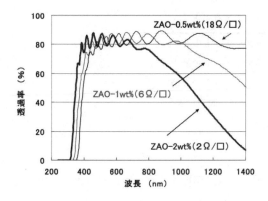

図1　ZAO薄膜のシート抵抗および透過率と酸化Al量の関係

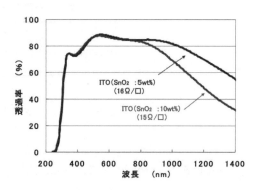

図2　ITO薄膜のシート抵抗および透過率と酸化Sn量の関係

増加により，シート抵抗は減少するが，キャリア密度が増加するため近赤外領域における透過率が減少する。ITOを使用する際においても，モジュールの特性に合わせた最適な組成の選択が重要である。

1.4　円筒ターゲット

1.4.1　円筒ターゲットとは

円筒ターゲットは，図3-(a) に示すように回転しながらスパッタすることが可能な円筒形状のターゲットであり，ローテータブルカソードを備えたスパッタ装置で使用される。ターゲット全面がエロージョン領域となるため，従来の平板ターゲット図3-(b) と比べて2.5倍以上の高い利

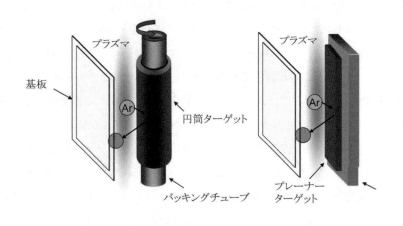

図3　スパッタ概念図

表1 円筒ターゲットのメリット

利用効率	プレーナーターゲットの2.5倍
成膜速度	プレーナーターゲットの最大3倍
ターゲット容量	プレーナーターゲットの3倍
	(厚さ,幅／直径が同等な場合)
安定性	異常放電少

用効率を得ることが可能である。また，円筒ターゲットは，平板ターゲットと厚みおよび幅（円筒ターゲットでは直径）が同じであれば，ターゲットの体積が約3倍となるため，ターゲット寿命が大幅に増加する。

さらに，熱容量も増加するためターゲットを効率的に冷却できる。そのため，円筒ターゲットは通常のプレーナーターゲットではインジウム半田層が溶融してしまう程の高パワーを投入することが可能とされており，成膜プロセスのスループットの増加が期待できる。円筒ターゲットの特徴を表1にまとめる。

1.4.2 円筒ターゲットの製造方法

円筒ターゲットは，円筒形状のバッキングチューブ上に形成される（図3-(a)）。バッキングチューブはターゲットを支持し，チューブ内部に流れる冷却水によりターゲットを冷却する役割を持つ。ターゲット材として加工の容易な金属材料は，所望の形状に加工した後，バッキングチューブに接合しターゲット化できる。しかし，ZAO，ITOなどのセラミックス材料では，円筒形状への加工やバッキングチューブへの接合が困難であったため，溶射法によりバッキングチューブ上に直接形成されるのが一般的であった。溶射法は，加熱により溶融または軟化させた粒子状の材料を基材（ここではバッキングチューブ）表面に衝突させて凝固・堆積させる方法のため，気泡がターゲット内に残存しやすく，肉厚で高密度のターゲットを製造することは難しいとされている。

一方，平板のターゲットは常圧焼結法で製造されている。本法により製造されたターゲットは，99％以上の焼結密度を有する。ITOターゲットの場合，ターゲットの密度は放電や膜特性に大きな影響を与えることが知られており，そのため高密度のターゲットが望まれている。図4に，プレーナーターゲットの場合のITOターゲット密度に対するパーティクル発生量および膜の抵抗率の関係を示す。ITOターゲットは密度が高いほどパーティクルが少なく膜の抵抗率も低い。また，ターゲット密度は，スパッタ時間の経過に伴いITOターゲット表面に発生する黒色の突起（ノジュール）の発生とも相関があることが知られている[1~4]。そのため，ターゲット製造メーカーはターゲットの密度を高めることにより放電安定性を改善してきた。現在では，99.5％以上の極めて高い密度のプレーナーターゲットが一般的に使用されようになっている。従って，円筒

第4章 要素技術

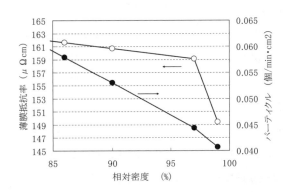

図4 ターゲット密度と薄膜抵抗率，パーティクル数の関係

図5 円筒 ITO ターゲット

表2 ITO 円筒ターゲットの特徴

内径	3"～6"
密度	>99.7 %
純度	>99.995 %
厚み	5～15 mm
Sn 分散性	プレーナーと同等

ターゲットにおいても，現在のプレーナーターゲットと同等の密度を備えていることが望ましいと考えられる。

このような考えに基づき，近年では常圧焼結法により製合された円筒ターゲットが出荷され始めている。

常圧焼結法で形成された焼結体をステンレス製などのバッキングチューブにボンディングするのも容易ではない。数々の技術改良により従来の平板ターゲットと同様のボンディング材料によりバッキングチューブと円筒形状の焼結体を接合する事にも成功している。これにより，スパッタリング中に発生するターゲットとバッキングチューブの応力をボンディング層で緩和することが可能となり，ターゲットの割れを抑制することができるようになった。図5に内径133 mm，厚さ7 mmt，長さ1000 mm の ITO 円筒ターゲットの外観写真を示す。また，表2に代表的な ITO 円筒ターゲットの特徴を示す。

現在では，長さ3m といった長尺品への対応も可能となっている。

1.4.3 成膜特性

ZAO 円筒ターゲット（3インチ φ × 350 mm）における投入電力と成膜速度の関係を図6に示す。円筒ターゲットでは，プラズマに曝され熱せられたターゲット表面は，次の瞬間にはプラズ

CIGS薄膜太陽電池の最新技術

マの裏側へ回り冷却される。このため，冷却効率が向上し高パワーの投入が可能となる。通常平板ターゲットでは，3〜5 W/cm^2 の電力密度で使用されるが，円筒ターゲットでは遙かに高い電力の投入が可能である（図6はターゲット厚さ＝7 mm の時のデータ）。

　成膜速度はターゲットに引加する電力に比例するため，平板ターゲットでは実現が困難であった高速による成膜が可能となる。

　円筒ターゲットではターゲットの両端部を除き，全面がエロージョン領域となる。平板ターゲットのようなエロージョンによるシャドウイングの効果が小さくなるため，ターゲット使用初期から使用末期まで安定した成膜速度を得ることが可能となる。図7は，DC電力＝2.4 kW にて連

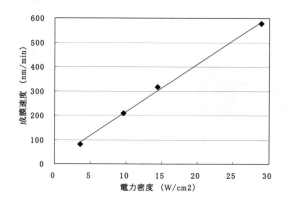

図6　投入電力密度と成膜速度の完液

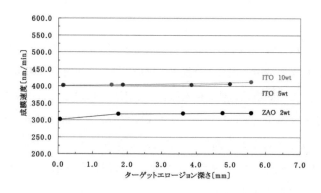

図7　成膜速度のターゲットエロージョン深さ依存性

第4章 要素技術

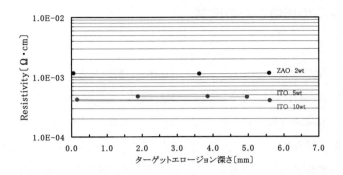

図8 薄膜抵抗率のターゲットエロージョン深さ依存性

続放電させた際の成膜速度を示している。そのため，得られる薄膜の特性（例えば抵抗率）もターゲット使用初期から末期まで安定したものとなる（図8）。

このように円筒ターゲットでは，使用初期から末期まで安定して高い成膜速度と安定した薄膜特性を得ることが可能となる。

文　　献

1） 内海健太郎, 高原俊也, 鈴木祐一, 近藤昭夫, 東ソー研究報告, **38**, 33（1994）
2） 天羽隆一, 吉澤秀二, 真空, **37**, 3, 236（1994）
3） 尾野直紀, 電子材料, 6月別冊, 45（1996）
4） 中島光一, 斉藤亭, 熊原吉一, 久保山且也, ディスプレイ, **2**, 9, 95（1996）

2 バッファ層の種類とその役割

中田時夫[*]

2.1 はじめに

CIGS太陽電池の構成要素として、バッファ(Buffer)層があるが、これを直訳する"緩衝層"となる。異種のものを直接接続するとうまく行かないが、間に適当な物質を入れると良くなる場合がある。CIGS太陽電池の場合にも同じようなことが起こる。CIGS上に直接ZnO層を堆積すると高い変換効率は得られないが、その間にCdSを入れると変換効率が改善される。これはCdSがZnO/CIGSの間に入ることによって、伝導帯不連続性による太陽電池の性能低下を抑制できるためと考えられる。また、CdSバッファ層の構成元素であるCdはCIGS表面をn形化しpn接合形成の役目も担っている。このほか、透明電極/CIGS界面のシャントの防止や、接合部へのプラズマダメージの軽減(後段ZnOプロセスがスパッタの場合)など重要な役割がある。

バッファ層の種類や製膜法は様々であるが、現状では溶液成長(CBD:Chemical Bath Deposition)法で作製したCdSバッファ層で最も高い変換効率が得られている。この理由は溶液成長法の特殊性による。バッファ層/CIGS界面はCIGS太陽電池の性能に直接関係するため、その物性の理解はきわめて重要である。ここでは、これらの詳細を述べると共に、バッファ層の役割と必要条件を紹介する。

2.2 バッファ層の種類と変換効率

図1に各種バッファ層を用いたCIGS太陽電池の変換効率の年次推移を示す。この図に示すよ

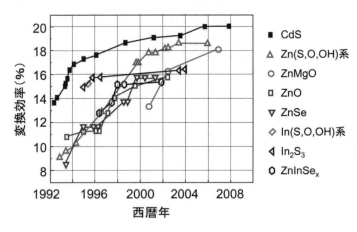

図1 各種バッファ層とCIGS太陽電池の変換効率の関係[27]

---

* Tokio Nakada　青山学院大学　理工学部　電気電子工学科　教授

第4章　要素技術

うに，現在，高効率太陽電池にはバッファ層として 50-100 nm 程度の薄い CBD-CdS 層を用いている。しかしながら，CdS は禁制帯幅が 2.4 eV であるため，短波長光領域で吸収損を生じる。さらに，本格的な商業化を進める上で，環境負荷低減の観点からも Cd フリー化が望まれる。とくに，欧州の各国企業では今の所 CdS バッファ層を使用しているが，有害物質使用規制に関する RoHS 指令の関係で CdS 代替バッファ層の研究開発が活発化している。

Cd フリーバッファ層材料としては，これまでに，$ZnSe$[1]，$ZnMgO$[2]，$Zn(O,S)$[3]，$Zn(Se,OH)$[4]，$ZnIn_2Se_4$[5]，$In(OH,S)$[6]，In_2S_3[7]，SnO_2[8]，$Sn(O,S)$[8] など多くの報告があるが，これらの中で比較的高い変換効率の得られているバッファ層は Zn 化合物系と In 化合物系である。とくに，$ZnS(O,OH)$[9~11] および $Zn(O,S)$[3] バッファ層を用いた CIGS 太陽電池は，CdS に匹敵する変換効率が得られている。また，大面積モジュールについても，昭和シェル石油が $Zn(O,S,OH)$ バッファ層，また，ホンダソルテック社が $In(S,O,OH)$ バッファ層を用い，高効率大面積モジュールの製造に成功している。なぜ，Cd，Zn，In を含む化合物で高効率が得られるかについては後で述べる。

2.3　バッファ層の製膜法と変換効率

バッファ層の製膜法に関しては，溶液成長法（CBD：Chemical Bath Deposition），真空蒸着法，スパッタ法，原子層堆積法（ALD：Atomic Layer Depositon），イオン層ガス反応法（ILGAR：Ion Layer Gas Reaction）法，有機金属気相成長法（MOCVD：Metal Organic Chemical Vapor Deposition）などが報告されているが，これらの中で最も高い変換効率が得られるのは CBD 法である。図2はバッファ層の各種製膜法をパラメータとした CIGS 太陽電池

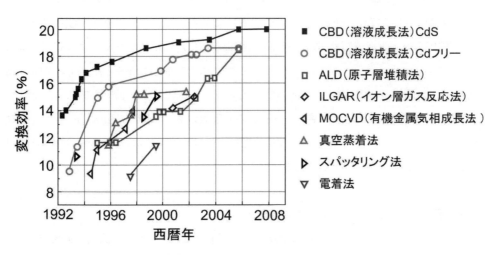

図2　バッファ層の製膜法と CIGS 太陽電池の変換効率との関係[27]

173

の変換効率の年次推移である。CIGS 太陽電池の変換効率は 1994 年頃急激に上昇しているが，この頃，CBD 法による CdS バッファ層が本格的に導入された時期である。これ以前には，真空蒸着法で CdS 薄膜を CIGS 薄膜上に堆積した n-CdS/p-CIGS ヘテロ接合であった。ヘテロ接合では接合界面に存在する欠陥を介してキャリア再結合が起こりやすくなる。これに対して，CBD 法では，後述するように，膜成長過程でヘテロ接合よりもキャリア再結合の少ない pn ホモ接合が形成されると考えられている。

2.4　溶液成長法（CBD 法）の化学反応[12]

CBD 法は水溶液中での金属塩（$CdSO_4$ など），硫化物（アチオウレア）および錯化剤（アンモニア）の化学反応に基づくイオン種反応（Ion by Ion）である。密着性や表面被覆性に優れた高抵抗膜が低温で形成でき，大面積化が可能などの利点がある。また，最も高い変換効率が得られることから，CIGS モジュール製造企業のほとんどがこの方法を採用している。

CBD 法による CdS 薄膜は，例えば $CdSO_4$(0.0015 M)-NH_4OH(1.5 M)-チオウレア(0.0075 M)水溶液中に CIGS/Mo/SLG 基板を浸し，60℃程度に昇温することで形成できる。この際，次式で示すように，チオウレア $CS(NH_2)_2$ から生ずる S^{2-} イオンと，$[Cd(NH_3)_4]^{2+}$ の分解により生ずる Cd^{2+} イオンにより CBD-CdS 薄膜が形成される。

$$Cd(NH_3)_4^{2+} + SC(NH_2)_2 + 2\,OH^- \rightarrow CdS + CH_2N_2 + 4\,NH_3 + 2\,H_2O$$

CBD-CdS は通常の物理蒸着法とは異なり，その生成過程で生ずる CdO や $Cd(OH)_2$ などを含むため純粋な CdS ではない。したがって，CBD-CdS 薄膜は本来 Cd(S, O, OH) と書くべきであるが，CdS の記述が定着していることから本書でも "CdS" とした。CBD-CdS では光吸収端 λ_c がバルク値に近い 517nm（Eg＝2.4 eV に対応）にあるため，これよりも短波長領域で光吸収が生じ，CIGS 太陽電池の短絡電流の低下を招く。Zn 化合物系バッファ層についても同様な反応が生じていると考えられ，膜中に O や OH を含むが，慣習的に ZnS と記さずに CBD-ZnS，ZnS(O, OH)，Zn(S, O, OH) などと記す。これは溶液レシピにより，生成膜の O，S，OH 含有量が異なるためである。Zn 化合物系バッファ層の光吸収端 λ_c は通常 335nm（Eg＝3.7 eV に対応）であるため，可視光領域では透明となり，光吸収損は殆どなくなる。このため，Cd フリーというだけでなく，光電流の改善に寄与する。

2.5　溶液成長（CBD）法による pn ホモ接合形成

図 3 は CBD 法による CdS バッファ層の成長過程を示したものである。成長初期段階では，アンモニア水溶液によるエッチングにより表面酸化層や過剰な Na を除去され，清浄な CIGS 表面

第4章 要素技術

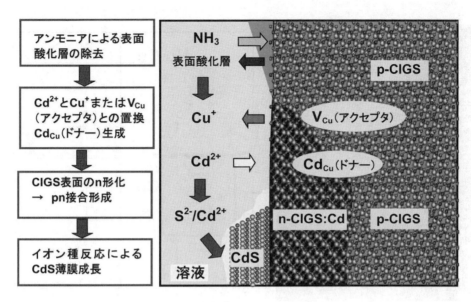

図3 CBD 法による pn 接合形成と CdS 薄膜成長プロセス[27]

となる。次の段階で，Cd^{2+} イオンが CIGS 膜表面層の Cu または Cu が抜けた空孔（V_{Cu}）と置換する。CIGS 中には多くのアクセプタ性欠陥やドナー性欠陥が存在するが，最も多いのが V_{Cu}（アクセプタ）である。このため，太陽電池に適した Cu 不足の CIGS 薄膜では通常 p 形伝導となる。この V_{Cu} が Cd と置換することによって，Cd_{Cu}（ドナー）となり[13]，CIGS 薄膜の表面層が相対的に n 形伝導になると考えられる。

　すなわち，溶液成長は単にバッファ層を堆積するのでなく，高効率が期待できる浅い pn ホモ接合形成の役割を担っている。これが，蒸着法やスパッタ法などの物理堆積（PVD：Physical Vapor Deposition）法よりも高い変換効率が得られる理由の1つである。

　一方，Cd の CIGS 薄膜中への拡散について，NREL は CdPE（Cd-Partial Electrolyte）と呼ばれる表面処理を行い，CIGS 膜表面近傍で Cd が存在することを確認し，Cu^+ と Cd^{2+} の置換とそれに伴う CIS 表面の n 形化を示唆した[14]。CdPE 処理は CdS バッファ層に用いる溶液からチオウレアを除いたもので，液温 80℃程度の $CdSO_4$ と NH_3 水溶液中に CIS 薄膜を浸ける手法である。また，松下中研[15]も同様な実験を行い，CdPE 処理後における Cd 拡散が $CuInSe_2$ よりも Cu 空孔の多い $CuIn_3Se_5$ の方が大きいことを SIMS 分析で確認した。

　一方，青学大では実際の CIGS 太陽電池と同じ条件で作製した CBD-CdS/CIGS 界面を高分解 TEM と EDX を用いて調べ，CBD プロセス中に Cd が CIGS 中へ拡散することを直接確認した[16]。図4は CBD-CdS/CIGS 界面の EDX 分析の結果である。この図から Cd が CIGS 膜中に存在していることがわかる。

CIGS薄膜太陽電池の最新技術

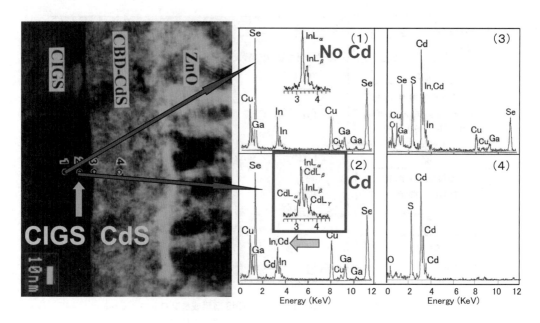

図4　CBD-CdS/CIGS 界面の EDX 分析の結果[16]

　また，CBD-ZnS についても Zn の CIGS 中への拡散が EDX 分析により確認されることから，CBD-ZnS プロセスも同様に考えることができる。但し，Zn 化合物系の場合は，Cd に比べて拡散しにくいため，製膜後に 200℃，10 分間程度の大気中アニールが必要となる。

　このような Cd 拡散による n 形化と pn 接合形成は，すでに 1976 年に Bell 研によって見出されており[17,18]，CdS/CIS 界面における Cd の高温熱拡散現象に関する研究が行われていた[19,20]。ただし，これらは溶液成長のような低温（60-80℃）でなく，高温プロセス（350-450℃）である。高温熱拡散による pn 接合形成の研究は，余り省みられることはなかったが，その後，東工大によって Zn の高温熱拡散による pn 接合形成の試みが行われた[21]。また，青学大は CBD-CdS および CBD-ZnS(O,OH) バッファ層を用いた CIGS 太陽電池を真空中で 400℃程度まで加熱し，EBIC による空乏層（発電層）の変化と，SIMS 分析による Cd の拡散量の関連から，高温では Cd や Zn が過剰に熱拡散し，n 形領域が拡大することを明らかにしている[22]。これらの結果は Cd や Zn の拡散による pn 接合形成を強く示唆するものである。

2.6　イオン種反応による CdS バッファ層の低温エピタキシャル成長[23]

　溶液成長の最終段階では，Cd^{2+} イオンと S^{2-} イオンが CIGS 膜上に交互に成長するイオン種反応（ion by ion）により CdS 薄膜が成長する。図5は CIGS 太陽電池における CdS バッファ層/CIGS 界面付近の断面 TEM 写真（左）とバッファ層部分の電子回折像および格子像である[23]。

第4章　要素技術

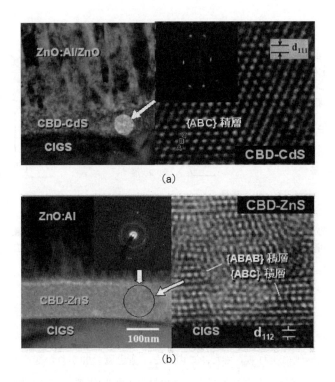

図5　CIGS 太陽電池における CdS バッファ層/CIGS 界面付近の断面 TEM 像（左）とバッファ層部分の電子回折像および格子像[23]

CBD-CdS では，立方晶 CdS{111}面が $Cu(In_{0.7}Ga_{0.3})Se_2${112}面に平行にエピタキシャル成長し，格子像から {ABCABC} 型積層をもつ欠陥の少ない立方晶系であることが確認できる。比較的低い溶液温度（60-80℃）でもエピタキシャル成長となるのは，$Cu(In_{0.7}Ga_{0.3})Se_2$ との間の格子不整合（ミスフィット）が 1.5%と非常に小さいことに加えて，アンモニアによる膜表面の清浄化とそれに続くイオン種反応など溶液成長の特殊性による。これに対して CBD-ZnS(O, OH) の場合は，積層不整など多くの格子欠陥を含む多結晶膜となる。CBD-ZnS(O, OH) は CIGS との界面付近では O/S 比がほぼ 1/1 であるので $Zn(S_{0.5}O_{0.5})$ 混晶を仮定すると $Cu(In_{0.7}Ga_{0.3})Se_2$ と間のミスフィットが－19%となり，これが多結晶膜となる1つの要因と考えられる。

2.7　バッファ層と伝導帯不連続

半導体に光を照射すると電子－正孔対が発生し，伝導帯中の電子は空乏層内の電界によって，加速されバッファ層を通り，透明電極へ向かう。このとき，バッファ層/CIGS 界面の伝導帯の底（E_c）の形が図6(a)のような場合は"スパイク（Spike）"と呼ばれ，この不連続量（ΔE_c）が大きくなると，光生成電子の障壁となる。このため，光生成電子は界面欠陥を介して価電子帯

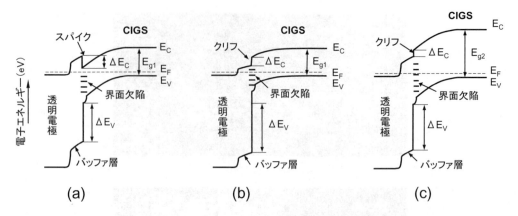

図6 CIGSの禁制帯幅 Eg を 1.15 eV に固定し，バッファ層界面との伝導帯不連続量 ΔE_c が（a）正の場合，（b）負の場合および（c）バッファ層が（a）と同じで CIGS の禁制帯幅が広い場合のエネルギーバンド図[27]

の正孔と再結合し，透明電極側に到達しなくなる。一方，バッファ層/CIGS界面が図6（b）のように落ち込む場合を"クリフ（Cliff）"と呼び，光生成電子は障壁がないため，クリフの大きさに関係なく透明電極側に流れる。また，このとき，空乏層の曲がりが緩やかになり，界面付近において正孔と透明電極側からの注入電子との再結合が増加する。その結果，クリフ（ΔE_c が負）の場合はリーク電流が増加し，開放電圧 V_{oc} が低下する[24]。根上ら[25]は CIGS の禁制帯幅 Eg を 1.1 eV に固定し，バッファ層界面の伝導帯不連続量 ΔE_c を変化したときの CIGS 太陽電池の性能をシミュレーションした。その結果，$\Delta E_c = 0 \sim +0.4$ eV で高効率が得られることを見出した。さらに実験的にも禁制帯幅を変化した $(Zn_{1-x}Mg_x)O$ バッファ層を用いて同様な結果となることを確認している[26]。

ここで，現在，最も高い変換効率が得られている禁制帯幅 Eg が 1.15 eV（Ga/(In+Ga) = 0.3）の場合を考えてみると，ZnO/Cu(In$_{0.7}$Ga$_{0.3}$)Se$_2$ 界面の ΔE_c は -0.1 eV であるため，直接両者が接触するとクリフとなり，開放電圧 V_{oc} が低下する。これを避けるため，それらの中間に適切なバッファ層を入れる必要がある。一方，CdS/Cu(In$_{0.7}$Ga$_{0.3}$)Se$_2$ 界面の ΔE_c は $+0.2 \sim 0.3$ eV 程度であるから，中間層として，CdS を挿入することによって，V_{oc} の低下を防ぐことができる。つまり，CdS バッファ層は伝導帯底の不連続性を是正し，直接 ZnO 系を CIGS 上に堆積したときに生ずる V_{oc} の低下を防ぐ役目をしていたことになる。

ただし，以上は Eg が 1.15 eV の場合であり，Eg が大きくなると，最適な ΔE_c の範囲は変わることに注意を要する。図6（c）はその様子を表したもので，（a）と同じバッファ層であっても CIGS の Eg の値が大きくなると，クリフとなるため，V_{oc} が低下する。したがって，このようなワイドギャップ CIGS の場合には，CdS 以外のバッファ層が必要となる。現在その候補とし

第 4 章　要素技術

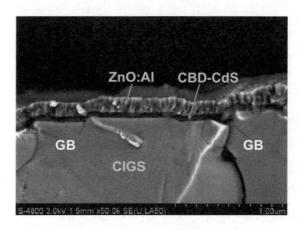

図 7　ZnO：Al/CBD-CdS/CIGS 太陽電池の断面 SEM 写真

て，$(Zn_{1-x}Mg_x)O$ や $Zn(O, S)$ などが考えられている。

CIGS 太陽電池では，図 7 の断面 SEM 写真に見られるように，結晶粒界付近で CdS バッファ層が薄くなる場所があり，シャントパスとなる可能性がある。高抵抗 ZnO 層はこのような CBD-CdS/CIGS 界面のシャントパスを防止する役割がある。また，最近の理論解析によれば，CIGS 薄膜をミクロに見た場合，開放電圧を下げる局所的な不均質性（例えば膜組成や結晶学的欠陥）があり，これを補償する効果も指摘されている。同様な効果は ZnMgO でもあり，これらは電気的な観点から高抵抗バッファ層と呼んでいる。

2.8　バッファ層の格子定数と禁制帯幅

前述したように，CdS は CIGS との格子不整合（ミスフィット）が小さいため比較的低温でもエピタキシャル成長が起こる。一方，CBD-ZnS(O, OH) は格子不整合が大きいため，エピタキシャル成長とはならずに，格子欠陥の多い多結晶膜となる。キャリア輸送と考えると，バッファ層内においても低欠陥密度が望まれる。また，pn 接合（発電層）への光入射量を多くするには，その表面にあるバッファ層が太陽電池の全感度波長域で透明であることが望ましい。

図 8 は各種バッファ層材料の格子定数と禁制帯幅の関係を示したものである。この図からわかるように，現在，高効率が得られている禁制帯幅 1.15 eV の $Cu(In_{0.7}Ga_{0.3})Se_2$ 太陽電池では，CdS や $ZnIn_2Se_4$ とのミスフィットが小さいが，ワイドギャップ系，たとえば $CuGaSe_2$ 太陽電池では ZnSe が最も有利である。一方，$Zn_{0.8}Mg_{0.2}O$ 混晶化合物は伝導帯不連続量 ΔE_c からは有利であるが，CIGS 系との格子不整合が大きくなり，結晶学的には不利となる。

2.9 バッファ層材料に要求される条件

以上述べたバッファ層の役割を考慮してバッファ層材料に要求される物性条件をまとめると以下のようになる。

(1) II族またはIII族を含む化合物であること
(2) 伝導帯不連続量 ΔE_c (CBO) が $0 \sim +0.4$ eV
(3) 高い光学的透過率, $E_g > 3$ eV
(4) CIGSとの格子不整合が小さいこと
(5) 太陽光下で長期間安定
(6) 低コストで高速製膜が可能
(7) 低環境負荷

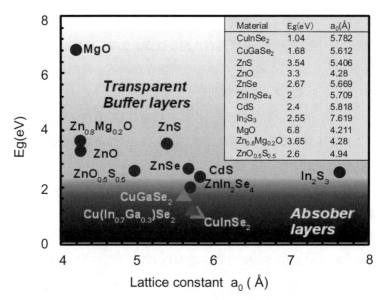

図8 各種バッファ層材料の格子定数と禁制帯幅の関係[23]

表1 主なバッファ材料と禁制帯幅 1.15 eV の $Cu(In_{0.7}Ga_{0.3})Se_2$ に対する適合性[27]

	CBD-CdS	ZnS(O,OH)	ZnMgO	In_2S_3	ZnSe
(1) CBO = 0~+0.4 eV	◎	●	◎	△	△
(2) 禁制帯幅 > 3 eV	△	◎	◎	△	◎
(3) イオン半径	◎	●	●	●	●
(4) 格子整合	◎	△	△	△	◎

CBO: 伝導帯不連続量

第4章　要素技術

　表1に代表的なバッファ層の性質をまとめた。これらの条件から考慮すると，CBD-CdS は，現在，最高変換効率が得られる禁制帯幅 1.15 eV の $Cu(In_{0.7}Ga_{0.3})Se_2$ に対する最良なバッファ層材料であるといえる。しかしながら，禁制帯幅が 2.4 eV と低いため，短波長領域で光吸収損がある。この点では Zn 化合物系はワイドギャップ材料であるため，有利であるが，格子不整合が大きい欠点がある。ただし，ワイドギャップ CIGS 系では CdS は必ずしも有利でなく，他のバッファ材料を考える必要がある。

文　　献

1) Y. Ohtake, K. Kushiya, A. Yamada and M. Konagai : Proc. 1st World Conf. Photovoltaic Energy Conversion, Hawaii, 1994, (IEEE, New York, 1994) p.218.
2) T. Minemoto, H. Takakura, Y. Hamakawa, Y. Hashimoto, S. Nishiwaki and T. Negami : Proc. 16th European Photovoltaic Solar Energy Conf., Glasgow, 2000, (James & James Ltd., London, 2000) p.686.
3) U. Zimmermann, M. Ruth and M. Edoff : Proc. 21st European Photovoltaic Solar Energy Conf., (September 2006, Dresden, Germany) 1831-1834.
4) A. Ennaoui, S. Siebentritt, M. Ch. Lux-Steiner, W. Riedl and F. Karg : *Solar Energy Materials and Solar Cells* **67**, (2001) 31.
5) A. Shimizu, S. Chaisitsak, T. Sugiyama, A. Yamada and M. Konagai : *Thin Solid Films* **361-362**, (2000) 193.
6) D. Hariskos, M. Ruckh, U. Röhle, T. Walter, H. W. Schock, J. Hedström and L. Stolt : *Solar Energy Materials and Solar Cells* **41-42**, (1996) 345.
7) N. Naghavi, S. Spiering, M. Powalla and D. Lincot : Proc.3rd World Conference on Photovoltaic Energy Conversion, Osaka, 2003, p 340
8) J. Kessler, m. Ruckh, D. Hariskos, U. Ruhle, R. Menner, H. W. Schock : Proc. 23rd IEEE photovoltaic Specialists Conf., Louisville, 1993, (IEEE, NewYork, 1993) p.447.
9) M.A. Contreras, T. Nakada, M. Hongo, A.O. Pudov, and J.R. Sites : Proc. 3rd World Conf. Photovoltaic Energy Conversion (2003, Osaka) 570-573.
10) R. N. Bhattacharya, M. A. Contreras and G. Teeter : Jpn. J. Appl. Phys., No.11 B (2004) L 1475-L 1476.
11) T. Nakada and M. Mizutani : Jpn. *J. Appl. Phys*. **41**, No.2 B (2002) L 165-167.
12) 中田：「溶液成長 CdS 薄膜の作製と $CuInSe_2$ 太陽電池への応用」応用物理 62 巻 2（1993）139-142.
13) Y. Zhao, C. Persson, S. Landy, and A. Zunger : *Appl. Phys. Lett.* **85**(24) (2004) 5860-5862.

14) K. Ramanathan, H. Wiesner, S. Asher, D. Nieles, R. N. Bhattacharya, J. Keane, M. A. Contreras, and R. Noufi : Proc. 2nd World Conf. Photovoltaic Energy Conversion, (1998) 477-481.
15) T. Wada, S. Hayashi, Y. Hashimoto, S. Nishiwaki, T. Sato, T. Negami and M. Nishitani : Proc. 2nd World Conf. Photovoltaic Energy Conversion, (1998) 403-408.
16) T. Nakada and A. Kunioka : *Appl. Phys. Lett.* **74**, No.12 (1999) 2444-2446.,
    T. Nakada : *Thin Solid Films*, **361-362** (2000) 346-352.
17) B. Tell, S. Wagner and P.M. Bridenbaugh : *Appl. Phys. Lett.* **28**, No.8 (1976) 454-455.
18) B. Tell, and P.M. Bridenbaugh : *J. Appl. Phys.* **48**, 6 (1977) 2477-2480.
19) L. L. Kazmerski : *Thin Solid Films* **57**, 1 (1979) 99-106.
20) L. L. Kazmerski, O. Jamjoum, and P.J. Ireland : *J. Vac. Sci. Tech.* **21**, 2 (1982) 486.
21) T. Sugiyama, S. Chaisitsak, A. Yamada, M. Konagai, Y. Kudriavtsev, A. Godines, A. Villegas, and R. Asomoza : *Jpn. J. Appl. Phys.* Part 1, No.8 Vol.39 (2000).
22) S. Kijima and T. Nakada : *Appl. Phys. Express* Vol.1, No.7, (2008) 075002-1〜3.
23) 中田:「Cdフリー高効率CIGS薄膜太陽電池」応用物理, Vol. 74, No.3 (2005) 333-337.
24) 峰元:本誌第1章, 1.3.
25) T. Negami, T. Minemoto, Y. Hashimoto, T. Satoh : Proc. 28th IEEE Photovoltaic Specialists Conf. (2000) 634-637.
26) T. Minemoto, Y. Hashimoto, T. Satoh, and T. Negami, H. Takakura and Y. Hamakawa : *J. Appl. Phys.* Vol.89, No.12 (2001) 8327-8330.
27) 中田:CIGS太陽電池の基礎技術, 日刊工業新聞社 (2010).

3 Zn(S, O, OH)$_x$バッファ層の作製

櫛屋勝巳[*]

3.1 Zn(S, O, OH)$_x$バッファ層開発の経緯

　CIS系薄膜太陽電池の基本デバイス構造は入射光側から，n型透明導電膜窓層／n型高抵抗バッファ層／p型CIS系光吸収層／金属裏面電極層／基板の構造が一般的である。この基本構造は，それまで蒸着法により厚膜で製膜されていたn型高抵抗バッファ層のCdS膜を，米国ARCO Sola, Inc. (ASI) 社が電着法の研究開発から発明した「溶液成長 (Chemical Bath Deposition, CBD) 法」により，膜厚30nm以下の極薄膜で製膜したことで決定された[1]。彼らはこれに，先行させていたアモルファスSi太陽電池の研究開発および製造で使用していた「有機金属化学的気相成長法 (Metal-organic Chemical Vapor Deposition, MOCVD法)」によるZnO：B (BZO) 層をn型透明導電膜窓層として適用した。高抵抗バッファ層材料は表1に示すように，現在も「溶液成長 (Chemical Bath Deposition, CBD) 法で製膜される膜厚100nm以下のCdS膜」が汎用である。CBD-CdSバッファ層の膜厚はスパッタ法によるZnO：Al (AZO) 層をn型透明導電膜窓層として適用する場合の最適化研究結果から，100nm程度の膜厚が必要とされた。MOCVD法によるBZO窓層を使用する場合，この膜厚は一桁小さいか，それ以下である。

　昭和シェル石油㈱が，現在「代表的なCdフリーバッファ層（あるいは高抵抗バッファ層とし

表1 商業化段階にあるCIS系薄膜太陽電池メーカーのデバイス構造

企業名	p型CIS系光吸収層	n型薄膜層：高抵抗バッファ層／透明導電膜窓層	基板
ソーラーフロンティア㈱*	セレン化後の硫化法(SAS法)：Cu(In, Ga)(Se, S)$_2$ 表面層／Cu(In, Ga)Se$_2$	CBD-Zn(O, S, OH)$_x$／MOCVD-BZO	ガラス
㈱ホンダソルテック	セレン化法：Cu(In, Ga)Se$_2$	CBD-In(S, OH)$_x$／スパッタ-AZO	
AVANCIS	RTP-セレン化・硫化同時法：Cu(In, Ga)(Se, S)$_2$	CBD-CdS／スパッタ-AZO	
Johanna Solar Technology	SAS法：Cu(In, Ga)(Se, S)$_2$		
Sulfurcell	硫化法：Cu(In, Ga)S$_2$		
Würth Solar	多源同時蒸着法：Cu(In, Ga)Se$_2$		
Solibro			
Global Solar Energy			ステンレス鋼箔

※　昭和シェルソーラー㈱（2010年4月1日まで）

＊　Katsumi Kushiya　昭和シェル石油㈱　ソーラー事業本部　担当副部長

て汎用の CdS に対する代替バッファ層材料)」として，世界的に認知されている「$Zn(S, O, OH)_x$」(すなわち，ZnS，ZnO，$Zn(OH)_2$ の混晶)[2] の開発を決定した最大の動機は，"CdTe 太陽電池との差別化"であった。すなわち，CIS 系薄膜太陽電池は現在でこそ「次世代（あるいは第 2 世代）薄膜太陽電池」との位置付けになったが，国内では NEDO（新エネルギー・産業技術総合開発機構）のサンシャイン計画の後期に，富士電機総合研究所と松下電器産業が米国の動向を調査研究していたが，これが初期の研究段階であった。サンシャイン計画によって国内では，薄膜太陽電池と言えば「アモルファス Si 太陽電池」の研究開発が主流であったこともあり，産学官を含めた NEDO 委託研究先メンバーの当時の認識は「そのような太陽電池もある，米国でかなり活発に開発されている新しい薄膜太陽電池である，かなり構造的に複雑な太陽電池である」という程度のものであった。しかしながら，ASI 社が先行する形で 14% を超える高効率を達成した結果，CIS 系薄膜太陽電池は「高効率が達成できる新しい薄膜太陽電池」と理解され，1993 年開始のニューサンシャイン計画において新規研究開発項目として取り上げられた。参画企業としては，昭和シェル石油が大面積化（100cm^2 サイズ基板）での変換効率 12% を，松下電器産業が小面積（1cm^2 サイズ基板）での変換効率 18% の高効率化を，それぞれの研究テーマとして研究開発が開始された。

昭和シェル石油㈱が当時既に汎用であった「CdS バッファ層」に対する代替バッファ層材料の開発を決定した最大の動機は，CdTe 太陽電池との差別化であった。同時に，表 2 に示す溶液成長法による CdS バッファ層製膜工程の欠点が商業生産時に生産性を大きく阻害し，製造コストの上昇要因になると予想し，この解決を優先させたことも理由であった。

表 2 溶液成長法による CdS バッファ層製膜工程の欠点

欠点	商業生産時に生産性を大きく阻害する要因
廃液処理コストが高いこと	・CdS バッファ層製膜工程で発生する Cd 含有廃液は，希薄溶液であるにも拘らず，そのまま廃棄物処理業者に提供することは，重量当たりの処理コスト計算になるため高額になる点。 ・固液分離を行うために，製膜完了後も加熱を継続し，水溶液中から CdS をコロイド状態で時間の許す限り析出させ，フィルターを経由して溶液を循環することが必要であり，廃液処理に長時間かかる点。
CdS バッファ層製膜装置メンテナンスの煩雑さ	・CdS バッファ層製膜装置のメンテナンス時に装置内部に付着した CdS を希塩酸等で洗浄する作業が必要になる点。 ・ここで発生する廃液は別途中和作業が必要であり，廃液処理が必要になる点。 ・この作業を労働安全衛生上の注意を払って実行する必要がある点。
不要な CdS 膜のクリーニングが必要なこと	・溶液成長法による CdS バッファ層製膜では，溶液中に基板を完全に浸漬させる（あるいは水没させる）ため，基板裏面側にも CdS が析出する。そのため，次工程へ基板を渡す前に裏面に付着した CdS 膜をエタノールで完全に拭き取る作業が必要になる点。 ・この作業を労働安全衛生上の注意を払って実行する必要がある点。 ・CdS を含んだ廃棄物が発生する点。

第4章　要素技術

　昭和シェル石油はNEDO委託のニューサンシャイン計画（1993年開始）におけるCIS系薄膜太陽電池の研究開発において，p型CIS系光吸収層をASI社から始まる「セレン化後の硫化（Sulfurization after Selenization, SAS）法」で行うことを決定した。また，サンシャイン計画でCIS系薄膜太陽電池の調査研究を行っていた富士電機総合研究所は，アモルファスSi太陽電池の技術開発に集中することになった。一方，松下電器産業はBoeing Aerospace社が開発した「多源同時蒸着法（Boeing法あるいは2段階法）」による$Cu(In, Ga)Se_2$（CIGS）光吸収層を継続開発することになった。その結果，昭和シェル石油と松下電器産業が異なるCIS系光吸収層の製造方式で変換効率向上技術を競うことになった。昭和シェル石油は，上述の「溶液成長法によるCdSバッファ層製膜工程の生産性と製造コスト面での欠点」を認識しつつ，自社のCIS系薄膜太陽電池に関して，表3に示すような優位性を主張した。ニューサンシャイン計画（1993年開始）の提案時点では，n型透明導電膜（TCO）窓層の製膜法として，大面積への適用で実績はあったがバッチ式で量産性に課題があったMOCVD法より，インライン方式で大面積への適用および量産性で実績のあったスパッタ法の方が魅力的であった。その後，昭和シェル石

表3　NEDO委託のニューサンシャイン計画（1993年開始）における昭和シェル石油のCIS系薄膜太陽電池研究開発の優位性の主張とその理由

優位性の主張	理由
CIS系薄膜太陽電池のデバイス構造のCdフリー化を選択	①公害問題として有名な「イタイイタイ病」の原因物質であり，環境負荷も大きいCdをCIS系薄膜太陽電池のデバイス構造から除去することで，アモルファスSi太陽電池と共に薄膜太陽電池第1世代のCdTe太陽電池との違いを明確にできること，②CdSバッファ層の代替材料を使用することは，「高効率化にはCdSバッファ層が必須」との"CIS系薄膜太陽電池の常識"に反する考えであったが，NEDO委託研究の数値目標（変換効率目標値）が達成できれば，CdSを使用することの欠点の解決，大幅な製造コストの削減，作業環境のグリーン化，労働安全衛生法上の優位性等の多くの利点が見込まれること。
CdS代替のCdを含まない高抵抗バッファ層材料としてZnO膜を選択	①n型透明導電膜（TCO）窓層として，スパッタ法によるZnO:Al（AZO）膜あるいはMOCVD法によるZnO:B（BZO）膜を提案したことから，n型薄膜層の窓層と高抵抗バッファ層を同一のZnO膜で統一でき，ホモ接合が形成できること，②ZnO自体が絶縁物であることから，高抵抗バッファ層として十分に機能すること，③バンドギャップはZnO（3.3eV）の方がCdS（2.4eV）より広く，短波長側の電流ロス減少に有効であること。
溶液成長法（CBD法）による製膜法を選択	①CdSバッファ層と同じ溶液成長法で製膜することで，CdSの場合と比較しながら研究を進められること，②ZnO膜は高抵抗であるため，30nm以下の薄膜での成長が必要なこと。

油は $Zn(S,O,OH)_x$ バッファ層に対しては，CdS バッファ層の場合と異なり，MOCVD 法の方がスパッタ法より，pn ヘテロ接合界面特性向上（すなわち，曲線因子（FF）の向上）に有効であることを明らかにした。

pn ヘテロ接合が正しく形成されれば，開放電圧（V_{oc}）は高くなるが，高抵抗バッファ層が厚すぎると直列抵抗成分が大きくなるので，電流-電圧曲線（I-V カーブ）の V_{oc} の位置での傾き（S_{oc}）が大きくなり，FF が大きくならない。また，高抵抗バッファ層が薄すぎるとシャント抵抗成分が小さくなるため，pn ヘテロ接合での漏れ電流が大きくなり，I-V カーブの短絡電流（I_{sc}）の位置での傾き（S_{sc}）が大きくなり，FF が大きくならない。したがって，V_{oc} と FF，S_{oc} と S_{sc} の 4 つのパラメータにより接合界面特性の良否を判定するが，通常，FF を最大にするように，高抵抗バッファ層製膜条件が決定される。

3.2　溶液成長法による ZnO 膜の製膜

溶液成長法により高抵抗バッファ層としての ZnO 膜を製膜するために，まず水酸化亜鉛 $Zn(OH)_2$ を製膜し，大気中アニールによる脱水反応で酸化亜鉛 ZnO を生成することを試みた。溶液成長法による CdS バッファ層の製膜では，Cd 源は硫酸カドミウムが一般的であるが，Zn 源として弱酸の酢酸亜鉛を採用した。すなわち，両性金属としての Zn の特性と成長槽内の水溶液が pH 10 以上の強アルカリ性で維持されるように，弱アルカリ（アンモニウムイオン）に対する弱酸（酢酸イオン）での中性塩（酢酸アンモニア）が生成するように配慮した。

CdS バッファ層と同じ製膜法であるため，図 1 に示すような成長槽内において，純水にアン

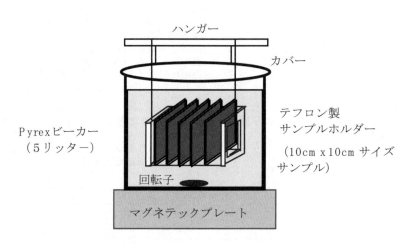

図 1　溶液成長法による ZnO バッファ層製膜装置（模式図）
（第 2 世代 CBD 装置，10cm×10cm サイズサンプル用）

モニア水を溶解することで，pH 10以上の強アルカリ性水溶液を調製した。これに酢酸亜鉛を必要量添加し加熱することで，テトラアンミン亜鉛錯体（Znのアンモニア錯塩）（$[Zn(NH_3)_4]^{2+}$）の形成を試みた。液温は65℃程度のCdS製膜法に対して，ZnOのコロイド生成反応を促進するために+10℃以上高い温度に設定した[2,3]。

所定の製膜時間経過後（すなわち，浸漬時間で膜厚を制御），純水洗浄（リンス工程）により反応を停止させ，さらに製膜後の基板の乾燥を促進し，膜中の水酸基量を減少するために，大気中でのアニーリングを実施した。すなわち，ここで起こっている化学反応として以下の反応を考えた。

$$Zn(CH_3COO)_2 + 6\,NH_4OH \rightarrow [Zn(NH_3)_4]^{2+} + 4\,H_2O + 2\,CH_3COONH_4 + 2\,OH^- \quad (1)$$

$$[Zn(NH_3)_4]^{2+} + 4\,H_2O + 2\,OH^- \rightarrow Zn(OH)_2 + 4\,NH_4OH \quad (2)$$

式(1)と(2)をまとめると

$$Zn(CH_3COO)_2 + 2\,NH_4OH \rightarrow Zn(OH)_2 + 2\,CH_3COONH_4 \quad (3)$$

となる。この水酸化亜鉛$Zn(OH)_2$がCIS系光吸収層上に製膜される。これを大気中アニールすることで，以下の脱水反応を促進し，酸化亜鉛ZnOを生成することを試みた。

$$Zn(OH)_2 \rightarrow ZnO + H_2O \quad (4)$$

$Zn(OH)_2$はpnヘテロ接合の漏れ電流を大きくし，シャント抵抗を小さくする原因となるため，高抵抗バッファ層膜中には少ない程好ましいと考え，加熱反応により，式(4)の脱水反応を促進することで，ZnOへの転換を期待した。$Zn(OH)_2$の熱力学的な安定度を考慮し，FFを尺度として，p型CIS系光吸収層とのpnヘテロ接合を破壊しない（すなわち，相互拡散によるバッファ層の低抵抗化が起こらない）最高温度を決定した。これは図2に示すように，200℃であった[2]。

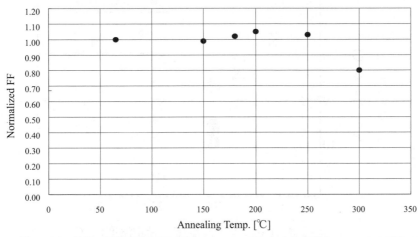

図2　同一条件で製膜した$Zn(O, OH)_x$バッファ層に対する大気中アニールの効果
（FFの関数として，アニール時間15分で一定）

一方,図3に示すX線光電子分光 (X-ray Photoelectron Spectroscopy, XPS) 分析より,実際に得られた高抵抗バッファ層膜中には$Zn(OH)_2$が大量に残存し,ZnOとの混晶であることが確認された。すなわち,式(4)の脱水反応を100%達成することは不可能であることが推察された。したがって,溶液成長法で製膜したCdSバッファ層も基本的には,硫化カドミウムCdS,酸化カドミウムCdO,水酸化カドミウム$Cd(OH)_2$の混晶であるが,水酸化物の残存比率は数%程度と小さいことがわかった。この水酸化物含有量の差が最大の相違点であった。そこで,この混晶膜を$Zn(O, OH)_x$と記述することに決定した。また,$Zn(O, OH)_x$バッファ層を適用したCIS系薄膜太陽電池は光照射効果に敏感であることも確認した[2〜4]。

3.3 溶液成長法による$Zn(S, O, OH)_x$バッファ層の製膜

図3に示したように,$Zn(O, OH)_x$バッファ層膜中には$Zn(OH)_2$が大量に残存することが確認された。これを減少させる方法として,硫黄源(チオウレア(チオ尿素))を添加してZnSを生成させ,相対的に低下させることを試みた。その結果,図3に示すように,$Zn(OH)_2$量は13%前後まで減少することができた[2]。$Zn(S, O, OH)_x$バッファ層の膜厚は,ICP発光分光分析によるZn量測定から,5 nm前後の極めて薄い膜が形成されていると推定した。

また,Zn源として弱酸の酢酸亜鉛,硫黄源としてチオウレア(チオ尿素)を溶解した(アンモニア水による)強アルカリ性水溶液は,図4に示すように,加熱時間の経過と共にコロイド生成反応が進行し,溶液の透明度が低下する(あるいは,白濁が進行する)。CIS系光吸収層表面

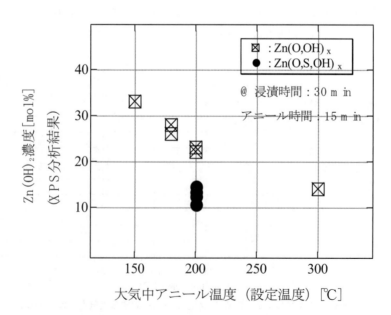

図3 高抵抗バッファ層の膜中に残存する$Zn(OH)_2$濃度(XPS分析結果)

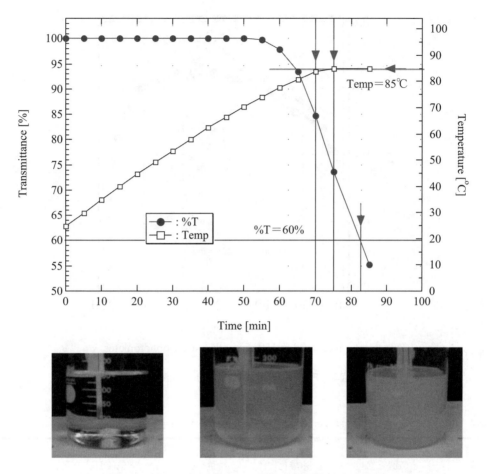

図4 加熱放置時間の関数としての溶液の透明度の変化
ここで，透過率（%T）は，スペクトロフォトメータにて測定（@波長650nm）

に付着した状態の水酸化亜鉛の大きなコロイド粒子が，純水リンス時に除去されると，その下部はバッファ層が極端に薄い箇所（あるいは光吸収層の露出箇所）になる。その部分は，電流に漏れが出るシャント箇所になるため，pnヘテロ接合特性が劣化する。そこで，図5に示すように，溶液の透明度（%T）をモニターし，FFと%Tの相関関係より，%Tの下限（すなわち，溶液の使用限界）を60%と決定した[5]。

また，廃液量削減を目的に，同一溶液の繰り返し使用回数を検討し，複数回の使用が可能であることを確認した。溶液成長法に関して，高抵抗バッファ層として最も一般的なCdSと$Zn(O, S, OH)_x$の比較を表4に示す。

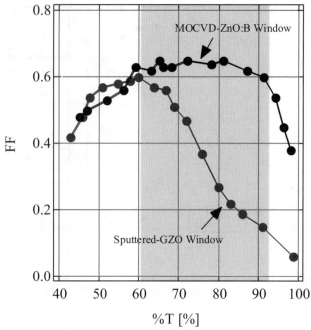

図5　FFと溶液の透明度（%T）の相関関係

表4　高抵抗バッファ層としてのCdSとZn(O, S, OH)$_x$の比較

バッファ層	CdS	Zn(O, S, OH)$_x$
組成	CdSとCdOの混晶（水酸化物はないか微量）	ZnO，ZnSとZn(OH)$_2$の混晶（水酸化物含有量は乾燥後で10-15mol%）
コロイドの処理	溶液から濾過（フィルトレーション）により除去	溶液の透明度管理（使用下限の設定）
廃液処理	アンモニア除去後，フィルターに固形分を吸収させて固液分離。固体は「特別管理産業廃棄物」（国内では）として産業廃棄物取り扱い業者へ処理依頼。中性水は濃度管理し，工業用水へ放出。	アンモニア除去後，固液分離。固体は，「産業廃棄物」として産業廃棄物取り扱い業者へ処理依頼。中性水は濃度管理し，工業用水へ放出。
課題	EUのRoHS指令が発効されれば，Cdの環境規制から使用できなくなる可能性あり。	光照射効果が顕著である。

3.4　Zn(S, O, OH)$_x$バッファ層を有するCIS系薄膜太陽電池の作製

　表3に記述したように，Zn(S, O, OH)$_x$バッファ層を使用することで，CdS（2.4 eV）よりバンドギャップが広くなるために，図6に示すように，短波長側の電流ロス減少に有効であり，高効率化に有利であることがわかる。昭和シェル石油はこのバッファ層を使用した900cm^{2}サイズのガラス基板上に作製した集積構造のCIS系薄膜太陽電池サブモジュールで現在，変換効率

第 4 章　要素技術

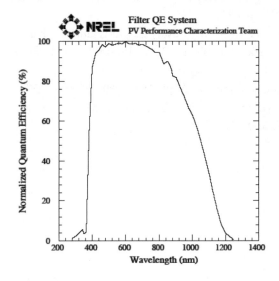

図6　Zn(S, O, OH)$_x$ バッファ層を有する CIS 系薄膜太陽電池のスペクトル感度（QE）

16.3%（開口部面積 839cm^2，定常光ソーラーシミュレータによる STC での測定）を達成している。今後，900cm^2 サイズのガラス基板上に，このバッファ層を使用したデバイス構造のサブモジュール効率でアパーチャーエリア（開口部面積）効率 18% 達成を目標に研究開発が進んで行くことになる。CIS 系薄膜太陽電池は小面積単セルでは CdS バッファ層を使用し，20% を達成している。現在の研究開発アプローチにより，研究開発レベルでは今後 3 年以内に小面積単セルでも大面積（開口部面積で 800cm^2 以上が定義）でも単結晶 Si 太陽電池セル並みの変換効率が達成されることになる。この成果をいかに迅速に工場の生産工程へ落としこむか，が重要な課題である。

文　　献

1) D. Hariskos, S. Spiering, M. Powalla : Thin Solid Films **480-481** (2005) p.99.
2) K. Kushiya, T. Nii, I. Sugiyama, Y. Sato, Y. Inamori and H. Takeshita : Jpn. J. Appl. Phys. **35** (1996) p.4383.
3) T. Nii, I. Sugiyama, T. Kase, M. Sato, Y. Kaniyama, S. Kuriyagawa, K. Kushiya and H. Takeshita : Proc. 1st World Conf. Photovoltaic Energy Conversion (1994) 254.
4) K. Kushiya, O. Yamase : Jpn. J. Appl. Phys. **39** (2000) p.2577.
5) K. Kushiya, S. Kuriyagawa, I. Hara, Y. Nagoya, M. Tachiyuki, Y. Fujiwara : Proc. 29th IEEE PVSC (2002) 579.

4 ASTL法によるNa添加制御とフレキシブルCIGS太陽電池への応用

石塚尚吾[*]

4.1 Na効果

　CIGS光吸収層に取り込まれたアルカリ金属，特にNaは，太陽電池の変換効率を向上させる重要な役割をもつことが知られている。これは一般にアルカリ効果またはNa効果と呼ばれ，ホールキャリア密度増加によるp型伝導性の向上や，太陽電池の開放電圧や曲線因子を改善させる働きがある[1〜4]。電気的特性だけでなく，CIGSの(112)配向を強くするなど，結晶成長にも影響を与える[1,5,6]。しかし，Na効果のメカニズムについては未だに明らかになっていない部分が多い。薄膜系で最高の変換効率を誇るCIGS太陽電池の高い性能は，現在でも詳細なメカニズムが未解明なこのNaによる効率向上効果の賜物でもある。

　CIGS中のNaの働きについては，これまでにいくつかのモデルが提案されている。Naは多結晶CIGSの結晶粒内ではなく粒界に存在し働いているという報告が多く[7,8]，アクセプタとして働くメカニズムについても，例えばアンチサイトドナ性欠陥In_{Cu}のNaによる補償効果(Na_{Cu})[3]や，アクセプタ性欠陥Na_{In}の生成[7,9]，またはNaに付随する酸素(O)によるドナ性欠陥Se空孔(V_{Se})の中性化(O_{Se})[4]などの可能性が挙げられている。Cuサイトに置換したNaはより大きな禁制帯幅を有し安定な化合物である$NaInSe_2$を形成し，開放電圧を向上させるというモデルもある[10]。また，Naの存在とCIGSの結晶粒径との関係についてもしばしば議論されることがある。Naが存在することでCIGSの粒径が大きくなる[3,5,11]という説もあれば逆に小さくなる[8]という説もあり，定性的ではない。これはCIGS結晶粒径が製膜方法などにも依存し一概に定まらなくしていることにもよる。いずれにせよ，小粒径なCIGSでも高効率な太陽電池が得られることもあるので，CIGS結晶粒径の大小は最終的な太陽電池の性能にそれほど重要ではないとの見方もある[12]。

　これまで，Na効果の検証にはソーダライムガラス基板やNaFなどのアルカリプリカーサを用いて作製されたCIGS薄膜が用いられてきた。しかし，これらの手法でCIGS薄膜中のNa濃度を精密に制御すること，例えば，$<10^{17}$, 10^{17}, 10^{18}, 10^{19} atoms/cm^{3}と一桁ごとのオーダでNaが添加されたCIGS薄膜を作製し，それらを比較してNa効果を検証するということは容易ではなかった。そこで次節では，ケイ酸塩ガラス薄膜層（ASTL：Alkali-silicate glass thin layers）を用いた制御性に優れるNa添加技術の紹介と，それによって得られたNa効果の検証結果，更にはアルカリを含有しないフレキシブル基板上へのASTL法による高効率太陽電池の作製について述べる。

---

[*] Shogo Ishizuka　㈱産業技術総合研究所　太陽光発電研究センター　研究員

4.2 ASTL 法による Na 添加制御

現在，CIGS 太陽電池用基板としてソーダライムガラスが最も一般的に用いられている。その理由は単に安価というだけでなく，およそ $8 \sim 9 \times 10^{-6}/℃$ という CIGS に近い線膨張係数が挙げられる。そしてもう一つの重要な理由が Na の供給源としての性質である。ソーダライムガラスのようなケイ酸塩は，結晶やアモルファスといった状態に依らず Si に O が四配位した $Si\text{-}O_4$ ピラミッド構造の網目状ネットワークで形成され[13]，その隙間にアルカリ金属やアルカリ土類金属などの酸化物が修飾体として存在する。CIGS の製膜は一般に 500 ℃ 以上の高温で行われるが，この時にアルカリ金属が Mo 裏面電極層を通過し CIGS 薄膜中へ熱拡散される。アルカリを含有しない基板上の CIGS 製膜において，このケイ酸塩ガラスの特徴を利用した Na 添加制御法が ASTL 法である。適切な膜厚のケイ酸塩ガラス薄膜層を基板上に形成することで，様々な基板を用いた高効率 CIGS 太陽電池を作製することができる。ケイ酸塩ガラス薄膜層としても様々なアルカリガラス材の利用が可能と考えられるが，ごく簡便な手法として，例えばソーダライムガラスをスパッタ製膜したものをそのまま用いることも可能である。図 1 は，無アルカリガラス（コーニング #1737 ガラス）基板上に ASTL として膜厚の異なるソーダライムガラス薄膜（SLGTF）をスパッタ製膜し，その上に CIGS を製膜した CdS/CIGS/SLGTF/#1737 構造の SIMS 分析による深さ方向の Na 拡散量を示している。通常用いられる十分な厚みのあるソーダライムガラスを基板とした場合では，CIGS 薄膜中への Na 取り込み量は基板の最表面の組成に依存し，基板厚みとは関係ないように思われる。しかしこのようにソーダライムガラスを基板と

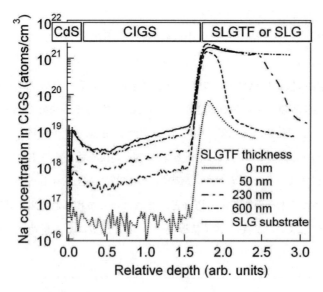

図 1　二次イオン質量分析（SIMS）による CdS/CIGS/SLGTF 構造の Na 分布プロファイル。

第4章　要素技術

してではなく薄膜層として用いた場合では，Na拡散量はその膜厚に依存することが確認されており[14]，膜厚によって拡散量の制御が可能であることがわかる。また図2では，通常の太陽電池構造のようにCIGS/SLGTF界面にMo裏面電極層を導入することで，同じSLGTF膜厚を用いてもCIGS中に取り込まれるNa量が増加することがわかる。これは，Mo層中にNa$_2$MoO$_4$のような化合物が形成され，Naの拡散を促進する働きをするためと考えられる[4]。

　CIGS粒径とNa濃度との関係も，ASTL法による精密なNa添加制御によって評価することができる。図3(a)-3(d)にはNa濃度の異なるCIGS薄膜の表面及び断面SEM像が示される。まず，断面SEM像に示されるように，三段階法により同時蒸着されたCIGS薄膜の結晶粒径はNa添加量増加に伴い小さくなっていることがわかる。CIGS製膜時のNaの存在は，GaなどCIGS構成元素の拡散を阻害するため，このように得られるCIGS粒径が小さくなると考えられる。一方，この時の表面SEM像を見てみると，あたかもNa濃度増加によって大粒径化しているような印象を受ける。実際には断面像で確認できるように小粒径化しているので，このようなCIGS薄膜の表面モホロジ変化は，粒径に及ぼすNaの効果として誤認を招く可能性がある。こ

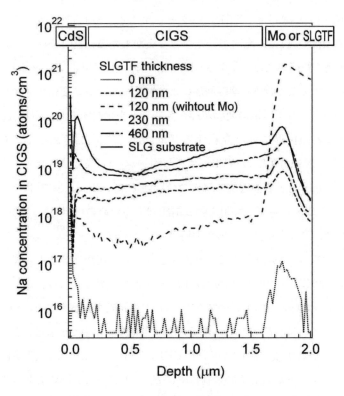

図2　CdS/CIGS/Mo/SLGTF構造におけるCIGS層中のSIMSによるNa分布プロファイル。Mo層の膜厚は800 nm。

CIGS 薄膜太陽電池の最新技術

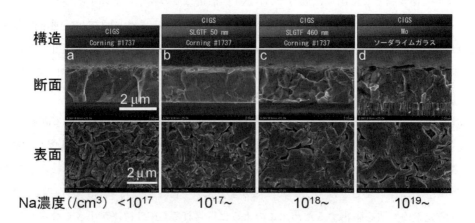

図3　Na 濃度の異なる CIGS 薄膜の断面および表面の電子顕微鏡（SEM）観察像。

の表面モホロジ変化の原因としてまず考えられるのが Na 添加による CIGS 結晶配向の変化との相関性であるが，これも一概に関係があるとは言い切れない。図4(a) に，異なる SLGTF 膜厚上に製膜した CIGS の X 線回折（XRD）パターンを示す。SLGTF の膜厚増加，つまり CIGS 中の Na 濃度増加に伴い（112）配向が強くなることがわかる（図4(b)）。しかし，図3において最も Na 濃度が高く粒径が大きく見える Mo/SLG 基板上の CIGS は，必ずしも（112）配向が強いわけではない。このことは Na 濃度増加による表面モホロジの変化が必ずしも結晶配向変化を反映しているわけではなく，別の要因が存在することを示唆する。Na は CIGS 結晶粒内ではなく粒界に，特に表面付近に多く存在する傾向があることを考えれば，CIGS 表面に $Na(In,Ga)Se_2$ のような Na に関係した異相が存在し[10]，モホロジを変化させている可能性も考えられる。このような CIGS 薄膜表面近傍や粒界の分析評価は，CIGS 太陽電池の更なる高効率化を狙う上で，pn 接合形成メカニズム解明や開放電圧向上のための材料設計，構造設計などに必要な課題でもあるので，今後も研究の進展が期待される。

　Na 効果には，それに付随する O もその一因を担っている可能性がある。図5は様々な膜厚の SLGTF 上に製膜した CIGS の低温（1.4 K）PL スペクトル変化である。ここでは主に DA 1 と DA 2 と識別される二つのドナーアクセプタ対（DAP）発光が観察される。SLGTF 膜厚が増加するにつれ，それまで特に支配的であった DA 1 の発光強度はやや弱まり，DA 2 の発光強度が強くなっていることがわかる。測定に用いた CIGS の [Ga]/[In+Ga] 比は約 0.4 で，CIGS 薄膜の $(\alpha h\nu)^2$-$h\nu$ プロットからもその禁制帯幅は $E_g = 1.20 \sim 1.25$ eV であることがわかっている[14]。ここで，DA 1 と DA 2 のピーク位置はそれぞれ 1.12～1.14 eV，1.05～1.07 eV であるので，DA 1 と DA 2 は比較的浅い欠陥準位に起因していることがわかる。CIGS 薄膜は

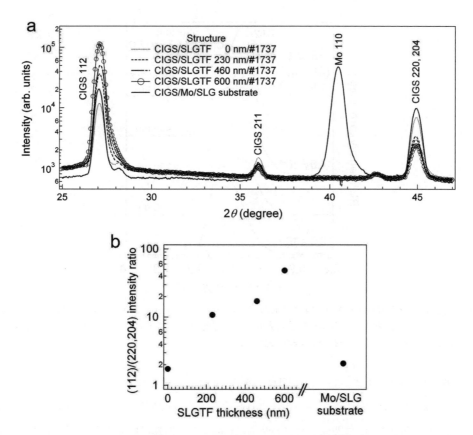

図4 膜厚の異なるSLGTFが製膜された#1737基板またはMo/SLG基板上に製膜したCIGS薄膜のXRDパターン変化(a), およびこれらの(112)/(220,204)強度比(b)。

[Cu]/[In+Ga]比が約0.8と, 化学量論組成よりもCu不足となる条件で作製されているため, Cu空孔 (V_{Cu}) やアンチサイトIn_{Cu}欠陥, または電気的に中性な$2V_{Cu}^- + In_{Cu}^{2+}$複合欠陥を形成しやすいと考えられる。しかしIn_{Cu}欠陥が形成するドナ準位は伝導帯底 (E_c) -0.25 eVと比較的深いとされ[15], これに起因するPL発光が観察されるとすれば1.0 eV以下に現れるはずである。図5では1.0 eV以下の領域に発光は観察されていないので, もしIn_{Cu}欠陥が存在したとしても非発光性であり, Naの存在によるこの種の欠陥補償効果を評価することは難しいことが示唆される。いずれにせよ, ここで観察されるDA 1, DA 2はより浅い欠陥準位を起源にしている。例えば, DA 1はV_{Cu} ($E_v+0.03$ eV) とV_{Se} ($E_c-0.08$ eV) が起源であると考えると[15,16], Na濃度増加もしくはそれに付随するO濃度増加によるNa_{Cu}, O_{Se}の形成によりV_{Cu}, V_{Se}が減少したため発光強度が弱くなったと説明ができる。ここでO_{Se}は同族元素の置換なので中性欠陥となりそうだが, $E_v+0.12 \sim 0.14$ eVのアクセプタ準位を形成するという報告がある[4,17]。O_{Se}がそのようなアクセプタ準位を形成すると, DA 2の発光強度の増加と, この時に見られるCIGS薄

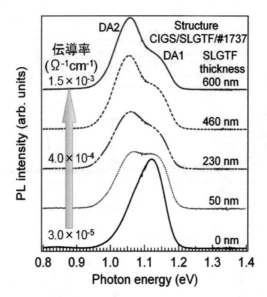

図5 SLGTF/#1737 基板上に製膜された CIGS 薄膜の PL スペクトル。測定は 1.4 K において，Ar レーザ（514.5 nm）および InGaAs を励起光源および検出器としてそれぞれ用い行った。SLGTF 膜厚変化による CIGS 薄膜の電気伝導率の変化も示される。

膜の p 型電気伝導性向上についても説明ができる。$CuInSe_2$ 薄膜において，この DA 2 に相当すると考えられる PL 発光は大気アニールにより強度増加し，水素還元処理により再び減少することが報告されており[18]，O に関係した欠陥準位に起因する可能性は極めて高い。NaF をプリカーサとして用いた場合には CIGS 中の Na と O に相関はないという報告があるが[19]，ソーダライムガラス基板を用いた場合にはこれらに相関があることが知られている[4]。これらの結果から，ソーダライムガラス基板や SLGTF 層から供給される Na は O と共に CIGS 中に拡散していると考えられる。

前に述べたように，Na 添加による p 型伝導性向上のメカニズムとして，Na_{Cu}, Na_{In}, O_{Se} などのアクセプタ性の欠陥形成が提案されている。O_{Se} が形成するアクセプタ準位については，$E_v+0.55$ eV（$-/0$），$E_v+0.67$ eV（$2-/-$）と，先に挙げた $E_v+0.12 \sim 0.14$ eV よりも深くなるという報告もあるが[10]，粒界近傍では共有結合性が減少し，準位はより浅くなると考えられるため，Na_{Cu} や Na_{In} だけでなく O_{Se} アクセプタも CIGS の p 型伝導性の向上に寄与する可能性があると考えられる。

4.3 フレキシブル CIGS 太陽電池への応用

通常用いられるソーダライムガラス基板と異なり，アルカリを含有しない基板上に高効率な CIGS 太陽電池を作製するためには，これまで述べてきたようにアルカリ添加制御工程が必要と

第4章　要素技術

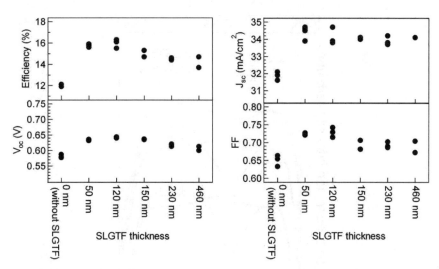

図6　チタン箔基板上に作製したCIGS太陽電池（約0.5 mm²の小面積セル，反射防止膜なし）のSLGTF膜厚と特性変化。

なる。ASTL法は物性研究のためのNa添加制御だけでなく，高効率CIGS太陽電池を得るためのNa添加手法としても有用である。図6に，厚さ20μmのチタン箔を基板とし，SLGTF膜厚を変化させて得られたフレキシブルCIGS太陽電池の性能変化を示す。120 nm程度のSLGTFを用いたときに最も高い変換効率が得られることがわかるが，更に厚くすることで効率が低下することがわかる。このように，20μmのチタン箔を基板に用いた場合では，同じ膜厚のSLGTFを用いても無アルカリガラスを基板に用いた場合と比べ，CIGS中に拡散するNa量が多くなり，結果としてNaの過剰拡散により効率が低下してしまうことがある。このことから，10^{19} cm^{-3}台の適切なNa濃度をCIGS光吸収層に供給するためのSLGTF膜厚は，基板材料やMo裏面電極層の膜厚，CIGS製膜条件等に合わせて決定する必要があると言える。これまで，チタン箔やフレキシブルセラミックスを基板とし，三段階法によるCIGS製膜温度550℃の条件では，SLGTF膜厚約120 nmで小面積セルの変換効率17％以上が，またポリイミド基板上で製膜温度400℃の場合では，SLGTF膜厚200 nmで15％近い効率がそれぞれ得られている[20,21]。

　Na効果なくしてCIGS太陽電池の高効率化は難しいとは言え，Naを過剰に供給すれば効率は低下してしまう。Naを添加することで，CIGS成長中のGaなどの構成元素の拡散が阻害されることを前に述べたが，これにより成長中の構成元素のマイグレーションが十分でなくなると，CIGS結晶粒が小さくなるだけでなく，結晶内の欠陥密度増加につながり，結果としてNaの過剰供給が変換効率低下の原因になると考えられる。また，三段階法で作製したCIGS薄膜中ではGaの濃度勾配が見られるが，Na濃度増加によってこの勾配は大きくなる（図7）。CIGSでは

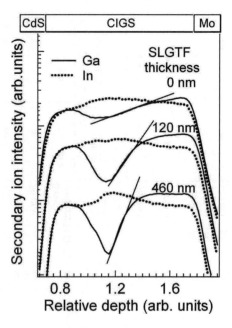

図7 チタン箔上に異なる膜厚の SLGTF を用いて作製した CIGS 薄膜の SIMS 分析による In と Ga の深さ方向分布プロファイル。CIGS 薄膜は三段階法により最高基板温度 550 ℃で作製された。

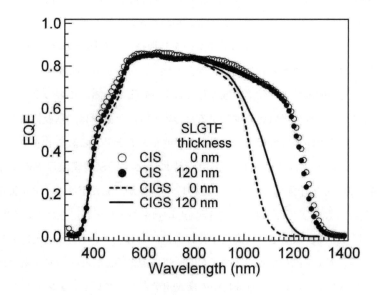

図8 チタン箔上に SLGTF 有無の条件で作製した CIS および CIGS 太陽電池の外部量子効率。

第4章　要素技術

[Ga]/[In] 比がその禁制帯幅を決定する大きな要因となるため，この深さ方向の Ga 濃度勾配は CIGS 薄膜中の伝導帯底のバンドプロファイルと見なすことができる。すなわち，Na 濃度の増加によって Ga 分布勾配が大きくなることで禁制帯幅が縮小することになる。この結果は，太陽電池の外部量子効率（EQE）を比較した場合に長波長域での光吸収増加として現れる（図8）が，Na が過剰な場合には開放電圧の減少を招くことにもなる。[Ga]/[In] 比が常に一定である $CuInSe_2$ (CIS) や $CuGaSe_2$ (CGS) ではこのような EQE の光吸収域変化は見られない。

　ここまで述べてきた ASTL 法による Na 添加制御技術は，Na 効果に関する基礎物性研究とフレキシブル太陽電池の高効率化という応用的な研究開発の両方に有用である。また，小面積セルの高効率化だけでなく，高効率で大面積なフレキシブル CIGS 太陽電池モジュールの作製にも応用できるので，今後幅広く活用されていくことが期待される。

文　献

1) J. Hedström, H. Ohlsén, M. Bodegård, A. Kylner, L. Stolt, D. Hariskos, M. Ruckh, and H. W. Schock, *Conference Record of the 23rd IEEE Photovoltaic Specialists Conference, Louisville* (IEEE, New York, 1993), p.364
2) M. Ruckh, D. Schmid, M. Kaiser, R. Schäffler, T. Walter, and H. W. Schock, *Conference Record of the 1994 IEEE First World Conference on Photovoltaic Energy Conversion, Waikoloa* (IEEE, New York, 1994), p.156
3) M. A. Contreras, B. Egaas, P. Dippo, J. Webb, J. Granata, K. Ramanathan, S. Asher, A. Swartzlander, and R. Noufi, *Conference Record of the 26th IEEE Photovoltaic Specialists Conference, Anaheim* (IEEE, New York, 1997), p.359
4) L. Kronik, D. Cahen, and H. W. Schock, Adv. Mater. (Weinheim, Ger.) **10**, 31 (1998)
5) M. Bodegård, K. Granath, and L. Stolt, *Thin Solid Films* **361/362**, 9 (2000)
6) D. Rudmann, G. Bilger, M. Kaelin, F.-J. Haug, H. Zogg, A. N. Tiwari, *Thin Solid Films* **431/432**, 37 (2003)
7) D. W. Niles, M. Al-Jassim, and K. Ramanathan, *J. Vac. Sci. Technol. A* **17**, 291 (1999)
8) D. Rudmann, A. F. da Cunha, M. Kaelin, F. Kurdesau, H. Zogg, A. N. Tiwari, and G. Bilger, *Appl. Phys. Lett.* **84**, 1129 (2004)
9) D. W. Niles, K. Ramanathan, F. Hasoon, R. Noufi, B. J. Tielsch, and J. E. Fulghum, *J. Vac. Sci. Technol. A* **15**, 3044 (1997)
10) S.-H. Wei, S. B. Zhang, and A. Zunger, *J. Appl. Phys.* **85**, 7214 (1999)

11) V. Probst, J. Rimmasch, W. Riedl, W. Stetter, J. Holz, H. Harms, F. Karg, and H. W. Schock, *Conference Record of the 1994 IEEE First World Conference on Photovoltaic Energy Conversion, Waikoloa* (IEEE, New York, 1994), p.144
12) W. N. Shafarman, J. Zhu, *Thin Solid Films* **361/362**, 473 (2000)
13) G. N. Greaves, A. Fontaine, P. Lagarde, D. Raoux, and S. J. Gurman, *Nature* (London) **293**, 611 (1981)
14) S. Ishizuka, A. Yamada, M. M. Islam, H. Shibata, P. Fons, T. Sakurai, K. Akimoto, S. Niki, *J. Appl. Phys.* **106**, 034908 (2009)
15) S.-H. Wei, S. B. Zhang, and A. Zunger, *Appl. Phys. Lett.* **72**, 3199 (1998)
16) S. M. Wasim, Sol. Cells, **16**, 289 (1986)
17) G. Dagan, F. Abou-Elfotouh, D. J. Dunlavy, R. J. Matson, and D. Cahen, *Chem. Mater.* **2**, 286 (1990)
18) K. Kushiya, H. Hakuma, H. Sano, A. Yamada, and M. Konagai, *Sol. Energy Mater. Sol. Cells* **35**, 223 (1994)
19) C. A. Kaufman, R. Caballero, A. Eicke, T. Rissom, T. Eisenbarth, T. Unold, R. Klenk, H. W. Schock, *Presented at the 34th IEEE Photovoltaic Specialists Conference, Philadelphia, June* 7-12, 2009
20) S. Ishizuka, A. Yamada, K. Matsubara, P. Fons, K. Sakurai, and S. Niki, *Appl. Phys. Lett.* **93**, 124105 (2008)
21) S. Ishizuka, H. Hommoto, N. Kido, K. Hashimoto, A. Yamada, and S. Niki, *Appl. Phys. Express* **1**, 092303 (2008)

5 CZTSの現状と動向

片桐裕則*

5.1 はじめに

　エネルギー消費大国・資源小国である我が国にとって，希少元素を含まず汎用原料だけで構成できる太陽電池，すなわち将来における持続可能性を視野に入れた太陽電池の研究開発には大きな意義がある。本節では，光吸収層に希少元素を含有しない Cu_2ZnSnS_4（以下CZTS）を用いた新型薄膜太陽電池のこれまでの研究開発成果を紹介する。CZTSは I_2-II-IV-VI_4 の4元化合物半導体で，3元系 $CuInSe_2$（以下CIS）のSeをSで置換し，希少元素のInをZnとSnで半分ずつ置換した材料である。CZTSの各構成元素は地殻中に豊富に存在し（Cu:50ppm，Zn:75ppm，Sn:2.2ppm，S:260ppm），毒性が低い特徴を持っている。一方，CIS中のInおよびSeの地殻中の含有量は0.05ppm以下である[1]。

　CZTSに関する研究の歴史は浅いために，報告例は比較的少ない。ここでは，太陽電池応用の観点から，CZTS薄膜の作製に関する論文を紹介する。1988年，信州大学の伊東，中澤は原子ビームスパッタ法によるCZTS薄膜の作製に成功し，光学的禁制帯幅が1.45eVと太陽電池光吸収層として最適値に近い事を明らかにした。さらに，SnO_2:Cd（CTO）導電膜とのヘテロダイオードを構成し，165mVの光起電力を報告した[2]。1996年，筆者らはE-B蒸着・硫化法でCZTS薄膜を作製することに成功し，SLG/Mo/CZTS/CdS/ZnO:Alの構造で400mVの開放電圧と0.66%の変換効率を報告した[3]。1997年，シュツットガルト大学のTh. M. Friedlmeierらは同時蒸着法によりCZTS薄膜を作製し，我々と同様な構造のデバイスで470mVの開放電圧と2.3%の変換効率を報告した。同時に最大開放電圧は570mVであったと述べている[4]。20世紀中にCZTS薄膜の作製を報告したのは，上記の3研究機関のみであった。筆者らは，E-B蒸着積層プリカーサおよび同時スパッタ混合プリカーサを作製し，これらを硫化処理する2段階作製法による研究開発を行って来た[5]。2008年には，RF同時スパッタ・硫化法により作製したCZTS薄膜を用いて6.77%の変換効率を達成している[6]。

　21世紀に入り報告されたCZTS薄膜の作製手法は以下の通りである。RFマグネトロンスパッタ法[7]，ハイブリッドスパッタ法[8]，同時蒸着法[9]，パルスレーザー堆積法[10]，蒸着金属／化合物プリカーサの硫化[11]，イオンビームスパッタ法[12]，スパッタおよび逐次蒸着法[13]である。また，最近になって，物理的堆積手法とは別に，光-化学堆積法[14]，ゾルーゲル法[15]，スプレー熱分解法[16,17]などの化学的堆積法が適用され始めている。加えて，超低コスト太陽電池の作製法として，メッキ硫化法[18]，スクリーン印刷法[19]，および非真空下での作製プロセス[20]が報告されている。

＊　Hironori Katagiri　長岡工業高等専門学校　電気電子システム工学科　教授

一方，光学的・物理的物性そのものに焦点を当てた研究[21,22]も開始されている。さらに，CZTSに関する第一原理計算によるシミュレーション[23]も開始されている。

ここでは，筆者らが開発して来た硫化法による作製プロセスに焦点を当て，CZTS系薄膜太陽電池で達成されたデバイス特性を紹介する。

5.2 CZTS薄膜太陽電池の誕生

1996年11月，宮崎で開催された国際会議PVSEC-9において，筆者らはSLG/Mo/CZTS/CdS/ZnO:Al構造の新型薄膜太陽電池の作製に成功し，開放電圧400mV，短絡電流密度6.0mA/cm^2，曲線因子0.277，変換効率0.66%の特性が得られた事を報告した。

ソーダライムガラス（以下SLG）基板もしくはMoコートSLG基板上に，E-B蒸着でZn/Sn/Cuの積層プリカーサを作製した後，N_2+H_2S雰囲気中で熱処理する2段階作製法でCZTS薄膜を作製した。本研究でのH_2S濃度は5%である。各積層膜の厚みは，Zn:160，Sn:230およびCu:180nmである。プリカーサ作製時には，基板温度を150℃とした。本実験では，熱処理にパイレックスガラスの炉管を用いたので，最高温度は500℃に制限されている。表1に，硫化した際の熱処理条件を示す。試料番号が大きくなると，すなわち，温度上昇率を小さくし最高温度保持時間を長くすると，XRD分析において異相ピークに対応する強度が減少する事が分かった。同様な条件で，光学特性において基礎吸収端付近の吸収スペクトルの立ち上がりがより急峻となった。図1は，入射光エネルギーに対する薄膜の光吸収係数の2乗のプロットである。これらより，CZTSの結晶性は長時間の硫化処理によって改善される事が分かる。表2は，EPMAで算出した元素の組成比である。この組成比の表記で，Metalは（Cu+Zn+Sn）を意味している。CZTSの化学式より，化学量論組成のCZTS薄膜では表2で与えられる組成比は全て1.0となる。表2より，最高温度保持時間が長くなると，Zn/Sn比が減少し，Cu/(Zn+Sn)比が増加する事が明らかとなった。これは，長時間の熱処理によって蒸気圧の高いZnが再蒸発する事を示唆している。

太陽電池を構成するために，CZTS上に溶液成長法（以下CBD）によりCdS界面層を約20nmの厚みで堆積した。CBD溶液は，硫酸カドミウム，チオ尿素，アンモニア水および純水

表1 硫化条件。基板温度の昇温レートは300℃までレート1，以降500℃までレート2である。

試料番号	上昇レート1	上昇レート2	保持時間
No.1	20℃/min	10℃/min	1 hour
No.2	20℃/min	2℃/min	1 hour
No.3	20℃/min	2℃/min	3 hour

第4章　要素技術

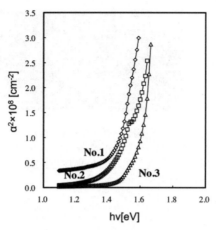

図1　CZTS薄膜の光学的特性
入射光エネルギーに対する吸収係数の2乗のグラフ。
内挿した番号は表1の試料番号に対応する

表2　EPMAによるCZTS薄膜の組成比

試料番号	Cu/(Zn+Sn)	Zn/Sn	S/Metal
No.1	0.844	1.31	1.04
No.2	0.944	0.945	1.02
No.3	0.960	0.916	1.03

で構成されている。さらに，$ZnO+Al_2O_3$（1 wt%）ターゲットを用いたRFスパッタ法でZnO:Al窓層を積層した。本段階においては，背面電極，界面層，窓層といった周辺積層膜の作製条件も十分に最適化されていない状態であった。

5.3　SLG/ZnS/Sn/Cuプリカーサの導入

1998年ウィーンで開催された国際会議WCPEC-2において，372mVの開放電圧，8.36mA/cm^2の短絡電流密度，0.347の曲線因子，1.08%の変換効率を報告した。この段階では，以前の報告に2点の変更を加えた。1つ目は，プリカーサ作製時にZnの代わりにZnSを用いた事である。2つ目は，反応管をパイレックスガラスから石英管に変更し，熱処理温度を500℃から530℃に上昇させた事である。CZTS薄膜の組成均一性を改善するために，硫化水素雰囲気中で530℃1時間の硫化を行った後，窒素雰囲気中で6時間の熱処理を行った。図2(a),(b)に，プリカーサの違いによるSEM断面像の比較を示す。これより，(b)のZnSを用いた改良型プリカーサによるCZTS薄膜で，結晶粒径が大きく成長し基板と薄膜との間の付着性が向上している事が分かる。また，オージェ電子分光（以下AES）の深さ方向分析により，CZTS薄膜の深

さ方向の組成均一性も確認されている。EPMAによるCZTSの組成比は，Cu/(Zn+Sn)=0.99，Zn/Sn=1.01，S/Metal=1.07であった。現在の立場から言えば，組成を化学量論比としたために開放電圧が372mVという低い値に留まったものと考えられる。

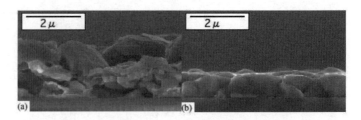

図2　プリカーサの違いによるSEM断面像の比較
(a):従来型 SLG/Zn/Sn/Cu プリカーサ
(b):改良型 SLG/ZnS/Sn/Cu プリカーサ

5.4　硫化条件の改善

1999年9月札幌で開催されたPVSEC-11において，2.62%の変換効率を報告した。ここでは，550℃1時間という改良型硫化条件でCZTS薄膜を作製し，セル特性に与える光吸収層の厚さの影響を検討した。プリカーサの積層順はSLG/Mo/ZnS/Sn/Cuである。ZnS，Sn，Cuの膜厚の比率は，ZnS膜厚を基準として1.00，0.636，0.409である。積層した合計膜厚が300，450，600nmの3種類のプリカーサを作製し，550℃で1時間硫化する事により，0.95，1.34，1.63μmの厚みのCZTS薄膜を得た。図3に，光吸収層の厚みをパラメータとしたCZTS薄膜太陽電池のJ-V特性の比較を示す。光吸収層の厚さの増加に伴って，変換効率，曲線因子および短絡電流密度が明らかに劣化している。これより，プリカーサ膜厚が増加することによって，硫化が不十分となった事が推定される。すなわち，膜厚の厚いプリカーサで硫化が不十分の場合，背面電極Mo付近のCu-poorな高抵抗の膜の上にCu-richな表面層が積層された2層構造となってしまい，膜厚方向での直列抵抗成分が増加したものと考えられる。

次に，積層プリカーサの各元素の内部拡散を促進させるために，プリカーサ作製時の基板温度を150から400℃に上昇させた。これにより，CZTS薄膜の結晶性が改善されるものと期待できる。その結果，開放電圧522mV，短絡電流密度14.1mA/cm^2，曲線因子0.355と変換効率2.62%の特性が確認された。

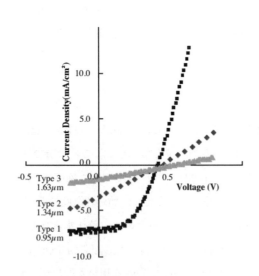

図3　CZTS光吸収層の厚みをパラメータとしたJ-V特性の比較
　　　厚みが増加すると，特性が劣化する

第4章 要素技術

5.5 新型硫化炉の導入

2003年5月大阪で開催されたWCPEC-3において，5.45%の変換効率を発表した。ここでは，硫化時の残留ガスによる影響を抑えるために，新型硫化システムを導入した。前報では，石英管反応炉とロータリーポンプにより構成した硫化システムであった。このシステムでは，高真空排気が不可能であり，残留活性ガスがCZTS薄膜の品質に悪影響を与える懸念があった。この問題を解決するために，ステンレスチャンバーとターボ分子ポンプを用いた新型硫化システムを構築した。従来の研究では曲線因子がほとんど0.4以下の低い値であり，最高変換効率も2.62%と低い値に留まっていた。変換効率向上のためには，曲線因子を向上させる必要がある。そこで，良好なpn接合を形成させるためにCBD溶液のCd源について調査した。

E-B蒸着法により，SLG/Mo/ZnS/Sn/Cu積層プリカーサを基板温度150℃で作製した。ZnS，Sn，Cuの各層の厚みは330，150，90nmである。CZTS薄膜を作製するために，これらのプリカーサを新型硫化システムでN_2+H_2S（5%）の雰囲気中で硫化した。このシステムでは，プリカーサの熱処理前に10^{-4}Pa台の高真空まで排気する事ができる。前報において，1μm以上の膜厚のCZTSを作製するには，550℃1時間の硫化では不十分であった。そこで本研究では，550℃3時間の硫化を行っている。その結果，SEM観察およびEPMA測定より，1.4μmの厚みで，各組成比Cu/(Zn+Sn)，Zn/Sn，S/Metalがそれぞれ0.96，1.08，0.92のCZTS薄膜が得られている。CBDを行う際に，Cd源を$CdSO_4$からCdI_2に変更した。窓層作製時のスパッターゲットも$ZnO+Al_2O_3$(2wt%)に変更した。作製プロセスの最適化を図る事によって，開放電圧659mV，短絡電流密度10.3mA/cm^2，曲線因子0.63と変換効率4.25%の特性が得られた。

図4は，本研究で得られたJ-V特性の比較である。CBD溶液中のCd源の影響を調べるために，CdI_2および$CdSO_4$を用いて作製したCdS界面層を持つCell-AとCell-Dを作製した。さ

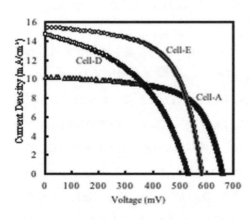

図4 新型硫化炉で作製したCZTSセルの
　　 J-V特性の比較

らに，CIS太陽電池で一般的なNa添加による影響を明らかにすべくSLG/SiO$_2$/Mo/Na$_2$S基板を用いてCell-Eを作製した。Cell-Eでは，界面層のCd源としてCdI_2を用いている。$CdSO_4$を用いたCell-Dでは，並列抵抗性分が極めて低くなっている事から，良好なpn接合が形成されていない事が分かる。Naを添加したCell-Eでは，短絡電流密度が大幅に改善されており，それに伴って効率も改善されている。デバイス特性として，開放電圧582mV，短絡電流密度15.5mA/cm^2，曲線因子0.60と5.45%の変換効率が得られてい

る。しかし，Cell-Aとの比較において，Cell-Eでは量子効率スペクトル形状の大幅な変化やSEMによる粒径の変化は確認されていない。従って，Na添加により確かに変換効率は向上したものの，Naの効果の起源を明らかにするまでには至らなかった。

5.6 プリカーサ積層順の検討

2004年5月ストラスブールにて開催されたE-MRS 2004春期会議において，3種類のプリカーサを用いて得られたデバイス特性について発表した。SEM観察の結果，従来のSLG/Mo/ZnS/Sn/Cu積層プリカーサで作製したCZTS薄膜には多くの空隙が存在する事が明らかとなった。そこで，CZTS薄膜のモフォロジーに与えるプリカーサ積層順の影響を調査した。図5(a)，(b)は，それぞれSLG/ZnS/SnおよびSLG/ZnS/Cu積層膜の表面SEM像である。(a)では，平坦なZnS膜上に半球状のSnが存在する事が見て取れる。一方，(b)では表面が平坦となっており，モフォロジーが大幅に改善されたことが分かる。そこで，プリカーサ積層順をSLG/ZnS/Cu/Snに変更した。その結果，開放電圧629mV，短絡電流密度12.5mA/cm^2，曲線因子0.58と4.53％の変換効率が得られた。

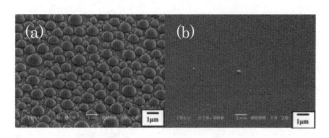

図5　積層膜の表面SEM像の比較
(a):SLG/ZnS/Sn　(b):SLG/ZnS/Cu

同一実験シリーズで作製した従来型のSLG/Mo/ZnS/Sn/Cu積層プリカーサでは，開放電圧652mV，短絡電流密度9.6mA/cm^2，曲線因子0.61と3.8％の変換効率であった。CZTS光吸収層の表面モフォロジーを改善する事で，短絡電流密度が向上しており，プリカーサの品質がセル特性に大きく影響を与える事が明らかとなった。

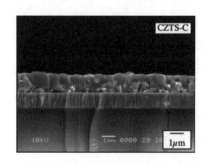

図6　多周期積層プリカーサで作製したCZTS薄膜の断面SEM像

次に，プリカーサ中のS含有量を増加させると共にプリカーサ表面モフォロジーを改善するために，Snの代わりにSnS$_2$を用いる方がより良いのではないかと考えた。さらに，ZnS/SnS$_2$/Cuの5周期の積層プリカーサを作製した後，内部拡散を促進させるために高真空チャンバー中で400℃1時間のアニール処理を行った。硫化後のCZTS薄膜の組成比Cu/(Zn+Sn)，Zn/Sn，S/Metalはそれぞれ，0.73，1.7，1.1であった。本研究では，化学組成はEDS測定により算出した。図6は，

第4章 要素技術

多周期積層プリカーサで作製したCZTS薄膜の断面SEM像である。これより，粒径が膜厚程度と大きく表面が極めて平坦である事が分かる。この多周期プリカーサを用いたセルで開放電圧644mV，短絡電流密度9.23mA/cm^2，曲線因子0.66と3.93%の変換効率が得られている。このセルで用いたCZTS薄膜は極めてZn-rich, Cu-poorな組成であったにもかかわらず，これまでとほぼ同程度な変換効率が得られている。従って，プリカーサ中の相互拡散の促進が高効率化にとって重要である事が分かる。

5.7 アニール室付き同時スパッタ装置の導入

2006年5月ニースにて開催されたE-MRS 2006春期会議において，同時スパッタ・硫化法によるCZTS薄膜の作製と評価を報告した。前報において，プリカーサ中の構成元素の内部拡散を促進する事が，高効率化にとって重要である事を明らかにした。そこで，同時スパッタ装置による混合プリカーサの作製を開始した。本システムは，独立した3台のRF電源に接続された3基の4インチカソードを装備している。使用したターゲットは，Cu, ZnS, SnSである。プリカーサ表面を清浄に保つために，プリカーサをスパッタ室からアニール室まで大気に触れること無く搬送できるシステム構成とした。作製条件を最適化する事により，5.74%の変換効率が得られた。

スパッタ室を10^{-4}Pa台まで排気した後に，プロセスを開始した。プリカーサ作製時のパラメータは，Arガス流量：50sccm，Arガス圧力：0.5Pa，基板回転速度：20rpm，プリ-スパッタ時間：3分，基板非加熱である。代表的なターゲット電力はCu:95W，ZnS:160W，SnS:100Wである。成膜されたプリカーサはアニール室に自動搬送され，10^{-4}Pa付近まで排気される。メインバルブを閉じた後，N$_2$+H$_2$S（20%）の反応ガスをアニール室に導入する。基板温度は，5℃/分で580℃まで上昇させそのまま3時間保持した。次に，同じ速度で200℃まで下降させた後，自然冷却とした。

次に，プリカーサ作製時の各ターゲット電力を一定とし，同時スパッタ時間を変化させる事でCZTS光吸収層の厚みの最適化を図った。厚み0.89, 1.70, 2.46, 3.03μmのCZTS薄膜を，各々A15, A30, A45, A60と呼ぶ事にする。図7に，ICP分光分析で求めた組成比とCZTS膜厚の関係を示す。膜厚を増加させても，Zn/Sn, Cu/(Zn+Sn)はそれぞれ1.18, 0.94とほぼ一定であった。一方，S/Metal比は

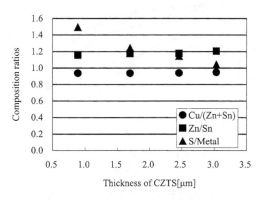

図7　CZTS膜厚に対する組成比の関係

1.5～1.05まで変化している。本実験での組成比はICP法で測定する事から，SLG基板状に堆積しているすべての物質を酸性溶液に溶かす必要がある。従って，この組成比の結果は，背面電極Moの硫化物による影響を受けている。

これら異なる厚みの4種類の試料を用いたセルで，全て4％以上の変換効率が確認された。$2.46\mu m$の厚みを持つA45が最良の特性を示し，開放電圧646mV，短絡電流密度13.7mA/cm^2，曲線因子0.60と5.33％の変換効率が得られた。また，直列抵抗は6.41Ωcm^2で並列抵抗は424Ωcm^2であった。

プリカーサに含有される金属組成比を最適化するために，580℃3時間の硫化条件を固定し，Cu電力を調整した。図8に本実験で得られたJ-V特性の比較を示す。試料名はプリカーサ作製時のCu電力に対応している。B89～B95のセルで4％以上の変換効率が得られた。B89では，開放電圧662mV，短絡電流密度15.7mA/cm^2，曲線因子0.55と5.74％の変換効率が得られた。直列抵抗は9.04Ωcm^2で並列抵抗は612Ωcm^2であった。B89の組成比はCu/(Zn+Sn)=0.87，Zn/Sn=1.15，S/Metal=1.18で，いわゆるCu-poor，Zn-rich組成であった。

5.8 純水リンス効果

EPMA測定より，CZTS薄膜を純水でリンスすることで膜中の金属酸化物粒子が選択的に除去される事が明らかとなった。本手法で作製したCZTS薄膜太陽電池のJ-V特性をAM1.5，100mW/cm^2のソーラーシミュレータ光のもとで，5分間の光照射の後に測定した。図9は，開放電圧610mV，短絡電流密度17.9mA/cm^2，曲線因子0.62と6.77％の変換効率の最高データを記録したセルのJ-V特性である。なお，直列抵抗および並列抵抗は4.25Ωcm^2，370Ωcm^2であっ

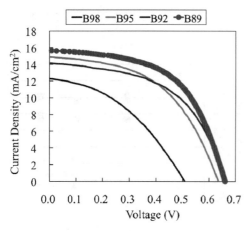

図8 Cu電力をパラメータとしたJ-V特性の比較

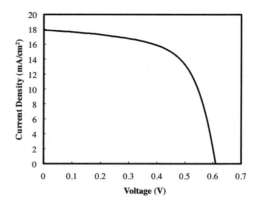

図9 6.77％の変換効率を記録したCZTSセルのJ-V特性

第4章 要素技術

た。トップ電極を除いた有効照射面積は，0.15cm^2 である。前報における純水リンス無しの5.74%の効率のセルの各特性値は，662mV，15.7mA/cm^2，0.55，9.04Ωcm^2，612Ωcm^2 であった。純水リンスによって，直列抵抗が低減され短絡電流密度と曲線因子が大幅に向上した事が伺える。

5.9 資源量が豊富で無毒性の薄膜太陽電池を目指して

無毒性太陽電池の構成を目指し，CBD-CdS界面層の代わりに大気開放CVD法によるZnO界面層の適用を試みた。本作製法はドライプロセスであるため，Cdのような毒性物質を含む溶液の廃棄問題は発生しない。

図10に，本研究で使用した大気開放型CVD装置の模式図を示す。ZnO薄膜の原料には，有機金属錯体ビスアセチルアセトナト亜鉛を用いた。本材料を気化器内にセットし，125℃で気化させた。流量3ℓ/分の窒素をキャリアガスとして用い，材料蒸気を金属ノズルからMoコート基板状に作製されたCZTS薄膜の表面に直接吹き付けるシステムである。基板温度は，基板ホルダーに組込まれたヒーターにより，200から350℃の範囲で調整した。基板上に吹き付けられた原材料は基板ヒーターの熱エネルギーにより直ちに分解され，ZnO薄膜を形成する。ノズル先端と基板の距離は20mmである。基板を4.6mm/secの速度でノズルの下を4往復させる事で，約60nmの厚さのZnO薄膜を形成した。

図11，12に，ZnO界面層を用いたセルのJ-V特性と外部量子効率スペクトルを示す。図11において，基板温度250℃のセルで開放電圧623mV，短絡電流密度13.9mA/cm^2，曲線因子0.60と5.19%の変換効率が得られた。基板温度の上昇に伴い，開放電圧は減少するものの，短絡電流密度は350℃のサンプルを除き増加した。図12において，各スペクトル形状は350℃のそれを除いてほとんど同じ形状であった。この違いは，350℃という基板温度でZnがCZTS薄膜中に

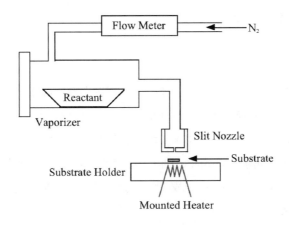

図10 大気開放型CVD装置模式図

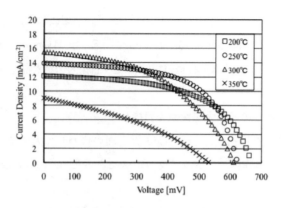

図11 基板温度をパラメータとした，ZnO界面層を用いたCZTSセルのJ-V特性の比較

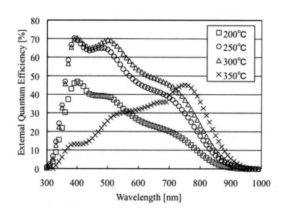

図12 基板温度をパラメータとした，ZnO界面層を用いたCZTSセルの外部量子効率スペクトルの比較

拡散した事が原因であると考えられる。

5.10 まとめ

本節では，硫化法によるCZTS薄膜の作製法とCZTS薄膜太陽電池への応用を紹介した。1996年当時0.66％であった変換効率を，2008年に6.77％まで向上させる事ができた。さらに，CBD-CdSの代わりにドライプロセスである大気開放CVD法によるZnO界面層を提案し，In-free，Cd-freeのCZTS薄膜太陽電池で5％台の変換効率を得る事に成功した。高効率太陽電池を得るためには，Cu-poor，Zn-rich組成の中でもかなり狭い領域で組成制御しなければならない事が明らかとなった。

2010年2月，米国IBMのTodorovらはGlass/Mo/CZT($S_{0.4}Se_{0.6}$)/CdS/ZnO/ITO構造のセ

第4章　要素技術

ルで，開放電圧516mV，短絡電流密度28.6mA/cm^2，曲線因子0.65と9.66%の変換効率を報告した[24]。彼らは，Seとの混晶を作製する事で，禁制帯幅を1.2eVとCZTSより狭め，短絡電流密度の著しい向上を達成している。これにより，In-free薄膜太陽電池のポテンシャルが10%を超える可能性がある事が明らかになった。持続可能性を視野に入れた新型太陽電池の材料探索を含め，CZTS系薄膜太陽電池の実用化に向けた今後の更なる研究開発が大いに期待される。

文　　献

1) J. Emsley: "The Elements" (Oxford Univ. Press, Oxford, 1998) 3rd ed., p.289.
2) K. Ito and T. Nakazawa: *Jpn. J. Appl. Phys.*, **27**, pp.2094-2097, 1988.
3) H. Katagiri, N. Sasaguchi, S. Hando, S. Hoshino, J. Ohashi, T. Yokota: in: Tech. Dig. 9th Int. PVSEC, Miyazaki, pp.745-746, 1996.
4) Th.M. Friedlmeier, N. Wieser, Th. Walter, H. Dittrich, H.W. Schock: in: Proc. 14th European PVSEC and Exhibition, P4B.10, 1997.
5) H. Katagiri, K. Jimbo, W.S. Maw, K. Oishi, M. Yamazaki, H. Araki, A. Takeuchi: *Thin Solid Films*, **517**, pp.2455-2460, 2009.
6) H. Katagiri, K. Jimbo, S. Yamada, T. Kamimura, W.S. Maw, T. Fukano, T. Ito and T. Motohiro: *Appl. Phys. Express* **1**, 041201, 2008.
7) J. Seol, S. Lee, J. Lee, H. Nam, K. Kim: *Sol. En. Mat. Sol. Cells* **75**, pp.155-162, 2003.
8) T. Tanaka, T. Nagatomo, D. Kawasaki, M. Nishio, Q. Guo, A. Wakahara, A. Yoshida, H. Ogawa: *J. Phys. Chem. Solids*, **66**, pp.1978-1981, 2005.
9) K. Oishi, G. Saito, K. Ebina, M. Nagahashi, K. Jimbo, W.S. Maw, H. Katagiri, M. Yamazaki, H. Araki, A. Takeuchi: *Thin Solid Films*, **517**, pp.1449-1452, 2008.
10) K. Moriya, K. Tanaka, H. Uchiki: *Jpn. J. Appl. Phys.*, **47**, pp.602-604, 2008.
11) H. Araki, A. Mikaduki, Y. Kubo, T. Sato, K. Jimbo, W.S. Maw, H. Katagiri, M. Yamazaki, K. Oishi, A. Takeuchi: *Thin Solid Films*, **517**, pp.1457-1460, 2008.
12) J. Zhang and L. Shao: *Science in China Series E: Technological Sciences*, **52**, pp.269-272, 2009.
13) A. Weber, H. Kurauth, S. Perlt, B. Schubert, I. K?tschau, S. Schorr, H.W. Schock: *Thin Solid Films*, **517**, pp.2524-2526, 2009.
14) K. Moriya, J. Watabe, K. Tanaka, H. Uchiki: *Phys. Status Solidi* (C), **3**, pp.2848-2852, 2006.
15) K. Tanaka, N. Moritake, M. Oonuki, H. Uchiki: *Jpn. J. Appl. Phys.*, **47**, pp.598-601, 2008.
16) N. Nakayama and K. Ito: *Appl. Surf. Sci.*, **92**, pp.171-175, 1996.

17) Y.B.K. Kumar, G.S. Babu, P.U. Bhaskar, V.S. Raja: *Sol. En. Mat. Sol. Cells* **93**, pp.1230-1237, 2009.
18) A. Ennaoui, M. Lux-Steiner, A. Weber, D. Abou-Ras, I. Kötschau, H.W. Schock, R. Schurr, A. Hölzing, S. Jost, R. Hock, T. Voβ, J. Schulz, A. Kirbs: *Thin Solid Films*, **517**, pp.2511-2514, 2009.
19) T. Todorov, M. Kita, J. Carda, P. Escribano: *Thin Solid Films*, **517**, pp.2541-2544, 2009.
20) K. Tanaka, M. Oonuki, N. Moritake, H. Uchiki: *Sol. En. Mat. Sol. Cells* **93**, pp.583-587, 2009.
21) S. Schorr, M. Tovar, H.J. Hoebler, H.W. Schock: *Thin Solid Films*, **517**, pp.2508-22510, 2009.
22) P.A. Fernandes, P.M.P. Salomé, A.F. da Cunha: *Thin Solid Films*, **517**, pp.2519-2523, 2009.
23) J. Paier, R. Asahi, A. Nagoya, G. Kresse: *Physical Review B*, **79**, 115126, 2009.
24) Teodor K. Todorov, Kathleen B. Reuter, and David B. Mitzi: *Adv. Mater.* **22**, 1-4, 2010.

第5章　CIGS太陽電池の評価技術

1　CIGS太陽電池の性能測定技術

菱川善博*

1.1　はじめに

　太陽電池にとって出力は最も重要な性能である[1]。CIGS太陽電池を含め，各種太陽電池の材料・構造にかかわらず，その電流電圧（I-V）特性や光電変換効率等の性能を正確に評価するためには，ソーラシミュレータ等測定光源の照度・分光スペクトルの調整，スペクトルミスマッチ誤差を防ぐための適切な基準セルの使用，太陽電池面積の正確な定義，等の技術が共通して必要である[1〜4]。これらの技術はすべての太陽電池の測定に共通なものであるが，太陽電池の材料・構造によっては測定の際に特別な考慮が必要である。ここでは各種太陽電池の性能測定に共通して必要な技術に加えて，CIGS太陽電池の評価技術等について議論する。

1.2　太陽電池性能評価技術の概要

　ソーラシミュレータの下で太陽電池特性を測定する際に関係する主な技術は，以下の通りである（図1）。

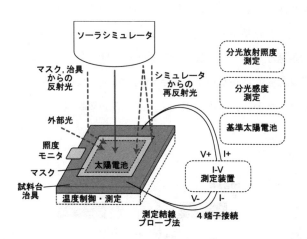

図1　太陽電池セル，モジュールのI-V特性測定技術に関係する主な要素技術と項目

　＊　Yoshihiro Hishikawa　㈱産業技術総合研究所　太陽光発電研究センター　評価・システムチーム長

①光源（ソーラシミュレータ）装置と調整。
②測光（照度，分光放射スペクトル，均一性）。
③温度制御，測定。
④分光感度測定。
⑤電流電圧（I-V）特性測定。
⑥I-V特性補正。
⑦太陽電池の材料・構造に因る特殊な性質の把握。

　これらは，太陽電池の材料・構造にかかわらず共通な，正確な性能評価のために必要な要素である。1.3節ではその代表的な例として，測定結果に影響を及ぼし易いものについて述べる。最近特に重要性を増している⑥，⑦についても概説する。

1.3　測定結果に影響する主な要素

　太陽電池の特性は，温度と入射光の照度・スペクトルに大きく依存する。したがって，標準的な測定条件（Standard Test Condition：STC）として，入射光の照度 $1\,kW/m^2$，スペクトルは AM 1.5 G，デバイス温度 25 ℃での測定が通常行われており，規格でも定められている[2]。具体的な性能評価技術として，入射光の（分光）放射照度測定と，出力電流・電圧を測定することが必要となる。この中で，光の照度の絶対測定が技術的に難しい。例えば市販の計測装置で，電流・電圧なら 0.1 % 以内の精度は普通であるが，光の強度では特殊なものを除き 1 ～ 5 % の精度しかないことも，それを物語っている。更に太陽電池の分光感度は様々であることから，サンプルと分光感度が同じ又は類似した基準太陽電池を用いてソーラシミュレータの照度を調節する必要がある。小面積薄膜太陽電池を測定する際に測定結果に影響を与える要素を図2に示す。特に有機薄膜太陽電池等で発電部の面積が基板より小さい太陽電池の変換効率を測定する場合には，デバイス面積を規定するマスクの設置が不可欠である。マスクを設置した場合でも，特に小面積サン

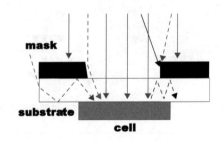

図2　小面積薄膜太陽電池を測定する際に測定結果に影響を与える要素
特に面積の小さいサンプルを測定する場合は，破線で示した光路が測定誤差の原因となる可能性がある。

第 5 章　CIGS 太陽電池の評価技術

プルの測定においては，図 2 の破線で示したような様々な測定誤差が発生し得るので注意を要する。ただし最近の CIGS 系太陽電池では，大面積のモジュールもしくはサブモジュールでの測定が多く行われている。サンプルが大面積な場合は図 2 の効果の影響は少なくなる。

1.3.1　ソーラシミュレータ光の調整

ソーラシミュレータの出力光は，基準太陽光のスペクトルに近似するように設計されている。ソーラシミュレータのスペクトル合致度は IEC 60904-9 "Solar simulator performance requirements" や JIS に定義が規定されており，JIS では別途アモルファス太陽電池用に特化した，より細かい波長分割によるスペクトル合致度として，JIS C 8933 "アモルファス太陽電池測定用ソーラシミュレータ" に規定されている。より感度波長が広い CIGS 太陽電池に関しても，TS としての公開が予定されている。現実にはソーラシミュレータのスペクトルは基準太陽光スペクトルに比べて差がある（図 3）。キセノン（Xe）ランプは色温度が約 6000 K で，基準太陽光とほぼ一致しており，ソーラシミュレータに適した光源として常用されているが，近赤外領域では輝線が顕著である。特に結晶 Si および CIGS 太陽電池の吸収端を含む 1100〜1300 nm や，アモルファス Si，GaAs および色素増感太陽電池の吸収端を含む 750〜950 nm にも，スペクトルに数多くのピークと谷が存在するので，バンドギャップの異なる太陽電池の比較測定時には注意を要する。また当然のことながら，ハロゲンランプのように大きくスペクトルの異なる光源単独では性能評価に適さない。Xe ＋ハロゲンランプを光源とする 2 光源ソーラシミュレータでは，輝線の影響は低減され，スペクトルが調整可能となる利点があるが，基準太陽光とスペクトルが完全に合致しているわけではない。基準太陽電池を用いた太陽電池測定において，ソーラシミュレー

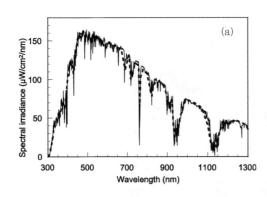
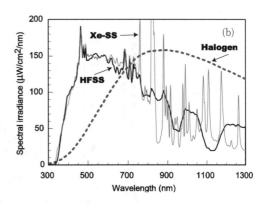

図 3　(a) IEC および JIS に規定された AM 1.5 G 基準太陽光スペクトル。破線は旧スペクトル（IEC 60904-3 Ed.1 等）。実線は 2008 年 4 月に改定された新スペクトル（IEC 60904-3 Ed.2）。(b) 各種光源の分光放射照度スペクトルの一例
　　　参考としてハロゲンランプのスペクトル例も相対値で示す。

タと基準太陽光のスペクトルの差,および被測定サンプルと基準太陽電池の分光感度の差,すなわちスペクトルミスマッチが短絡電流 I_{SC} の測定結果に及ぼす影響は,照度と I_{SC} に比例関係が成立する範囲では,(1)式で表される。

$$I_{SC,S} = I_{SC,M} \times \frac{\int \Phi_S Q_M d\lambda}{\int \Phi_M Q_M d\lambda} \frac{\int \Phi_M Q_R d\lambda}{\int \Phi_S Q_R d\lambda} \times \frac{CV}{I_{SC,M,RC}} \qquad (1)$$

ここで $I_{SC,S}$ および $I_{SC,M}$ は被測定太陽電池の基準太陽光下およびソーラシミュレータ下における短絡電流,Φ_S および Φ_M は基準太陽光およびソーラシミュレータの相対分光放射照度,Q_R および Q_M は基準太陽電池および被測定サンプルの相対分光感度である。CV は基準太陽電池の I_{SC} 校正値であり,$I_{SC,M,RC}$ はその実測値である。通常は $I_{SC,M,RC} = CV$ である。(1)式より,基準太陽光下における太陽電池の I_{SC} を正確に測定するには,下記①〜③の方法があることがわかる。
①基準太陽光にスペクトルが合致するソーラシミュレータを使用する($\Phi_S = \Phi_M$)。
②被測定サンプルと分光感度が一致する基準太陽電池を使用してソーラシミュレータを調整する($Q_R = Q_M$)。
③ソーラシミュレータの分光放射照度と,被測定サンプルおよび基準太陽電池の分光感度を正確に知る。

JIS 及び IEC 規格で,①②に対応して Φ_S と Φ_M,Q_R と Q_M を合致させた状態での太陽電池測定法が規定されている。③により更に測定精度向上が可能になるが,Φ_M,Q_R,Q_M の正確な測定が可能であることが前提となる。適切な基準セルが存在しない新型太陽電池等の性能を評価する際には,③の方法もしくは絶対分光放射照度を用いた照度調整方法を使用することになる。

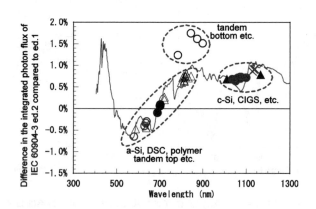

図4　実線は新旧基準太陽光スペクトルの積分フォトン数の変化率
記号は各種太陽電池における計算結果を付記したもの。記号の横軸は,量子効率が長波長側で最大値の1/2になる波長。各種太陽電池の計算結果は,タンデム構造のボトムセルを除いて実線と概ね一致する。

第5章　CIGS太陽電池の評価技術

　太陽電池性能評価のための基準太陽光スペクトルを規定するIEC 60904-3が2008年4月にEd.1からEd.2へと改定された。太陽電池の種類により，改定前後のスペクトルでI_{sc}等の性能数値がコンマ数％〜1％程度異なる。多接合の要素セル等分光感度範囲が狭いデバイスではそれ以上変化する場合もある。各種太陽電池において，Ed.1とEd.2でI_{sc}が変化する割合の理論値は，正確な分光感度が既知であれば計算することができる。変化の概要は，図4等の簡易的な計算でも概ね予測することができる。詳細は文献10, 11)を参照。

1.3.2　基準太陽電池の選定

　被測定サンプルと同一ロット等，材料・構造・分光感度が同じ基準太陽電池でソーラシミュレータの照度を調整することが理想的だが，多接合太陽電池や，I_{sc}に経時変化がある可能性のあるデバイスでは，結晶Si太陽電池に光学フィルタを組み合わせて模擬的に類似した分光感度の基準太陽電池を作成する。また，研究開発の現場で，類似した分光感度の基準太陽電池が存在しない場合もある。そのような場合，1.3.1で述べたスペクトルミスマッチによる測定誤差が特に顕著になり，基準太陽電池の分光感度とソーラシミュレータのスペクトルの合致度によっては，誤差が5〜10％以上になることもあり得る。また，例えば単結晶Si太陽電池の中でも，図5に示すように，その構造によって分光感度は大きく異なることも要注意である。結晶Si太陽電池，アモルファスSi太陽電池およびCIGS太陽電池の分光感度の例を図6に示す。CIGS太陽電池の分光感度特性は特にGa組成比等によって大きく変化するが，図6のCIGS太陽電池は現在量産・市販されているものに近い例である。基準太陽電池は，太陽電池評価の基礎となる技術であり，日本では産総研（AIST）が一次基準太陽電池セル[3]及び基準太陽電池モジュール校正技術の開発を行い，基準太陽電池校正の国際比較であるWPVS (World Photovoltaic Scale)に，世界で4機関のqualified lab.の一つとして参画している[4]。

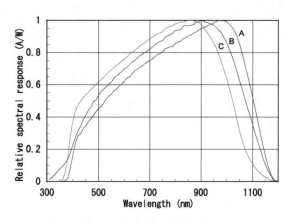

図5　各種単結晶Si太陽電池の相対分光感度スペクトルの例
次元はA/W。

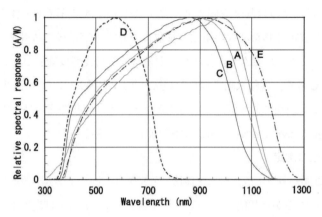

図6 単結晶 Si（A, B, C），アモルファス Si（D）および CIGS 太陽電池（E）の相対分光感度スペクトルの例

なお，この分光感度は A/W の次元であり，通常デバイス解析等に用いられる量子効率スペクトルとは形が異なる。（A/W の分光感度）≒（量子効率）×（波長：nm）/1240 である。

1.3.3 照度ムラ・サンプル形状

　ソーラシミュレータ光の照度は位置によって分布があるので，基準太陽電池はサンプルと同一平面上で，かつサンプル面の平均的な照度の場所に設置する必要がある。この際サンプルや測定治具表面の反射率が大きいと，サンプルからの反射光がソーラシミュレータの出射レンズに再反射して，照度が設定値よりも大きくなる場合がある。また，変換効率を測定する場合には面積を規定するマスクを用いることが多いが，特に 1 cm 以内の小面積セルではマスク表面・端面からの反射光が無視できない。

1.3.4 温度調節と温度測定

　太陽電池の種類により，P_{max}，V_{OC} は $-0.2 \sim -0.5$ %/℃，I_{SC} は $+0.05 \sim 0.08$ %/℃の温度係数を持つことが多い。光照射開始から 1 秒での温度上昇は通常 0.5 〜 1 ℃以内であり，サンプルが十分室温になじんだ状態からの 1 秒以内のパルス光測定であれば，温度上昇はその範囲に収まる。サンプル内の温度ムラも測定誤差の原因となるので要注意である。定常光での測定では，サンプルの温度調節が必須となる。例えば基準セルパッケージの構造で水冷を行えば，0.5 ℃以内の再現性で温度制御を行うことが可能であるが，その他の構造では，正確な性能評価を行うために，モニタ点の温度がサンプルの実温を正確に反映しているかどうか，サンプル毎に検証する必要がある。

1.3.5 光照射効果

　CIGS 系太陽電池は，光照射により多くの場合変換効率が上昇することが知られている。図7に各種 CIGS 太陽電池特性に光照射が及ぼす影響の実測結果を示す。30 分の 1 sun 光照射で約 2 割 P_{max} が増加するサンプルがある一方，全く P_{max} が変化しないものもあり，デバイス構造によっ

第 5 章　CIGS 太陽電池の評価技術

て光照射効果が大きく変化する。また，図 8 に示すように，更に長時間・複数回の光照射／暗所保存の繰り返しによる蓄積効果が見られる。従って，CIS 系太陽電池の性能評価においては，1 sun，30 分の事前光照射で，性能変化の大小は判断できるものの，その詳細は今後も引き続き検討が必要である。例えば，図 7，8 は開放状態で約 1 sun（1 kW/m^2）の光照射を行ったが，短絡状態や最適動作状態等，バイアス電圧によって光照射効果が異なる可能性があり，光照射効果の照度依存性も現状では明らかになっていない。特に屋外における発電量を見積もる際には，該当するデバイス構造における光照射効果を検証することが必要となる。

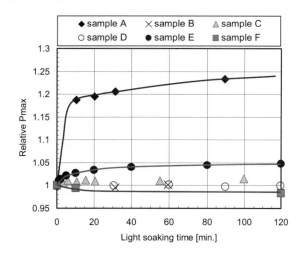

図 7　各種 CIGS 太陽電池の光照射効果の一例

光照射により多くの場合は P_{max} が増加するが，sampleF のように減少する場合もある。

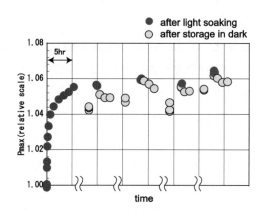

図 8　CIGS 太陽電池の光照射効果／暗所放置の繰り返しによる P_{max} 変化の一例

1.3.6 温度・照度依存性

　STCにおける性能評価技術に加えて，太陽電池の屋外での実際の稼働条件に対応する様々な温度・照度における，各種太陽電池モジュールの性能を評価する技術の重要性が増してきている。性能の照度・温度依存性は，太陽電池セル・モジュール設計によって異なる。たとえば同一の太陽電池でも，セルに比べてモジュールの方がセル間接続等により直列抵抗の効果が大きいため，モジュールは高照度で抵抗ロスによりFFや変換効率が低下する傾向がある。様々な条件における太陽電池の出力予測（Energy rating）技術開発の一環として，従来用いられてきたI-V特性の照度・温度補正式にくらべて，より広い温度・照度範囲で高精度に温度・照度依存性を記述する補正方法の開発が行われている[9]。現在までに，I-V特性の直線補間による照度補正が各種太陽電池に適用可能であることが明らかになっており，温度依存性についても検討が行われている。一般にはCIGS太陽電池のV_{oc}（もしくは実効的なバンドギャップ）は結晶Siより小さいことが多いため，その温度照度依存性は結晶シリコン系太陽電池よりもやや大きいことが多い。ただし詳細は個別の実測による検証が必要である。またCIGS太陽電池は後述する光照射効果／アニール効果によってI-V特性が変化するので，温度照度依存性を検討する際にも事前の光照射の有無で結果が異なる場合が多い。

1.3.7 I-V測定

　各種太陽電池のI-V特性測定時には，容量成分等の差に起因して太陽電池の種類による応答速度の差があることに注意が必要である。CIGS太陽電池でも，異なった電圧掃引速度，方向での測定結果を比較検証することにより，応答速度による誤差が顕著でないことを確認することが望ましい。図9にCIGS太陽電池のI-V特性における電圧スイープ時間およびスイープ速度の影響の一例を示す。CIGS太陽電池におけるこの効果はまだ十分明らかになっておらず，前述の光照射効果の影響を考慮することが必要である。

　なお最近の太陽電池の大面積化に伴い，大電流の太陽電池が増加している。例えば大面積結晶Si太陽電池の単セルでは，最適動作電流・電圧が例えば7A程度，0.5V程度の大電流・低電圧となる。この場合直列抵抗が重要となり，1mΩの直列抵抗でもP_{max}とFFが1％以上低下する。後に述べるように現状では有機薄膜太陽電池では直列抵抗の大きい場合も多く，小面積でも抵抗成分がI-V特性測定に及ぼす影響が無視できないことがある。ラミネート前のセルでは，4端子測定を行う際の電流端子・電圧端子の位置関係で，P_{max}とFFが大きく異なる。性能評価の目的として，モジュール化した際の性能を把握したいのか，それともタブやハンダの抵抗を除いたセル本体の性能を測定したいのかによって，各端子を設置するべき位置が異なる。CIGS系でも出力電流が1アンペア程度以上ではこの点が重要となる。

第5章　CIGS太陽電池の評価技術

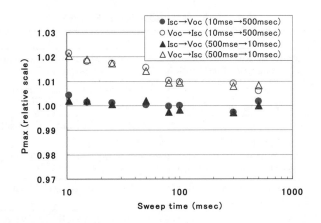

図9　CIGS太陽電池の*I-V*特性における電圧スイープ時間およびスイープ速度の影響の一例（光照射による安定化後）

1.3.8　分光感度測定

　多接合太陽電池の分光感度測定では，カラーバイアス光の照射によりトップ，ボトム等の要素セルの分光感度を分離測定することが必要である。しかし実際の測定においてカラーバイアス光のスペクトルや照度が適切でない場合には，トップとボトムの分光感度が混ざったものが測定されることもある。その場合には補正式によって各要素セルの分光感度を分離することが可能である。また最近では市販サイズの大面積CIGSモジュールの分光感度を直接測定することが可能となっている（図10）。

1.3.9　太陽電池測定に関する標準化の現状

　太陽電池の測定に関する手順，装置は，表1, 2に示すようなJIS, IEC等の規格で規定されている。JISは，基本的にはIECと整合した内容となっている。関連するJIS規格は太陽電池の

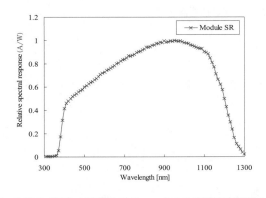

図10　市販のCIGS太陽電池モジュールの分光感度実測値の一例

表1 太陽電池評価関係の主な IEC 規格

Number	Title
IEC 60891	Procedures for temperature and irradiance corrections to measured I-V Characteristics of crystalline silicon photovoltaic devices.
IEC 60904-1	Measurement of photovoltaic current-voltage characteristics.
IEC 60904-2	Requirements for reference solar cells.
IEC 60904-3	Measurement principles for terrestrial photovoltaic (PV) solar devices with refhence spectral irradiance data
IEC 60904-5	Determination of the equivalent cell temperature (ECT) of photovoltaic (PV) devices by the open-circuit voltage method.
IEC 60904-7	Computation of spectral mismatch error introduced in the testing of a photovoltaic device.
IEC 60904-8	Measurement of spectral response of a photovoltaic (PV) device.
IEC 60904-9	Solar simulator performance requirements.
IEC 60904-10	Methods of linearity measurement.
IEC 61215	Crystalline silicon terrestrial photovoltaic (PV) modules-Design qualification and type approval.
IEC 61730-1	Photovoltaic module safety qualification-Part 1 : Requirements for construction.
IEC 61730-2	Photovoltaic module safety qualification-Part 2: Requirements for testing.

規格名は一部省略した。この他に最近基準太陽電池のトレーサビリティ規格，エネルギー定格の規格等が審議／発行されている。

種類別であり，現在有機薄膜用のものは無いが，アモルファス Si 太陽電池に関する規格は有機薄膜と共通点が多く参考になる。IEC 規格は基本的に各種太陽電池に対応したものである。

1.4 まとめと今後の課題

　CIGS 等，各種太陽電池の性能を高精度に測定するためには，本節で述べた現状の各種太陽電池評価に共通な技術に加えて，今後新たに開発される材料・構造も含めた新型太陽電池に適した性能測定技術を明らかにしていく必要がある。

謝辞

　本研究の一部は NEDO から受託して実施したものであり，関係各位に感謝する。

第5章　CIGS太陽電池の評価技術

表2　太陽電池評価関係の主なJIS規格

規格番号	表題
JIS C 8910	一次基準太陽電池セル
JIS C 8911	二次基準結晶系太陽電池セル
JIS C 8912	結晶系太陽電池測定用ソーラシミュレータ
JIS C 8913	結晶系太陽電池セル出力測定方法
JIS C 8914	結晶系太陽電池モジュール出力測定方法
JIS C 8915	結晶系太陽電池分光感度特性測定方法
JIS C 8916	結晶系太陽竜池セル・モジュールの出力電圧・出力電流の温度係数測定方法
JIS C 8917	結晶系太陽電池モジュールの環境試験方法及び耐久性試験方法
JIS C 8918	結晶系太陽電池モジュール
JIS C 8919	結晶系太陽電池セル・モジュール屋外出力測定方法
JIS C 8921	二次基準シリコン結晶系太陽電池モジュール
JIS C 8931	二次基準アモルフアス太陽電池セル
JIS C 8932	二次基準アモルフアス太陽電池サブモジュール
JIS C 8933	アモルフアス太陽電池測定用ソーラシミュレータ
JIS C 8934	アモルフアス太陽電池セル出力測定方法
JIS C 8935	アモルフアス太陽電池モジュール出力測定方法
JIS C 8936	アモルフアス太陽電池分光感度特性測定方法
JIS C 8937	アモルフアス太陽電池セル・モジュールの出力電圧・出力電流の温度係数測定方法
JIS C 8938	アモルフアス太陽電池モジュールの環境試験方法及び耐久性試験方法
JIS C 8939	アモルフアス太陽電池モジュール
JIS C 8940	アモルフアス太陽電池セル・モジュール屋外出力測定方法
JIS C 8990	地上設置の結晶シリコン太陽電池（PV）モジュール設計適格性確認及び形式認証のための要求事項
JIS C 8991	地上設置の薄膜太陽電池（PV）モジュール設計適格性確認及び形式認証のための要求事項

この他に最近多接合太陽電池評価法の規格が制定され，CIGS太陽電池に関するTSも公開に向け準備されている。

文　　献

1) 菱川，猪狩 "太陽光発電における性能評価の重要性と動向" 電機，2002.8, p 2-7
2) 例えば，JIS C 8914, C 8934, IEC 60904-1
3) Hishikawa, Igari, Kato,"Calibration and Measurement of Solar Cells and Modules by the Solar Simulator Method in japan", Proceedings of WCPEC 3, Osaka (2003) 1081-84
4) S. Winter, J. Mtzdorf, K. Emery, F. Fabero, Y. Hishikawa *et al.*, "The Results of the Second World Photovoltaic Scale Recalibration" Proceedings of the 31 st IEEE

PVSC, (2005) 1011-1014
5) Hishikawa, Igari "Characterization of Multi-Junction Solar Cells/Modules by High-Fidelity Solar Simulators and Their Irradiance Dependence", Proceedings of the 19 th EUPVSEC, Paris (2004) 1340-1345
6) H. A. Ossenbrink, W. Zaaimanet *et al.*, "Do Multi-Flash Solar Simulators Measure the Wrong Fill factor?", Prceedings of the 23 rd IEEE, Louisvilles, (1993), 1194-1196
7) J. Metzdorf, A. Meier, S. Winter *et al.*, "Analysis and Correction of Errors in Current-Voltage Characteristics of Solar Cells Due to Transient Measurements", proceedings of the 12 th EUPVSEC, Amsterdam (1994) 496-499
8) Y. Hishikawa, "Performance Characterization of the Dye-Sensitized Solar Cells", Proceedings of 31 st IEEE PVSC, Lake Buena Vista, Florida (2005) 67-70
9) Hishikawa, Imura, Proceedings of the 28 th IEEE PVSC, (2000), 1464-1467
10) Y. Hishikawa, " Performance measurement of dye-sensitized solar cells and organic polymer solar cells ", Proceedings of the SPIE Optics + Photonics Conference, 2008, San Diego
11) 菱川, 日本学術振興会第175委員会平成20年度第5回「次世代の太陽光発電システムシンポジウム」(2008 宮崎) 予稿
12) Martin A. Green, Keith Emery, Yoshihiro Hishikawa, Wilhelm Warta, "Solar cell efficiency tables, Progress in Photovoltaics: Research and Applications, 33 (2009) 85-94

2　CIGS 太陽電池の電子構造評価

寺田教男*

2.1　はじめに

　混晶半導体である Cu $(In_{1-x}Ga_x)Se_2$（CIGS）は，禁制帯幅を Ga 置換率 $x = 0$ の $CuInSe_2$（CIS）における 1.06 eV から $x = 1.0$ の $CuGaSe_2$（CGS）における 1.68 eV まで制御可能なことを大きな特徴としており[1~4]，禁制帯幅を地上における太陽光の吸収に最適な約 1.4 eV とした場合，25 ％を超える高変換効率が得られる可能性があることがモデル計算から示されている。現在まで，CIGS 系太陽電池で最高の変換効率は三段階蒸着法による CIGS 層を光吸収層，酸化亜鉛 ZnO を透明伝導層，Chemical Bath Deposition（CBD）法による硫化カドミウム CdS を両者の間のバッファ層とする ZnO/CBD-CdS/CIGS 構造小面積セルで得られている約 20 ％であるが，このときの CIGS の禁制帯幅は約 1.2 eV（Ga 置換率 $x \sim 0.3$）と最適値より小さい[5~7]。このため，禁制帯幅を拡大することによる変換効率の向上が期待されるが，上記の値より禁制帯幅，Ga 置換率を上昇させると変換効率が急減することが報告されている。

　Ga 置換率 x を増加させることで光吸収層の禁制帯幅（E_g）を拡張した場合，短絡電流は単調に減少するので，開放電圧（V_{oc}）の上昇により，これを上回る特性を実現することが高効率化のための鍵となる。しかしながら，CIGS を光吸収層とする電池では E_g が 1.2 eV を超えると V_{oc} に飽和傾向が生じ，変換効率は CIGS 層の E_g が拡張した領域で急速に低下することが報告されてきた。この現象について，V_{oc} の支配要因の一つである CBD-CdS に代表されるバッファ層と CIGS との界面におけるバンド接続の観点から検討が行われ，①低 Ga 置換率 CIGS 上では伝導帯接続が CdS 層の伝導帯下端（CBM）に比べて CIGS 層の CBM が低い type I 型をとり（図 1），CdS に接する CIGS 領域のバンド端が押し下げられて，結晶学的界面と pn 接合界面が空間的に分離することで，界面欠陥準位を介したキャリア再結合の抑制に有利なバンド接続となる[8]。② Ga 置換率の上昇により禁制帯幅の拡張する際，価電子帯上端（VBM）は殆ど不変で，CBM が選択的に上昇し，このため，伝導帯接続は $CBM_{CdS} < CBM_{CIGS}$ の CBM 相対関係が逆転した type II 型に移行し，界面領域における禁制帯幅の最小値が CdS の伝導帯下端と CIGS 価電子帯上端のエネルギー差で決まるようになるとともに，pn 界面が結晶学的界面に近づき界面再結合が促進され，開放電圧の上昇が CIGS 層の禁制帯幅の拡張に追随し難くなる[9~11]，との指摘がなされてきた[9~13]。

　また，CdS バッファに接する CIGS 層領域は，同一条件で形成された CIGS 層の表面組成・価電子帯の分析から，p 型の電子構造を持つ内部よりも同領域では n 型方向に電子構造が変調さ

---

*　Norio Terada　鹿児島大学　理工学研究科　電気電子工学専攻　教授

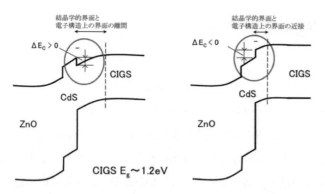

図1　CIGS系太陽電池構造におけるバンド接続の模式図
Type I 型；低Ga置換率・禁制帯幅 狭のCIGS上，Type II 型；高Ga置換率・禁制帯幅 広のCIGS上の界面。

れるとともに，約 1.3 eV に拡張した禁制帯幅，平均組成よりも低い Cu 濃度の領域が存在することが示されて来た[8,14~16]。これらは Cu 濃度が Chalcopyrite 構造より低い $CuIn_5Se_8$，$CuIn_5Se_8$ 相などの"Cu 欠損相"の特性に対応している。このような相が界面領域に挿入された場合，空乏層領域での再結合抑制と上述した Type I 型伝導帯接続と同様，p 型の電子構造を持つ CIGS と n 型 CdS の間の電気的（pn）界面を欠陥密度の高い CBD-CdS と CIGS 層間の結晶学的界面から遠ざける効果が期待され，界面における光励起キャリアの損失の低減が期待できることから，その形成過程の把握・制御が高効率化に有効とされている。

この様な背景から，電池特性，特に V_{oc} を左右すると考えられる CIGS 層の表面領域の構造・電子状態，及び CBD-CdS 層を代表とするバッファ層と CIGS 層間のヘテロ界面におけるバンド接続の CIGS バンドギャップ依存性の実験的解明評価・制御が，CIGS 太陽電池の高効率化に重要であるとの認識が共有されるようになってきた。

光電子分光は半導体材料表面の電子占有状態の直接的評価手法の一つであり，バンド端位置の決定には，通常電子占有準位の評価法である光電子分光により *VBM* を実測し，続いて既知の禁制帯幅を仮定して *CBM* を算出する手法が用いられる。このバンドギャップを仮定する方法に対応するバンド不連続の算出は，*VBM* のエネルギー変位に，内殻準位の変位から求めたバンド湾曲成分による補正を加えることで価電子帯不連続を決定し，続いて既知のバンドギャップを用いて伝導帯不連続を求める方法で行われる。一方，CBD-CdS/CIGS 界面は，バッファ層との相互拡散，陽イオンの空孔の発生等の構造変調が生じ易い"非理想的界面"であるため，禁制帯幅が変化する可能性があることから，禁制帯幅を仮定した伝導帯接続の決定方法は適当で無い場合が多い。このため，CIGS を含む構造では伝導帯構造についても，独立に評価することが望まし

第5章 CIGS太陽電池の評価技術

い[17,18]。光電子放出の逆過程を利用する逆光電子分光は伝導帯構造を直接評価できるため[19~22]，光電子分光と併用することで禁制帯幅が変動する界面の電子構造接続を決定でき，この要請に応え得る評価手法の一つである。日米欧のグループにより，この直接法を用いた界面の評価が報告されている[12,13,23~27]。本節では逆光電子分光法の概略，CIGS層表面の in-situ 評価による Cu 欠損相生成時期の決定，およびバッファ層/CIGS層界面におけるバンド接続の評価結果を紹介する。

2.2 逆光電子分光法

　逆光電子分光（Inverse Photoemission Spectroscopy：IPES）[19~21]は図2に示すように固体表面に単色電子ビームを入射した際，制動輻射により放出される光を観測することによって非占有電子状態に関する情報を得る手法で，占有電子状態の情報が得られる光電子分光（PES）の逆過程を利用している[22]。試料の全電子数を N とすると，この過程は $|N+1>$ の一価イオンの状態から中性の $|N>$ 状態への遷移であるため，分子性固体のような電子相関エネルギーが大きい物質の場合は基底状態の電子構造を反映しなくなることがあるが，多くの金属や半導体等の電子材料において伝導帯をバンド分散も含めて直接評価できることが知られている。逆光電子分光に関わる過程の微分断面積は，検出する光子のエネルギーがX線領域の場合，光電子分光の約 10^{-3}，真空紫外領域の場合約 10^{-5} と小さく，低感度なことが問題となっていたが，電子デバイスの特性向上・新機能発現のため，非占有準位情報取得の重要性が高まってきたこと，電子銃，検出器等の技術的改良により，近年，適用範囲が拡大している。逆光電子分光は特定のエネルギーの光だけを観測する BIS（Bremsstrahlung Isochromat Spectroscopy）モードと一定の電子エネルギー条件のもとで放出光のエネルギー分布を測定する TPE（Tunable Photon Energy）

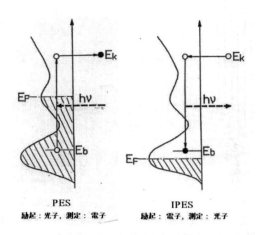

図2　光電子分光（PES）と逆光電子分光（IPES）における電子，光子の吸収，放出過程

モードに分類される。太陽電池材料の評価には試料の電子線照射耐性，伝導度を考慮する必要があり，照射電子のエネルギー・密度の低減した真空紫外領域の光子を計測対象とする高感度測定の採用が必要となる。TPE モードでは電子遷移の始状態を決定する励起電子のエネルギーを自由に設定できることから，シンクロトロン放射光を励起とする光電子分光と同様，様々な電子構造情報を得ることができる。反面，微弱な信号光をさらに分光するため，光学系が非常に暗く且つ複雑な構成となる。一方，BIS モードは，光学系が非常に明るい，また，このため照射電子密度を低く設定できるため帯電効果，電子照射損傷が抑制でき，多様な物質の測定が可能であること，TPE と比べ装置が簡便なことなどの特徴を持っている。図 3 に BIS モード測定の模式図，装置構成の概略を示す。電子銃には Erdman-Zipf 型[28]，Stoffel-Johnson 型[29]，Pierce 型[30]等が，検出器には SrF_2，CaF_2 等の窓材料の透過光子エネルギー上限を高エネルギー光遮断，光電子増倍管の Cu-Be 第一光電面の光電子放出閾値を低エネルギー光遮断に利用してバンドパスフィルター・計数器とした形式や，窓材料とガイガーミュラー管封入ガスのイオン化のしきい値組み合わせたバンドパスフィルター・計数器などが用いられている[19,31~36]。測定される光子の中心エネルギーは 9 ~ 10 eV，スペクトル幅から求められるエネルギー分解能：0.4 ~ 0.5 eV，フェルミ準位から数 eV 程度に有るバンド端位置に関する精度：± 0.15 ~ 0.20 eV が得られている（TPE モードで実現されている分解能も同程度）。このようなシステムで照射電子エネルギーを走査することにより表面より数 nm の領域の非占有状態の情報が得られる。

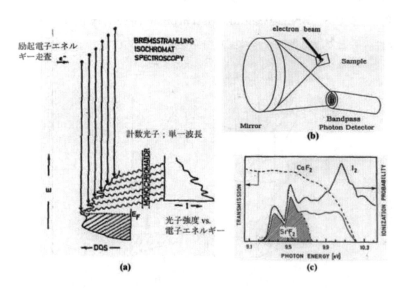

図 3　BIS モード IPES 概略図 (a)，装置構成例 (b)，光子計測器のバンドパス特性例；アルカリハライド窓［高エネルギー光遮断］＋I_2 イオン化［低エネルギー光遮断］(c)

2.3 三段階共蒸着法による CIGS 層表面の評価

現在まで，18％を超える変換効率は三段階共蒸着法で形成された CIGS 層を用いたセルで得られており，そこではバッファ層に接する CIGS 層の Cu 欠損・電子構造の変動が電池特性の向上に関与することが示唆されている。Cu 欠損領域生成の起源としては，三段階蒸着法（最終段階で Cu の供給が停止されるので，厚さ方向の元素拡散が不完全な場合，接合領域に接する CIGS 領域が Cu 欠損となり易い）に起因する組成の厚さ方向変化，CIGS 層堆積に引き続く CBD プロセスにおける溶媒への Cu の溶出，第一原理計算により示唆されている CIGS 構造の有極性 (102) 面などにおける Cu 結合エネルギーの顕著な低下・Cu 欠損の自然発生などの機構が考えられる。電池構造・プロセスの最適化の立場から見ると，Cu 欠損領域の形成時期を特定することが重要となる。可能性の有る形成時期は三段階蒸着の終了前後または CBD プロセス中と推定されるので，CIGS 蒸着終端表面から空乏層厚程度の深さの領域の本質的状態を評価することにより，その特定が可能となる。このためには，成長後の CIGS 層組成・電子状態の in-$situ$ 評価が必要となる。そこで，高効率セルが得られる成長システム・条件で Mo/ソーダライムガラス基板上に三段階法により形成した CIGS 膜を高真空ベッセル（搬送時真空度～10^{-9} Torr）を用いて正・逆光電子分光システムに搬送し，表面の化学的結合状態，電子構造の in-$situ$ 評価を行うとともに，CIGS 系に対して照射損傷が少ないことが確認されている低エネルギーイオンエッチング（イオンエネルギー：$50 \sim 350$ eV）を併用して，CBD プロセス前の CIGS 層の化学的状態・VBM・CBM の深さ方向プロファイルの評価を行った。

搬送した試料の CIGS 層表面の in-$situ$ X 線光電子分光スペクトルにおける酸素 1s 領域には分析システム内残留ガスの物理吸着に起因する弱い構造のみが存在し，また炭素 1s 領域では大気暴露された表面では観測困難な Se のオージェ信号が支配的となり，炭素関連信号は分離限界程度となった。これは高真空搬送により表面汚染が十分に抑制されたことを示している。また，短時間のエッチングにより分析システム内での吸着による信号も検出限界以下となっており，上記の手法により本質的状態の評価が可能であることが確認された。

図 4 に X 線光電子分光（XPS）で評価した高真空搬送された平均組成 $Cu_{0.91}(In_{0.35}Ga_{0.65})Se_2$ の試料の $Cu/(In+Ga)$，$Ga/(In+Ga)$ 比のエッチング時間依存性を示す。図の実験でのエッチング速度は約 $0.07 \sim 0.09$ nm/sec としている。As-received 表面では顕著な Cu, Ga 欠損がみられる。$Ga/(In+Ga)$ 比はエッチングの進行に伴い単調に上昇し，エッチング時間 300 sec 以上で平均置換率にほぼ一致した。一方，$Cu/(In+Ga)$ 比は初期表面近傍では 0.2 近傍の低い値に留まり，エッチング時間 $200 \sim 400$ sec の領域で上昇が見られるものの，初期表面からの深さ $40 \sim 60$ nm に相当するエッチング時間 600 sec においても，平均組成比を下回っていた。As-received 表面，エッチング面の Cu：(In + Ga)：Se 比は，それぞれ，$1:4.3:7.3$, $1:2.6:3.6 \sim$

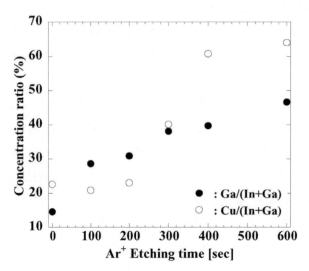

図4 高真空ベッセルを用いて搬送した平均組成 $Cu_{0.91}(In_{0.35}Ga_{0.65})Se_2$ 三段階共蒸着 CIGS 膜の $Cu/(In+Ga)$，$Ga/(In+Ga)$ 比のエッチング時間依存性

1：1.5：2.2 であった。As-received 表面は著しく Se 過剰で In_2Se_3 または $CuIn_5Se_8$ Cu 欠損相のそれに近い組成となっている。これは，三段階成長後の冷却過程で成長システム内に残存する Se 蒸気の吸着によるものと考えられる。一方，As-received 表面から深さ 20～40 nm の領域の組成は $CuIn_3Se_5$，$CuIn_5Se_8$ Cu 欠損相の中間にある。後者の結果は，Cu 欠損領域が三段階共蒸着法による成長終端時に既に形成されていることを示している。欠損率は深さとともに減少するものの，欠損領域の厚さは CBD-CdS バッファ層厚と同レベルにあることから，巨視的伝導特性に対して有意な影響を持つことが示唆される。

電子構造・化学的結合状態に関しては，まず，最外領域でエッチングの進行に伴い，全ての構成元素の内殻光電子ピークの結合エネルギーのコヒーレントな上昇が観測された。これは，上述した最外領域での構造変化によるもので本質的現象ではないと考えられる。図5に $Cu_{0.91}(In_{0.35}Ga_{0.65})Se_2$ 試料の VBM，CBM のエッチング時間依存性を示す。As-received 表面から極浅い領域は，前述の Se 過剰組成に関連した非常に広い禁制帯幅を示すものの，この領域の除去以降，禁制帯幅は chalcopyrite 関連相の範囲内となっている。エッチング時間 100～200 sec 表面は禁制帯幅 1.3～1.4 eV 且つ明瞭な n 型の電子構造を示している。エッチング時間の増大に伴い，VBM，CBM の上昇，禁制帯幅の僅かな縮小が見られる。600 sec エッチングされた表面のフェルミ準位は幅～1.3 eV の禁制帯のほぼ中央に位置している。As-received 表面直下の領域のこれらの電子構造は，$CuIn_3Se_5$ 相のそれに一致しており，XPS で観測された Cu 欠損組成と対応している。

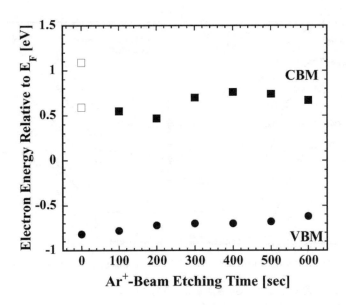

図5 紫外光電子分光・逆光電子分光法により測定した高真空ベッセルを用いて搬送した平均組成 $Cu_{0.91}$ $(In_{0.35}Ga_{0.65})Se_2$ を持つ三段階共蒸着 CIGS 膜の価電子帯上端（*VBM*），伝導帯下端（*CBM*）のエッチング時間依存性

　これらの結果は，Cu 欠損組成，n 型，～1.3 eV の禁制帯幅を持つ，電池特性の向上に有利な電子構造を持つ領域の形成時期が，三段階共蒸着の終端段階にあることを示している．Cu 欠損層の禁制帯幅，フェルミ準位位置等は CIGS 層表面領域の Cu, Ga 欠損量等に依存するので，これらの結果は同成長法の最終段階の条件最適化による電池特性の一層の向上の可能性を示唆している．

2.4 CBD-CdS/三段階共蒸着法 CIGS 界面のバンド接続の評価

　バッファ層/CIGS 層界面のバンド接続に関して，本節では，照射損傷の少ない低エネルギーイオンエッチングと正・逆光電子分光による電子構造評価サイクルを繰り返すことで，CBD 法による CdS バッファ層と MBE 装置を用いた 3 段階共蒸着法による CIGS 層との界面（試料作成：産業技術総合研究所太陽光発電研究センター化合物薄膜チーム）におけるバンド接続の Ga 置換率依存性（Ga 置換率 $x = 0.2 \sim 1.0$）に関する評価結果を紹介する．

　図6に Ga 置換率 $x = 0.2$ の試料の紫外光電子スペクトル (a) 及び逆光電子スペクトル (b) のエッチング時間による変化を示す．この試料において CIGS 関連の内殻 XPS スペクトルが観測され始めるのは，エッチング時間 800 sec であった．CdS に接する CIGS 領域の禁制帯幅は約 1.3 eV と平均の Ga 置換率から期待される値よりも大きく，また，エッチング深さが界面領域に達する

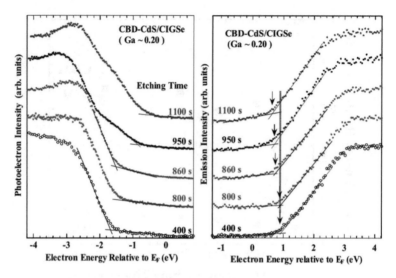

図6 CBD-CdS/三段階共蒸着 CIGS（Ga 置換率 $x \sim 0.2$）試料の紫外光電子スペクトル(a)及び逆光電子スペクトル(b)のエッチング時間による変化

と VBM，CBM が移動を開始し，両者ともエッチングの進行とともにフェルミ準位方向へのシフトが見られた。界面に接する CIGS 領域の禁制帯幅および XPS 測定から求めた組成は，前段で示した，三段階成長の終端時に形成される Cu 欠損相のそれにほぼ一致しており，CBD プロセス後の電池構造中に同相が残存し界面バンド接続に関与することが明らかとなった。図7に VBM，CBM のエッチング時間依存性を示す。界面での VBM，CBM のシフト量はそれぞれ約 0.8 eV，＋0.3 eV であった。XPS 測定から $x = 0.2 \sim 0.4$ の低 Ga 置換率 CIGS 上の界面ではエッチングによる内殻光電子ピーク結合エネルギーのシフトから求まる界面領域でのバンド湾曲量は $-0.1 \sim +0.1$ eV と小さく，これらの試料では界面におけるバンド不連続量は図5のバンド端変位にほぼ一致する。これらから，$x = 0.2$ 試料の価電子帯オフセット（VBO），伝導帯オフセット（CBO）はそれぞれ 0.7 ± 0.15 eV，＋0.3 ± 0.15 eV と決定された。

図8に Ga 置換率 $x = 0.4$ 試料の IPES スペクトルのエッチング時間依存性を示す。$x = 0.2$ 試料ではエッチングの進展に伴い CBM がフェルミ準位に向かうシフトを示したのに対し，この試料では IPES スペクトルは殆ど重なりあっており，$x = 0.4$ の CIGS と CBD-CdS の界面では CBM が深さ方向でほぼ一定であることを示している。図9に VBM，CBM のエッチング時間依存性を示す。この試料ではエッチングの進展による VBM の上方シフト量が $x = 0.2$ 試料に比べて増大していた。一方，伝導帯スペクトル形状・エネルギー位置はエッチング時間に依らずほとんど不変であり，CBM は深さ方向でほぼ一定となっている。界面領域における VBM のシフトは $0.9 \sim 1.0$ eV，CBM のシフト量は $0 \sim -0.1$ eV である。上述のように，この界面バンド湾曲

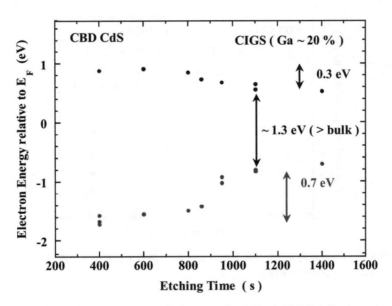

図7 CBD-CdS/三段階共蒸着CIGS（Ga置換率 $x \sim 0.2$）試料の価電子帯上端（VBM），伝導帯下端（CBM）のエッチング時間依存性

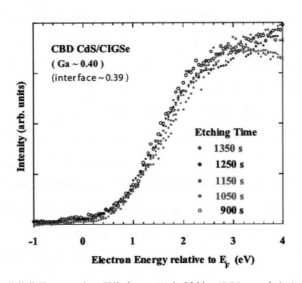

図8 CBD-CdS/三段階共蒸着CIGS（Ga置換率 $x \sim 0.4$）試料のIPESスペクトルのエッチング時間依存性

は，この界面においても小さく－0.1 eV程度であった。逆光電子分光装置の分解能を考慮すると，この界面での伝導帯オフセットCBOはゼロないしは僅かに負と見なせる。すなわち，$x = 0.2$，0.4試料に関する結果はCBD-CdSバッファ層と三段階共蒸着法によるCIGS層との界面では

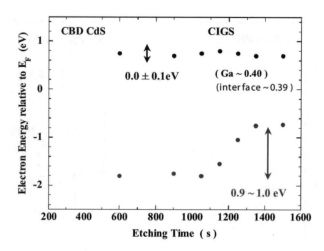

図9 CBD-CdS/三段階共蒸着 CIGS（Ga 置換率 $x \sim 0.4$）試料の価電子帯上端（VBM），伝導帯下端（CBM）のエッチング時間依存性

　Ga 置換率 $x = 0.4$ あるいはこれをやや下回る置換率で，開放電圧の維持・キャリア分離に有利とされるほぼフラットな伝導帯接続が実現されることを示している。実際，CBD-CdS/CIGS 接合を用いた太陽電池は，現在まで Ga 置換率 30 ～ 40 ％で最高の変換効率を示しており，以上の結果は伝導帯接続と巨視的電池特性が対応することの実験的証明となっている。

　図 10 に Ga 置換率 $x = 0.6$ 試料の VBM，CBM のエッチング時間依存性を示す。両バンド端は界面領域で一旦上昇し，CIGS 層内で緩やかに下降した後，ほぼ一定となった。CIGS 層内部の CBM が CdS 層内部のそれを上回っているのは注目すべき点で，高 Ga 置換率 CIGS 上の界面では，平均的に見ても Cliff 型あるいは type II と称される CBO の符号が負の伝導帯接続となることが明らかとなった。また，界面近傍ではバンド端の上昇により負の CBO が強調されることも明らかとなった。このような，CIGS 伝導帯下端 > CdS 伝導帯下端かつ界面中央付近でバンド端の上昇が見られる界面バンド接続は，測定を行った $x = 0.6$，0.75，1.0（CGS）試料で常に観測され，Ga リッチ CIGS 上の CBD-CdS の界面に共通する特徴である。

　Ga リッチ CIGS 上の界面領域では，CdS 層内では XPS による検出限界程度であった酸素関連不純物の局所的急増が見られた。低 Ga 置換率 CIGS 試料の界面では酸素関連信号は XPS の検出限界程度であったことと比較すると，この結果は Ga 置換率の上昇，In 置換率の低下により界面の化学的活性度が高まり，CIGS 層形成後の大気露出，CBD プロセス等での不純物の取込みが促進されることを示唆している。また，Ga リッチ試料の XPS 測定結果は構成元素の内殻ピーク結合エネルギーが界面領域での一様に低下することを示していた。このことは，界面における局所的バンド湾曲が同領域で観測されたバンド端上昇の一因であることを意味している。

第 5 章　CIGS 太陽電池の評価技術

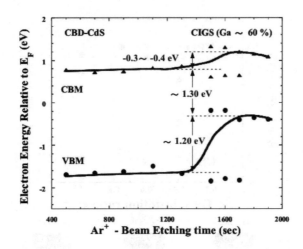

図10　CBD-CdS/三段階共蒸着 CIGS（Ga 置換率 $x \sim 0.6$）試料の価電子帯上端（VBM），伝導帯下端（CBM）のエッチング時間依存性

また，この結果は不純物アニオンの存在により In-Cu イオン間の置換型欠陥の抑制・Se 空孔の発生の抑制等を通じて CIGS の電子構造を p 型の方向への変調可能性が報告されていることと対応するものと考えられる。

また，これらの結果は高 Ga 置換率 CIGS 上の界面におけるバンド不連続の決定にはバンド湾曲を補正する必要があることを示している。この補正を行った結果，CBD-CdS/高 Ga 置換率 CIGS 界面は負の CBO を持つと結論された。

図 11 に CBD-CdS/CIGS 界面における伝導帯，価電子帯オフセットの Ga 置換率依存性およびバンド接続の概略図を示す。太陽電池構造の開放電圧の決定因子の一つと考えられている界面領域における VBM と CBM のエネルギー差：$E_{g界面}$ を考えると，本節で紹介した結果は，Ga 置換率 $x = 0.4$ 程度までの CIGS 上の界面では VBM（CIGS）と CBM（CIGS）の差である界面領域の CIGS 層のバンドギャップが $E_{g界面}$ となること，一方，高 Ga 濃度試料では CBO の符号反転により VBM（CIGS）と CBM（CdS）の差が $E_{g界面}$ に対応するようになることを示している。高 Ga 置換率 CIGS 上の界面に関して実験的に得られた $E_{g界面}$ は Ga 置換率 $x = 0.4$，0.6，0.75，1.0 のとき，それぞれ，$1.35 \sim 1.40$，~ 1.30，~ 1.20，~ 1.3 eV であり，すなわち，高 Ga 置換率領域では CIGS 層自体のバンドギャップが増大するにもかかわらず，界面領域における VBM と CBM のエネルギー差の最小値はさほど増大しないことが明らかになった。伝導帯オフセットの符号反転が生じる Ga 置換率は，開放電圧の飽和傾向・変換効率の低下が顕著となる Ga 置換率とほぼ一致している。また，高 Ga 置換率領域で観測された界面電子構造は接合の実効的禁制帯幅の飽和，結晶学的界面と電子的界面の空間的近接をもたらすので，電池特性，特に開放電圧の

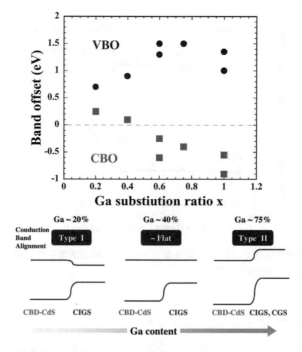

図11 CBD-CdS/三段階共蒸着 CIGS 界面における伝導帯，価電子帯オフセットの Ga 置換率依存性および バンド接続の概略図

向上を阻害する可能性が高い。これらの結果は，CIGS 層伝導帯下端の CdS 層伝導帯下端に対す相対的上昇が $CuGaSe_2$ に至る Ga 置換率領域にわたり連続することを示している。また，これらは CIGS 系太陽電池の開放電圧が低 Ga 置換率領域で見られる CIGS 層のバンドギャップの増加に従い直線的に上昇する傾向から Ga 置換率 $x = 0.3 \sim 0.4$ を境として外れ始め，高 Ga 置換率領域では飽和傾向を示す実験結果と良く対応しており[9~11]，CBD-CdS/CIGS 界面におけるバンド接続が開放電圧の決定因子の一つであることを示している。以上の結果は高 Ga 置換率領域における特性改善（高開放電圧化）には，CdS 層の伝導帯下端位置の制御，低い電子親和力を持つバッファ層の開発が有効なこと，および，界面領域でのバンド端上昇と不純物の局所的蓄積の対応は三段階成長終了〜CBD に至るプロセスにおける不純物制御等が有効となる可能性を示唆している。

　以上，CIGS 系で最高の変換効率を示す電池構造の活性領域である CBD 法による CdS バッファ層と三段階共蒸着法による CIGS 層の間の界面のバンド接続の CIGS のバンドギャップエネルギー依存性に関する結果を紹介した。これらの情報は，微視的界面におけるキャリア分離・損失に関わる情報を与えるものであり，その定量化，プロセス条件との関連の解明を進めるとともに，電子特性との関連をバルク欠陥に関する情報と併せて検討することが，CIGS 太陽電池のワイドギャッ

第5章 CIGS太陽電池の評価技術

プ領域での高効率化あるいはワイドギャップCIGSをタンデム型太陽電池のトップセル用材料として展開するための重要課題の一つとなると考えられる。また，三段階蒸着法による試料の場合，界面電子構造はGa置換率の上昇に対して伝導帯オフセットが正→負の方向に変化する傾向を持つと言えるが，構成元素の積層膜の高速熱処理（Rapid Thermal Annealing）により形成されたCIGS層とCBD-CdS層の界面では，CIGS層の平均組成として数十%導入されているGaが検出限界以下であることや界面バンドギャップがCIGS層内部に比べて拡大していること，伝導帯オフセットが極めて小さいことが報告されている[22]ことを考慮すると，符号反転が生じるGa置換率は作成法の種類・界面における意図的な禁制帯幅傾斜を含む組成変動等にも依存すると考えられる。今後とも，界面電子構造と電池特性の関連性の統一的理解及び作成プロセス毎の最適化には，種々の作成法による界面に関する実験結果の蓄積が望まれる。

文　　献

1) G. Voorwinden, R. Kniese, and M. Powalla, *Thin Solid Films*, **431-432**, 538 (2003)
2) M. A. Contreras, J. Tuttle, A. Gabor, A. Tennant, K. Ramanathan, S. Asher, A. Franz, J. Keane, L. Wang, and R. Noufi, *Sol. Energy Mater. Sol. Cells*, **41/42**, 231 (1996)
3) R. Herberholz, V. Nadenau, U. Ruhle, C. Koble, H. W. Schock, and B. Dimmeler, *Sol. Energy Mater. Sol. Cells*, **49**, 227 (1997)
4) S. Siebentritt, *Thin Solid Films*, **403-404**, 1 (2002)
5) M. A. Contreras, B. Egaas, B. K. Ramanthan, J. Hiltner, A. Swartzlander, H. Hasson, and R. Noufi, *Prog. Photovolt.*, **7**, 311 (1991)
6) M. A. Contreras, K. Ramanathan, J. AbuShama, F. Hasoon, D. L. Young, B. Egaas, and R. Noufi, *Prog. Photovolt: Res. Appl.*, **13**, 209 (2005)
7) T. Negami, Y. Hashimoto, and S. Nishiwaki, *Sol. Energy Mater Sol. Cells*, **67**, 331 (2001)
8) D. Schmid, M. Ruckh, F. Grunwald, and H. W. Schock, *J. Appl. Phys.*, **73**, 2904 (1993)
9) T. Minemoto, Y. Hashimoto, T. Satoh, T. Negami, H. Takakura, and Y. Hamakawa, *J. Appl. Phys.*, **89**, 8327 (2001)
10) D. Schmid, M. Ruckh, and H. W. Schock, *Sol. Energy Mater. Sol. Cells*, **41/42**, 281 (1996)
11) U. Rau, and H. W. Schock, *Appl. Phys. A*, **69**, 131 (1999)
12) W. Weinhardt, C. Heske, E. Umbach, T. P. Niesen, S. Visbeck, and F. Karg, *Appl. Phys. Lett.*, **84**, 3175 (2004)

13) N. Terada, R. T. Widodo, K. Itoh, S. H. Kong, H. Kashiwabara, T. Okuda, K. Obara, S. Niki, K. Sakurai, A. Yamada, and S. Ishizuka, *Thin Solid Films*, **480-481**, 183 (2005)
14) J. R. Tuttle, *Sol. Cells*, **30**, 21 (1991)
15) M. L. Fearheiley, *Sol. Cells*, **16**, 91 (1986)
16) S.-H. Wei, and A. Zunger, *J. Appl. Phys.*, **78**, 3846 (1995)
17) T. Schulmeyer, R. Hunger, A.Klein, W. Jaegermann, and S. Niki, *Appl. Phys. Lett.*, **84**, 3067 (2004)
18) L. Kronik, L. Burstein, M. Leibovitch, Y. Shapira, D. Gal, E. Moons, J. Beier, G. Hodes, D. Cahen, D. Hariskos, R. Klenk, and H.W. Schock, *Appl. Phys. Lett.*, **67**, 1405 (1995)
19) "*Unoccupied Electronic States*", (Edited by J. C. Fuggel and J. E. Ingelsfield, Springer-Verlag, 1992)
20) 佐川 敬, 応用物理, **55**, 677 (1986)
21) 高橋 隆, 固体物理, **23**, 397 (1988)
22) J. Pendry, *Phys. Rev. Lett.*, **45**, 1356 (1986)
23) M. Morkel, L. Weinhardt, R. Lohmuller, C. Heske, E. Umbach, W. Riedl, S. Zweigart, and F. Karg, *Appl. Phys. Lett.*, **79**, 4482 (2001)
24) S. K. Kong, H. Kashiwabara, K. Ohki, K. Itoh, T. Okuda, S. Niki, K. Sakurai, A. Yamada, S. Ishizuka and N. Terada, *Mater. Res. Soc. Symp. Proc.*, **865**, 155 (2005)
25) S. Teshima, H. Kashiwabara, K. Masamoto, K. Kikunaga, K. Takeshita, T. Okuda, K. Sakurai, S. Ishizuka, A. Yamada, K. Matsubara, S. Niki, Y. Yoshimura, and N. Terada, *Mater. Res. Soc. Symp. Proc.*, **1012**, 145 (2007)
26) H. Kashiwabara, S. Teshima, K. Kikunaga, K. Takeshita, T. Okuda, K. Obara, K. Sakurai, S. Ishizuka, A. Yamada, K. Matsubara, S. Niki, and N. Terada, *Mater. Res. Soc. Symp. Proc.*, **1012**, 89 (2007)
27) N. Terada, H. Kashiwabara, K. Kikunaga, S. Teshima, T. Okuda, S. Niki, K. Sakurai, A. Yamada, K. Matsubara, and S. Ishizuka, *Mater. Res. Soc. Symp. Proc.*, **1012**, 277 (2007)
28) P. W. Erdman, and E. C. Zipf, *Rev. Sci. Instrum.*, **53**, 225 (1982)
29) N. G. Stoffel and P. D. Johnson, *Nucl. Instrum. and Methods*, **A 234**, 230 (1985)
30) Th. Fauster, F. J. Himpsel, J. J. Donelon, and A. Mark, *Rev. Sci. Instrum.*, **54**, 68 (1983)
31) V. Dose, *Appl. Phys.*, **14**, 117 (1977)
32) G. Denninger, V. Dose, and H. Scheidt, *Appl. Phys.*, **18**, 375 (1979)
33) V. Dose, Th. Fauster, and R. Schneider, *Appl. Phys.*, **A 40**, 203 (1986)
34) A. Goldman, V. Dose and G. Borstel, *Phys. Rev.*, **B 32**, 1971 (1985)
35) N. Babbe, W. Drube, I. Schafer, and M. Skibowski, *J. Phys.*, **E 18**, 158 (1985)
36) I. Schafer, W. Drube, M. Schuter, G. Plagemann, and M. Skibowski, *Rev. Sci. Instrum.*, **58**, 710 (1987)

3 電気的手法によるCIGS太陽電池の欠陥評価

櫻井岳曉[*1]，秋本克洋[*2]

3.1 はじめに

CIGS薄膜中に存在する欠陥は，光生成キャリアの捕獲準位や再結合中心として働き，太陽電池特性に悪影響を及ぼす。よって，CIGS薄膜の欠陥準位を同定し，これを制御することが可能になれば，CIGS太陽電池のデバイス特性を改善するための指針を得ることができる。一方，CIGS薄膜に存在する欠陥準位は，熱やバイアス電圧のストレスに対する安定性に乏しく[1]，通常の半導体の欠陥準位検出に用いられる電気的評価法（例えばDLTS法[2]）の使用が難しい。ただし，ここ数年新たな電気的評価法が開発され，CIGS太陽電池における欠陥準位の起源やその電子物性に与える影響が徐々に理解されるようになった。本節では，CIGS太陽電池に有用な電気的評価法として近年注目される，アドミッタンススペクトロスコピー法（Admittance Spectroscopy）と光容量過渡分光法（Transient Photo-Capacitance Spectroscopy）を紹介する。

3.2 アドミッタンススペクトロスコピー法

3.2.1 測定原理

アドミッタンススペクトロスコピー法は，測定試料への印加電圧を一定に保ちながら電気容量の周波数応答を観測し，これを解析することにより欠陥準位を検出する手法である。電気容量の周波数応答は，欠陥準位と価電子帯（伝導帯）間で起こるキャリアの充放電過程に対応するため，試料温度を変化させながらこれを観測・解析することにより，欠陥準位密度スペクトルを計測することが可能になる。アドミッタンススペクトロスコピー法の測定系の概略を図1に示す。測定系は温度可変の可能なクライオスタット，電気容量測定装置（インピーダンスアナライザ）と信号処理用PCという単純な装置群で構成されており，容易に構築することが可能である。ただし，CIGS薄膜には多元材料の制御の難しさ[3]や複雑な電気応答特性[1,4]が存在するため，信頼性のあるデータを取得するにはデータの蓄積が必要になる。本節では，測定原理を直感的に理解できるよう，単純な構造を有するp型のショットキー接合（図2(a)）を例にとり，測定原理と解析手法について簡潔に述べる。

図2(a)のショットキー接合において欠陥準位E_Tとフェルミ準位E_Fが交差した位置では，正孔が欠陥準位を部分的に占有している。このショットキー接合に微小な変調電圧を加えると，フェルミ準位のエネルギー位置が微小に変化し，これに伴い欠陥準位E_Tと価電子帯E_Vとの間で正

[*1] Takeaki Sakurai 筑波大学 大学院数理物質科学研究科 講師
[*2] Katsuhiro Akimoto 筑波大学 大学院数理物質科学研究科 教授

CIGS 薄膜太陽電池の最新技術

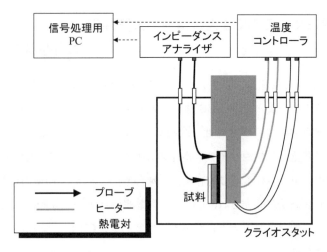

図1　アドミッタンススペクトロスコピー法の測定系の概略図

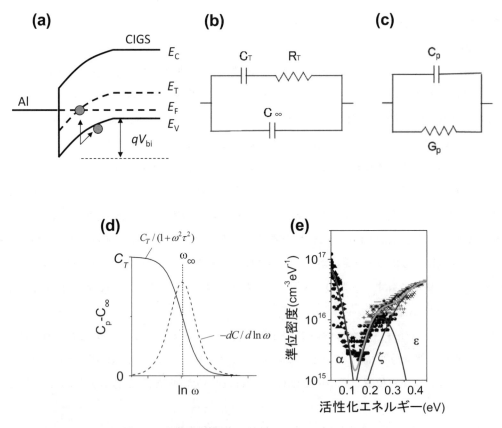

図2　(a) p型半導体ショットキー接合のバンド図，(b)，(c) 単一の欠陥準位を有するショットキー接合の等価回路，(d) 電気容量の周波数応答曲線，(e) 欠陥準位密度スペクトル

242

第5章 CIGS太陽電池の評価技術

孔の捕獲・放出（充放電）が行われる．この充放電過程を，Schockley-Read-Hall統計[5]と小信号近似[6]に基づき等価回路を用いて表すと，図2(b)に示すような空乏層容量と欠陥準位から成る単純な並列回路で置き換えられる．この時，回路全体のアドミッタンスは

$$Y = \frac{C_T \omega^2 \tau}{1+\omega^2 \tau^2} + j\omega\left(C_\infty + \frac{C_T}{1+\omega^2 \tau^2}\right) = G_P + j\omega C_P \tag{1}$$

で表され，図2(b)は図2(c)の等価回路で置き換えられる[6]．ここで，G_Pは並列コンダクタンス，C_Pは並列容量である．

実際の測定では，周波数応答のない半導体の空乏層容量C_∞と周波数応答がある欠陥準位の電気容量$C_T/(1+\omega^2 \tau^2)$の和を，系全体の電気容量C_Pとして検出する．従って，周波数応答する成分$C_T/(1+\omega^2 \tau^2)$をC_Pから抽出することにより，欠陥準位の充放電過程を図2(d)のようにモニターできるようになる．この変化を定性的に説明すると，印加する交流電圧が低周波の場合，電圧の変調に欠陥準位からの正孔の充放電が追随しC_Tが検出されるのに対し，印加する交流電圧が高周波の場合，電圧の変調に正孔の充放電が追随できなくなりC_Tが検出されなくなる．

ここで，重要なパラメーターに遮断角周波数ω_{CO}がある．遮断角周波数はキャリアの充放電が追随できる限界の周波数を表し，

$$\omega_{CO} = 2e_T = \xi_0 T^2 \exp(-E_A/kT) \tag{2}$$

で表される[7]．ここで，e_Tは欠陥準位に捕獲された正孔の価電子帯への放出係数，E_Aは欠陥準位の活性化エネルギー，ξ_0は温度に依存しない係数である．これより，試料温度を変化させながらω_{CO}を観測し，アレニウスプロットを作成すると，その傾きから活性化エネルギーE_Aを見積もることができる．また，ω_{CO}は電気容量の周波数微分$-dC/d\ln\omega$の極大点からも求めることができ（図2(d)），さらに$-dC/d\ln\omega$は欠陥準位密度に対応して増減する．

一方，実際のCIGS太陽電池における欠陥準位密度の測定では，少数キャリアトラップ，空乏層のバンドの曲がり，応答する欠陥準位の深さ，キャリア分布など，さらに多くの要素を考慮する必要がある．これらを考慮し，定量的に欠陥準位密度スペクトル$D_T(E)$を求める式がStuttgart大より提唱されている[7]．

$$D_T(E_A) = -\frac{1}{kT} \cdot \frac{2V_{bi}^{3/2}}{w\sqrt{q}\sqrt{qV_{bi}-(E_g-E_A)}} \cdot \frac{dC}{d\ln\omega} \tag{3}$$

ここで，E_Aは欠陥準位の活性化エネルギー，wは空乏層幅，V_{bi}は内蔵電位，E_gはバンドギャップである．このうち既知のパラメーター（E_g）と電気容量-電圧（C-V）測定から求めることが

できる空乏層幅 w や内蔵電位 V_{bi} を用い，電気容量の周波数微分 $-dC/d\ln\omega$ に基づきアドミッタンススペクトルを解析すると，欠陥準位密度を見積ることができる（図2(e)）。

3.2.2 CIGS 薄膜の製膜時 Se 圧依存性と欠陥準位密度[8]

アドミッタンススペクトロスコピー法を用いた欠陥準位の解析例として，三段階法での CIGS 薄膜の製膜時における Se 圧依存性に関する実験結果を紹介する。この製膜工程は，三段階法の各段階における Cu, In, Ga の流束条件を固定し，Se 圧（Se Beam Equivalent Pressure：Se BEP）だけセル温度を変えながら制御した。図3に CIGS 太陽電池（Ga/III族比＝ 0.45（III族は In ＋ Ga））の変換効率の Se 圧依存性を示す。これより，製膜時の Se 圧を最適条件の約 5×10^{-3} Pa から減らすと，変換効率が低下する傾向が分かる。Se 圧は構成元素の拡散や結晶成長過程に影響を及ぼすことが知られており[9〜11]，Se 圧が減少すると薄膜中に Se 欠損が導入され太陽電池特性の劣化を促すことが予想される。

Se 圧が CIGS 薄膜中の欠陥準位の形成に与える影響を調べるため，アドミッタンススペクトロスコピー法により決定した欠陥準位密度スペクトルを図4に示す。これより，全ての試料について，活性化エネルギー約 20, 150, 300 meV の捕獲準位 α, β, ζ が形成されることがわかる。この捕獲準位と C-V 特性の相関を系統的に調べることにより，α はアクセプタ準位，β は CdS 薄膜もしくは CdS/CIGS 界面に起因した準位，そして ζ がアクセプタ性の欠陥準位であることが明らかになった[12]。図4(a) の欠陥準位スペクトルから各欠陥準位密度を抽出したものを図4(b) に示す。これより準位 α, β は Se 圧に依存せずほぼ一定の密度を示すのに対し，欠陥準位 ζ だけが Se 圧の減少に伴い密度が増大する様子が分かる。従って，この欠陥準位 ζ は Se 欠損に起因した準位であることが判明した。さらに，これを変換効率の Se 圧依存性と関連させると，

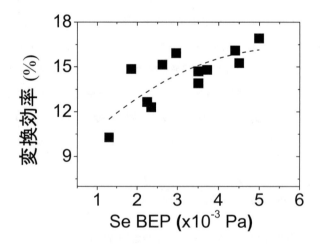

図3　Cu(In$_{1-x}$,Ga$_x$)Se$_2$ 太陽電池（x〜0.45）の変換効率の Se 圧（Se BEP）依存性

第5章 CIGS太陽電池の評価技術

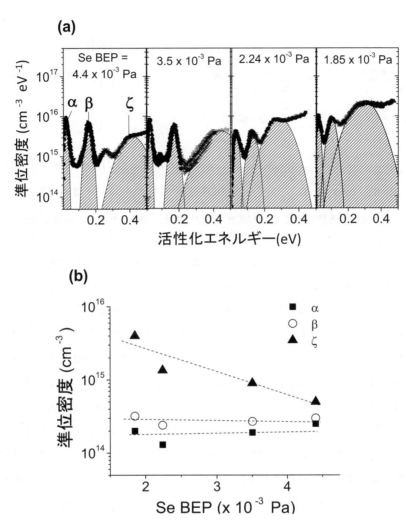

図4 (a) CIGS太陽電池の欠陥準位密度スペクトル，(b) 捕獲準位 α，β，ζ のSe圧依存性

欠陥準位 ζ は太陽電池特性に影響を与える欠陥準位であることが予想される。なお，通常Se空孔は活性化エネルギー約80 meVのドナー準位であることがよく知られており[13]，単独のSe空孔が欠陥準位 ζ の起源であることは想像し難い。

図5に薄膜中でのCu/III族比，Se/III族比のSe圧依存性を示す。これより，Se圧の減少に伴い，Se/III族比だけでなくCu/III族比も同時に減少する様子が分かる。続いて図6にCIGS太陽電池のバンド端近傍の光容量スペクトル（光イオン化スペクトル）を示す。これより，Se圧が 1.3×10^{-3} Paまで低下すると，光吸収端（バンド端）のエネルギー位置が約0.15 eV高エネルギー側にシフトする様子が分かる。なお，バンド端の高エネルギー側へのシフトはCu/III族比が0.7以下になると起こることが知られており，$Cu(In, Ga)_3Se_5$ 相の形成によるものと結論付

CIGS 薄膜太陽電池の最新技術

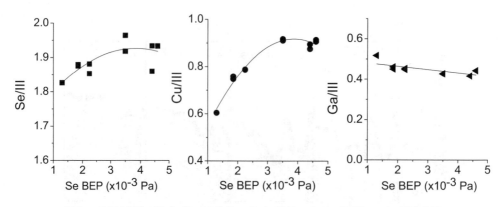

図5　CIGS 薄膜の組成（Se/III族比，Cu/III族比，Ga/III族比）の Se 圧依存性

けられている[14]。また，図6に示した結果は図5に示した Cu/III 族比とも対応しており，さらにX 線回折の Rietvelt 解析によっても同様の傾向が確認された[15]。従って，CIGS 薄膜の製膜時における Se 圧の減少は，Se 欠損だけでなく Cu 欠損の形成も同時に促すことが明らかになった。

以上の実験結果より，欠陥準位ζの起源について考察する。Lany と Zunger の計算によれば，Se と Cu の複空孔（V_{Se}-V_{Cu}）は，Se 空孔（V_{Se}）と Cu 空孔（V_{Cu}）が孤立して形成されるよりもエネルギー的に安定である[16]。さらに，V_{Se}-V_{Cu} は＋1価から－1価への遷移が E_V + 0.2～0.3 eV の位置で起こり，アクセプタの性質を有する欠陥であることが示された[16]。一方，仁木らの陽電子消滅に関する実験結果では，Cu/III 族比が 0.9 より低下した試料において V_{Se}-V_{Cu} の形成が促される様子が示されており[17]，本結果と矛盾しない。以上の結果より，欠陥準位ζの起源の有力な候補として V_{Se}-V_{Cu} が挙げられる。ただし，Cu(In, Ga)$_3$Se$_5$ 相の形成に伴うアンチサイト欠陥の形成などの可能性も残されており，欠陥種の同定にはさらなる研究が必要となる。

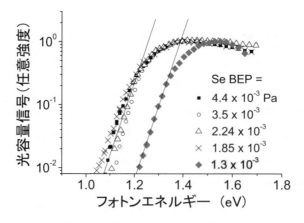

図6　光容量スペクトルの Se 圧依存性

第 5 章　CIGS 太陽電池の評価技術

以上のように，アドミッタンススペクトロスコピー法は欠陥密度を検出するのに有効な電気的評価法である。この測定法の問題点としては，活性化エネルギー約 0.5 eV 以下の浅い欠陥準位しか検出できないことや，欠陥の極性が単独の測定では判定できないことが挙げられる。

3.3　光容量過渡分光法
3.3.1　測定方法

光容量過渡分光法（Transient Photo-Capacitance Spectroscopy）は，入射する単色光の波長を掃引しながら光照射時と非照射時の電気容量変化を測定し，欠陥準位からの微弱な光応答信号を検出する手法である。本手法は，アドミッタンススペクトロスコピー法では捕らえることのできないバンドギャップ中央に存在する深い欠陥準位を検出するのに有効である。光容量過渡分光法の測定のタイミングチャートを図 7(a) に示す。光容量過渡分光法では，接合にパルス電圧を印加後，電気容量 $C(t)$ を任意の時間 t_1，t_2 間で積分し，光照射の有無によるこの差分を光容量信号として検出する[18]。ここで E_{opt} は光子のエネルギーである。パルス電圧の印加により，光

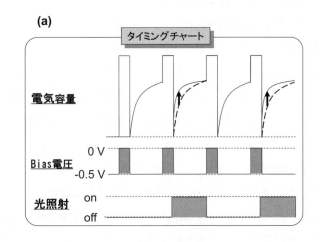

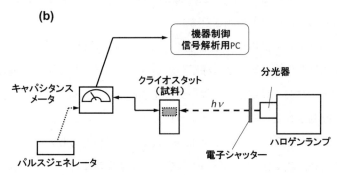

図 7　光容量過渡分光法の (a) 測定タイミングチャート，(b) 測定装置図

$$S_{\text{TPC}}(E_{\text{opt}}) \equiv \frac{\int_{t_1}^{t_2} C_{\text{light}}(t)dt - \int_{t_1}^{t_2} C_{\text{dark}}(t)dt}{PhotonFlux(E_{\text{opt}})} \tag{4}$$

照射で変化した電荷分布を元の状態に戻すことが可能になり,高感度な信号検出が実現する。特に,CIGS 太陽電池では,光照射に伴う欠陥準位への電荷蓄積の影響が長時間残留するため(メタスタビリティ)[1,4],本手法が有効である。

測定装置を図 7 (b) に示す。光源にはハロゲンランプを使用し,分光器を通して単色化した後,試料に照射する。単色光の照射は,電子シャッター,もしくはチョッパーを用いて制御する。電気容量の測定は,ミリ秒単位の応答特性を有するアナログの電気容量計,もしくはロックインアンプを用いる。なお,電気容量測定時の変調周波数は 5 k 〜 1 MHz,変調電圧は 15 〜 50 mV が良く用いられる。パルス電圧はパルスジェネレータを用いて印加する。電気容量信号の検出には高感度な AD 変換ボード,もしくはボックスカー積分器を用いる。制御 PC 内でデータ処理を行い,光容量スペクトルを得る。

3.3.2 CIGS 太陽電池における深い欠陥準位の検出[19]

光容量過渡分光法を用いた欠陥準位の検出例として,CIGS 太陽電池における深い欠陥準位の検出とその温度特性に関する実験結果を紹介する。図 8 に Ga 含有量の異なる CIGS 太陽電池 (Ga/III 族比 0.38 〜 0.7) の光容量スペクトルを示す。これより,全ての試料のスペクトルから,バンド間遷移に対応する光応答信号 ($E_{\text{opt}} \geq E_g$) と欠陥準位からの光応答信号 ($E_{\text{opt}} < E_g$) を確認することができる。まず,バンド間遷移に関しては,欠陥準位の応答に比べ二桁以上信号強度が高く,また試料の Ga/III 族比が増すのに従い高エネルギー側へシフトする様子が分かる。これは,Ga/III 族比の増加に伴いバンドギャップが増大することに対応する。一方,欠陥準位の光応答に関しては,試料の Ga/III 族比にかかわらず約 0.8 eV 付近に観測された。Wei らの理論計算では,欠陥準位のエネルギー位置は,Ga/III 族比に依らず,価電子帯端を基準としてほとんど変化しないことが示されている[20]。従って,0.8 eV 近傍の光応答信号は,価電子帯端から欠陥準位への光学遷移に対応するものと推測される。

図 9 に光容量スペクトルの温度依存性を示す。これより,試料温度が 200 K より高くなると,欠陥準位の光応答信号が徐々に減衰する様子がわかる。これは,欠陥準位に捕獲された電荷の熱失活過程に対応する。なお,温度上昇に伴いこの光応答信号が減衰する様子は,Ga/III 族比によらず全ての試料で観測された。続いて,アレニウスプロットを用いて熱失活に要する活性化エネルギーを求めると,Ga/III 族比によらず約 0.2 〜 0.3 eV と見積もられた。以上の光容量信号の温度変化を説明するため,我々は欠陥準位の光学応答を示す配位座標モデルを導入した(図 10)。

第5章　CIGS太陽電池の評価技術

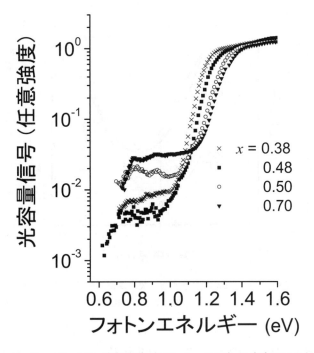

図8　Cu(In$_{1-x}$,Ga$_x$)Se$_2$太陽電池（0.38 ≤ x ≤ 0.7）の光容量スペクトル

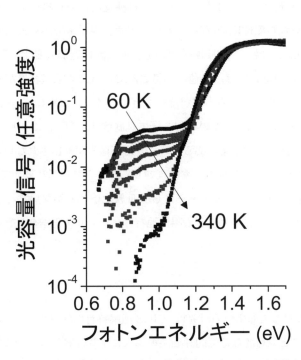

図9　CIGS太陽電池（x = 0.7）の光容量スペクトルの温度依存性

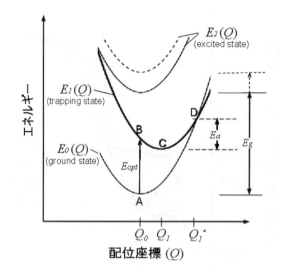

図10 CIGS薄膜における深い欠陥準位の配位座標モデル
（E_{opt}：フォトンエネルギー，E_a：熱失活過程の活性化エネルギー，E_g：バンドギャップ）

この配位座標モデルでは，基底状態（E_0）と捕獲状態（E_1）の相対エネルギー位置はGa/Ⅲ族比によらず一定であり，一方，バンド間遷移に対応する励起状態（E_2）の相対エネルギー位置がGa/Ⅲ族比に伴い変化する。また，欠陥準位は捕獲電荷の有無により安定構造が異なるため，E_0とE_1の底が異なる配位座標（Q_0，Q_1）を示す。価電子帯から欠陥準位への光学遷移は図10中A→Bに対応し，続いて欠陥準位の構造緩和（配位座標の変化）によりB→Cへと移動する。なお，このCの位置では，電荷が捕獲されているため電気容量が変化し，光応答信号として検出することができる。一方，試料温度が高くなると，試料にC→D間の障壁を越えるエネルギーが供給され，C→D→Aの過程を経て基底状態に戻る。この時，欠陥準位に励起された電荷は即座に熱失活し価電子帯に戻るため，光応答信号が検出されない。配位座標モデルを導入した場合，光学遷移に要するエネルギー（約0.8 eV）と熱失活に要するエネルギー（約0.3 eV）が異なることや，これらのエネルギーにGa/Ⅲ族比依存性がないことを，矛盾なく説明することができる。なお，深い欠陥準位と太陽電池特性（キャリア再結合）との相関は，今後さらに調べる必要がある。

3.4 まとめ

CIGS太陽電池における欠陥準位の研究は，CIGS薄膜特有の熱やバイアス電圧の印加に対する不安定性を取り除くことの可能な電気的評価法の導入により進展した。特にアドミッタンススペクトロスコピー法や光容量過渡分光法による欠陥準位評価は，データの信頼性が比較的高く，日

第5章 CIGS太陽電池の評価技術

米欧の研究機関で広く普及してきている。本節では割愛したが，他にも Drive Level Capacitance Profiling 法などを用いた欠陥準位評価も一定の成果を上げている[21]。ただし，CIGS 太陽電池の欠陥準位に関する研究は未だ発展途上であり，その測定結果だけを頼りに結論を出すと誤りを導くこともある。欠陥準位を正しく理解するためには，製膜プロセスや他の構造・光学評価法と組み合わせ，整合性のある結論を慎重に見出すことが不可欠である。

文　献

1) M. Igalson and C. Platzer-Bjorkman, *Sol. Energ. Mater. Sol. Cells.*, **84**, 93 (2004)
2) D.V. Lang, *J. Appl. Phys.*, **45**, 3023 (1974)
3) W. Honle, G. Kühn and U.C. Boehnke, *Cryst. Res. Technol.*, **23**, 1347 (1988)
4) U. Rau, K. Weinert, Q. Nguyen, M. Mamor, G. Hanna, A. Jasenek and H.W. Schock, *Mat. Res. Soc. Symp. Proc.*, **668**, H 9.1 (2001)
5) W. Schockley and W.T. Read, Jr., *Phys. Rev.*, **52**, 835 (1952)
6) E.H. Nicollian and J.R. Brews, *MOS (Metal Oxide Semiconductor) Physics and Technology*, (John Wiley & Sons, New York, 1982), Appendix I.
7) T. Walter, R. Herberholz, C. Muller and H. W. Schock, *J. Appl. Phys.*, **80**, 4411 (1996)
8) T. Sakurai, M.M. Islam, H. Uehigashi, S. Ishizuka, A. Yamada, K. Matsubara, S. Niki and K. Akimoto, submitted to *Sol. Energ. Mater. Sol. Cells*.
9) S. Chaisitsak, A. Yamada and M. Konagai, *Jpn. J. Appl. Phys.*, **41**, 507 (2002)
10) S. Nishiwaki, N. Kohara, T. Negami, H. Miyake and T. Wada, *Jpn. J. Appl. Phys.*, **38**, 2888 (1999)
11) M.M. Islam, T. Sakurai, S. Ishizuka, A. Yamada, H. Shibata, K. Sakurai, K. Matsubara, S. Niki and K. Akimoto, *J. Cryst. Growth.*, **311**, 2212 (2009)
12) T. Sakurai, N. Ishida, S. Ishizuka, M.D. Islam, A. Kasai, K. Matsubara, K. Sakurai, A. Yamada, K. Akimoto and S.Niki, *Thin Solid Films*, **516**, 7036 (2008)
13) M. Wasim, *Solar Cells*, **16**, 289 (1986)
14) T. Nakada, T. Mouri, Y. Okano and A. Kunioka, Proc. *14 th EuropeanPhotovoltaic Solar Energy Conf.*, 2143 (1997, Barcelona)
15) M.M. Islam, T. Sakurai, S. Otagiri, S. Ishizuka, A. Yamada, K. Sakurai, K. Matsubara, S. Niki and K. Akimoto, to be published.
16) S. Lany and A. Zunger, *J. Appl. Phys.*, **100**, 113725 (2006)
17) S. Niki, R. Suzuki, S. Ishibashi, T. Ohdaira, P. J. Fons, A. Yamada, H. Oyanagi, T. Wada, R. Kimura and T. Nakada, *Thin Solid Films*, **387**, 129 (2001)
18) J.D. Cohen, J.T. Heath, W.N. Shafarman, Photocapacitance Spectroscopy in Copper

Indium Diselenide Alloys, in S. Siebentritt, U. Rau (Eds.), "Wide‐Gap Charcopyrites", Chap. 5, Springer Verlag, Berlin Heidelberg (2006)
19) T. Sakurai, H. Uehigashi, M.M. Islam, T. Miyazaki, S. Ishizuka, K. Sakurai, A. Yamada, K. Matsubara, S. Niki, K. Akimoto, *Thin Solid Films*, **517**, 2403 (2009)
20) S.H. Wei, S.B. Zhang and A. Zunger, *Appl. Phys. Lett.*, **72**, 3199 (1998)
21) J.T. Heath, J.D. Cohen and W.N. Shafarman, *J. Appl. Phys.*, **95**, 1000 (2004)

4 光学的手法によるCIGS太陽電池の評価

白方　祥*

4.1 はじめに

　CIGS太陽電池の光学的評価では，光生成キャリアの収集過程や再結合過程を明らかにすることが最重要課題である．その為には，光吸収層であるCIGS層の結晶性の評価と，それに基づいた高品質化が重要になる．

　よく知られているようにCIGS太陽電池の開放電圧はバンドギャップから期待されるものより低く，特にバンドギャップの増加に対する開放電圧の増加の割合が小さいことが高Ga組成のCIGSで問題となっている．この原因が主に光生成キャリアの再結合によるものと考えられており，低Ga組成のナローギャップ系ではCIGS層でのバルク再結合が，高Ga組成のワイドギャップ系では，CIGS層とバッファー層との界面での再結合が優勢であると考えられている[1]。

　太陽電池では半導体固有の物性定数である光吸収係数スペクトルと太陽光スペクトルのマッチングにより決められた光生成キャリアのうち接合電界で収集されたものが短絡電流を決める．光生成キャリアの一部は再結合で失われるが，高効率太陽電池では再結合が短絡電流に与える影響は比較的小さい．これに対して開放電圧は，わずかの再結合損失により大きく変化する．従ってバルク再結合により開放電圧は小さくなる．一方，界面再結合は界面準位やヘテロ構造のバンドラインナップに依存し，開放電圧を低下させる．CIGS太陽電池における光生成キャリアの再結合のメカニズムを解明し，変換効率向上に寄与することが光学評価の大きな目標である．光学的手法では，光励起キャリアの輻射再結合による発光に基づくフォトルミネッセンス（PL）法や時間分解PL法（TR-PL）法が有効であり，本節ではCIGS薄膜およびCIGS太陽電池の評価を紹介する．

4.2 フォトルミネッセンス法

　PL法は，半導体にバンドギャップ以上の光子エネルギーの励起光により半導体に生成されたキャリアの輻射再結合に伴う蛍光スペクトルの測定法である．励起キャリアの一部は非輻射遷移により光子の放出を伴わない．輻射遷移と非輻射遷移の競合により，輻射遷移であるPL強度や寿命が変化する．欠陥が多い結晶性の悪い結晶では欠陥による高濃度の非輻射中心によりPL強度は小さくキャリア寿命は小さい．従ってCIGSにおいてPLのスペクトルの形状・強度およびTR-PLにおける発光寿命により結晶性薄膜の評価が行われる．PLでは競合する多くの遷移過程があり，それらが測定温度に依存して変化するため測定温度には特に注意をはらう必要がある．

---

*　Sho Shirakata　愛媛大学　工学部　教授

測定は目的に応じて低温測定と室温測定に分類される。低温では，欠陥や不純物に起因する発光が真性発光（バンド間遷移や自由励起子）と比較して優勢であるため，低温 PL は欠陥や不純物の評価に用いられる。室温ではバンド間遷移が優勢である為，室温 PL はキャリア再結合過程の評価に用いられる。また，CIGS の PL に関しては，CIGS 光吸収層の測定（CIGS 薄膜／基板）と典型的な CIGS 太陽電池（低抵抗 ZnO／i-ZnO／CdS バッファー／CIGS 光吸収層／Mo／ガラス基板）の測定に分類される。また，CIGS 太陽電池のプロセス中に抜き出した CdS バッファー／CIGS 薄膜も評価の対象となり得る。本節では，測定法を述べ，低温 PL を概説した後，室温での CIGS 薄膜と CIGS 太陽電池の PL および TR-PL 評価を述べる。

4.3 測定方法

励起光としてガスレーザ（Ar レーザの 514.5 nm や He-Ne レーザの 632.8 nm），半導体レーザ（650-900 nm）および YAG レーザの第二高調波（532 nm）等の CIGS のバンドギャップ以上のエネルギーの光源が用いられる。励起波長は CIGS のバンドギャップに応じて，光の侵入長（吸収係数の逆数）を考慮して決める。また，CIGS 太陽電池の PL 測定では CIGS 層の光励起には，バッファー層のバンドギャップ以下のエネルギーの励起光が必要である。分光器は近赤外（700-2000 nm）の測定が可能なものを用いる。光検出器が CIGS の PL 測定のキーポイントであるが，感度範囲は CIGS のバンドギャップがカバーできることと，欠陥準位が評価では CIS のバンドギャップ以下の近赤外に感度を持つことが必用である。CIS ではバンドギャップ付近の発光が約 1300 nm であり，欠陥不純物の評価では長波長は 1700 nm が実用範囲である。低温での PL 測定では発光が強い為，長波長 1700 nm まで感度を有する電子冷却型 InGaAs のフォトダイオードが実用的である。室温 PL 測定では発光が極めて弱いため，InGaAsP/InP の光電陰極の光電子増倍管を−70 ℃程度に冷却して用いることが多い。PL ではロックイン増幅器を用いた光電流増幅が一般であるが，室温での微弱光測定では光子計数法が有利である。CIGS 薄膜では光チョップに追随できない遅い発光がみられることがある為，光子計数法で全放出光子を計数することにより信頼性をあげることができる。最近は，冷却型の高感度 InGaAs のリニアアレイセンサ（−1700 nm）を用いたマルチチャンネル分光器が用いられることもある。

図1に筆者が用いている PL 測定系を示す。励起には 636 nm の半導体レーザダイオード（パルス幅 88 ps，繰り返し周波数 100 MHz，平均電力 1 mW）を用いている。InGaAsP 光電陰極の光電子増倍管（−70 ℃に冷却）が光検出器に用いられている。これは 900-1400 nm に感度を持ち，電子走行時間は 0.5 ns 以下である。時間積分 PL スペクトル測定にはフォトンカウンタが用いられる[2]。TR-PL 測定には Time-to-Amplitude Converter（TAC）を用いて時間相関単一光子係数法により PL の減衰曲線が得られる。TR-PL では励起光パルスの繰り返し周波数は

第5章 CIGS 太陽電池の評価技術

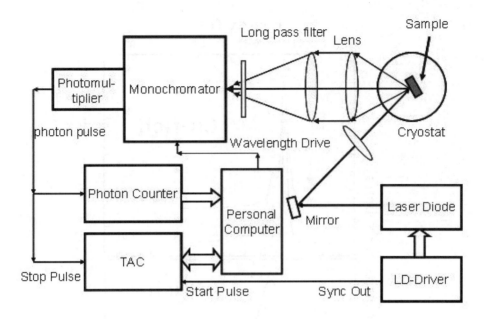

図1 PL スペクトルおよび TR-PL 測定系

5-20 MHz として測定する。

4.4 低温 PL スペクトル測定

　低温 PL は不純物・格子欠陥に敏感である。カルコパイライト系半導体に対しては，バルク結晶，エピタキシャル結晶，および多結晶薄膜に関する報告がなされている。極低温の PL スペクトルでは，自由励起子，束縛励起子，不純物・欠陥レベル－バンド間遷移（F-B 遷移），ドナ・アクセプタペア（D-A ペア）遷移および深い準位の発光が観測される。不純物・欠陥が関与する発光の解析より不純物・欠陥レベルや補償に関する知見を得ることができる。筆者は種々の組成から成長した $CuGaS_2$ の低温 PL の測定より，カルコパイライト半導体の PL スペクトルと結晶の化学量論的組成の明瞭な関係を初めて明らかにした[3]。化学量論的組成あるいはわずかにCu 過剰の結晶では非常にシャープな励起子発光や F-B 遷移がみられることから高い結晶性が示される。これに対して Ga 過剰の結晶では PL スペクトルには強いブロードな D-A ペア発光がみられる。これは，ドナ（Cu サイトを置換した Ga や S の空格）とアクセプタ（主に Cu 空格）のペアによる。CIS 系でも同様の結果が MBE 法や OMVPE 法によるエピタキシャル結晶や真空蒸着法で成長した CIS 薄膜で確認された[4~6]。CIS 系化合物では，In 過剰の結晶は高濃度の真性欠陥によるドナとアクセプタを含んでおり，これらの補償により電気特性が支配される。$CuInSe_2$ は In 過剰組成において広い組成範囲で固溶度を持つが Cu 過剰組成では，ほぼ化学量

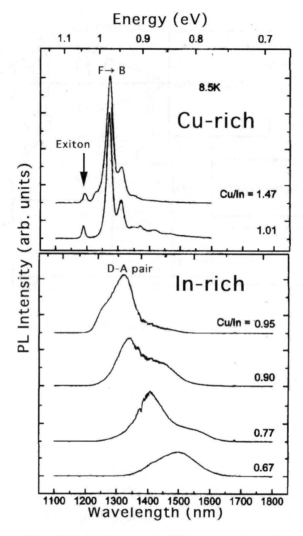

図2 低温（8.5 K）での CIS 薄膜の PL スペクトル[5]

論的組成の結晶と $Cu_{1-x}Se$ 異相に分離することが知られている。ここで In 過剰組成の結晶は多くの真性欠陥を含む為，結晶は低品位である。低温 PL スペクトルにより，Cu 過剰の組成からの成長か In 過剰の組成からの成長かの判定が可能である。この結果は，CGS や CIGS 系エピタキシャル結晶や薄膜の化学量論的組成の判定に広く用いられている。図2に，真空蒸着法により Mo/SLG 上に成長された CIS 多結晶薄膜の低温 PL スペクトルを示すが，Cu 過剰試料が励起子スペクトルやシャープな F-B 遷移による発光を示すことと対照的に In 過剰結晶は強い D-A ペア発光を示している[5]。

太陽電池の光吸収層であるⅢ族過剰の CIGS での低温 PL では D-A ペア発光が支配的である。

第5章　CIGS太陽電池の評価技術

D-Aペアのピークエネルギーの励起光強度依存性[7~10]やパルス光励起での時間に対するピークシフト［3-2］より，ドナおよびアクセプタのレベルを推測することができる。D-Aペア発光のエネルギーは，

$$E_{PL} = E_g - (\Delta E_D + \Delta E_A) + e^2/4\pi\varepsilon r \tag{1}$$

で表され，ドナとアクセプタ間の距離 r に依存したクーロンエネルギーだけ発光エネルギーがレベル間のエネルギーより大きくなる[7,8]。ブロードな発光バンドでは，低エネルギーのカットオフがレベル間に対応する。遷移確率が高い近いペアでは発光エネルギーが高く，逆に遷移確率が低い遠いペアでは発光エネルギーは低い。励起光強度の増加にともない近いペアの発光が増加するため発光ピークは高エネルギーにシフトする。励起光強度と発光ピークエネルギーの関係は次のように与えられている[10]。

$$J = D\{(h\nu_m - h\nu_\infty)3/(h\nu_B + h\nu_\infty - 2h\nu_m)\}\exp\{-2(h\nu_B - h\nu_\infty)/(h\nu_m - h\nu_\infty)\} \tag{2}$$

ここで $h\nu_m$ はPLピークエネルギー，$h\nu_\infty$ は遠いペアの遷移エネルギー（レベル間エネルギー），$h\nu_B$ はペア距離 $r = R_B$（R_B は浅い方の準位のボーア半径）の遷移エネルギーである。

(2)式を実験データにフィットさせることによりドナとアクセプタのイオン化エネルギーの和が次式で求められる

$$\Delta E_D + \Delta E_A = E_g - h\nu_\infty \tag{3}$$

浅い方のレベルのイオン化エネルギー E_1 は

$$E_1 = E_B/2 = E_B = e^2/8\pi\varepsilon R_B = (h\nu_B - h\nu_\infty)/2 \tag{4}$$

で表される。(4)式より，ドナかアクセプタの浅いレベルのイオン化エネルギーが求まれば(3)式を用いて，もう一方のイオン化エネルギーが求められる。カルコパイライト系ではZnドープMOVPE成長 $CuAlSe_2$ のD-Aペア発光に対して，励起光強度依存性および時間分解PLの解析より求められたドナとアクセプタのイオン化エネルギーの両者が良く一致することが示されている[11]。

図3にCIGS薄膜，CdS/CIGS薄膜構造のDAペア発光のピークエネルギーを励起光強度に対してプロットして示す[12]。図中の実線は(1)式でフィットした計算値を示す。実験値と(1)式のフィットは良い。この解析で得られたD-Aペアのパラメータを表1に示す。ドナとアクセプタのイオン化エネルギーの和，$\Delta E_D + \Delta E_A$ はCIGS（Ga/Ⅲ = 0.2）薄膜で130 mV，CdS/CIGS

薄膜構造で 100 および 180 meV の値が得られており，それぞれにおいて優勢なドナとアクセプタが異なることがわかる。CIGS 薄膜では真性欠陥が起源として考えられるが，CdS/CIGS 薄膜構造では，CBD プロセス中に Cd が CIGS の表面層に拡散し Cu サイトを置換してドナになる。また高 Ga 濃度（Ga/III = 0.40）の CIGS では薄膜と CdS/CIGS 薄膜構造で同一の D-A ペアがみられることから Cd の CIGS への大きな拡散は生じていないものと推測される[12]。

以上は，低温 PL 測定における D-A ペアの解析により，優勢なドナ・アクセプタレベルの知見が得られ，CIGS 太陽電池の作製プロセスにおいて，CIGS 中の真性欠陥や相互拡散による不純物の評価に有用であることを示している。

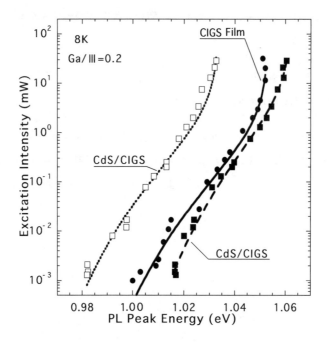

図3 CIGS 薄膜，CdS/CIGS 薄膜構造の低温 PL における DA ペアスペクトルにおける PL ピークエネルギーの励起光強度依存性
実線は式(1)でフィットした計算値を示す[12]

表1 D-A対発光の解析により得られたパラメータ

試料	$h\nu_m$ (eV)	$h\nu_B$ (eV)	$\Delta E_D + \Delta E_A$ (meV)
CIGS薄膜	0.99	1.10	130
CdS/CIGS薄膜　（低エネルギー発光）	0.94	1.07	180
CdS/CIGS薄膜　（高エネルギー発光）	1.02	1.11	100

第5章 CIGS太陽電池の評価技術

4.5 CIGS太陽電池のPL評価

　低温PLはCIGS光吸収層の化学両論的組成からのずれや欠陥や不純物の評価に有用であることを示した。CIGS太陽電池の動作環境に近い室温でのPLについて述べる。その前に，低温から室温まで測定温度を変化させた場合，CIGS光吸収層のPLは，D-Aペア発光からF-B遷移へと変化し，室温付近ではバンド間遷移が支配的になる[12]。この傾向はCIGS薄膜とCIGS太陽電池の両方でみられる。室温でバンド間遷移が支配的である傾向はPLが光生成キャリアの寿命を反映することを示しており，室温PLの強度やTR-PLでの光寿命によるCIGS太陽電池の評価の重要性を示唆する。

　ここで，CIGS太陽電池のPLについて考察する。典型的なCIGS太陽電池にはZnO：Al/i-ZnO/CdS/CIGS/Mo/SLGという複雑な構造が用いられている。このようなヘテロ構造のPLに関して報告が少ないことが現状である。CIGS太陽電池とCIGS薄膜をPLの観点から比較すると次のようになる。

(1) 太陽電池プロセスでは，CIGS薄膜の表面にバッファー層としてCBD法により薄いCdS薄膜が形成される。CIGS薄膜では表面再結合によりPL強度がバルクのそれに比べて非常に小さい。CBDプロセスではアンモニアエッチング効果によるCIGS薄膜表面の酸化物やCu-Se層の除去が行われ[13]，次いでCdS層がエピタキシャル的に成長することにより，CIGS表面のダングリングボンドは終端される。従って表面再結合の減少によるPL強度の増加が期待される。

(2) CBDプロセスによりCdがIII族過剰な組成のCIGS表面層に拡散することが確認されている[14]。従って，CuサイトにCdが置換したCd_{Cu}ドナの濃度が高くなるためCIGS表面層はn型に反転し，電気的なpn接合はCIGS薄膜の表面付近にある[15]。

(3) 太陽電池に用いられているCIGS光吸収層では混晶組成がダブルグレード型になっており伝導帯の極小点がCIGS内の表面近くにある。

(4) 励起光により生成したキャリアは接合の電界により分離・収集され光起電力が発生する。従って，開放条件下でのCIGS太陽電池は励起光による光起電力で順バイアスされた状態にある。これは，キャリアの収集効率が低下した条件下でのPL測定である。

　CIGS太陽電池のヘテロ構造のPLでは，以上に留意した解釈が必要である。CdSのCBDプロセスの評価の為にCBD終了時にCdS/CIGS薄膜構造のPL測定を行い，セル化後のPL測定結果およびセル特性との比較を行った[16]。室温でのCIGS太陽電池（Ga／III＝0.18）のPLスペクトルを図4に示す。太陽電池の測定条件として開放および短絡条件である。比較のためにセル化の際に基板から一部を取り出したCIGS薄膜およびCdS/CIGS薄膜構造のPLスペクトルを示す。これらのPLスペクトルの特徴を以下に示す。

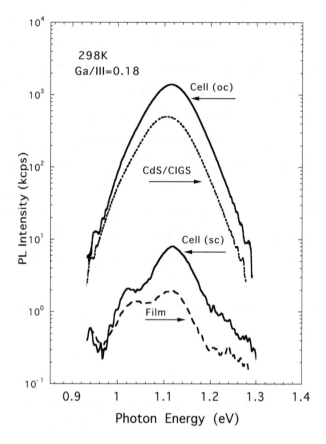

図4 CIGS薄膜，CdS/CIGS薄膜構造およびCIGS太陽電池の室温PLスペクトル

(1) 開放条件でのCIGS太陽電池のPL強度はCIGS薄膜の強度に比べて非常に大きい（図4では700倍）[16,17]。
(2) 短絡条件でのPL強度は開放条件の強度と比較すれば非常に小さく（図4では約1/200），これはCIGS薄膜のPL強度の数倍程度（図4では4倍）である。
(3) CBD法でCIGS薄膜上にCdSを堆積することにより（CdS/CIGS薄膜構造），PL強度はCIGS薄膜の強度に比べて大きくなる（図4では250倍）。

これらのPLの特徴は混晶組成（Ga/Ⅲ：0〜0.4）や成長条件によって強度比は異なるが傾向は類似している。CIGS太陽電池のPL強度と太陽電池特性の関係は明瞭であり，PL強度の大きい試料では，変換効率が大きく開放電圧が高い傾向を持つ。一方で，短絡電流はPL強度と明瞭な相関がみられない。CIGS太陽電池におけるPL強度がセル化前のCIGS薄膜に比べて非常に大きい理由として，CdSのCBDプロセスによるCIGS薄膜の表面再結合の減少が考えられる。CIGS薄膜の成膜直後ではPL強度は大きいが時間の経過により小さくなる傾向があり，これは

第 5 章　CIGS 太陽電池の評価技術

表面再結合の増加を示唆している。実際，CdS/CIGS 薄膜構造の PL 強度が CIGS 薄膜のものの 2 桁大きい試料がある一方で，CBD プロセスにより，数倍程度しか PL 強度の増加がみられない試料がある。それらはいずれもセル化により CIGS 薄膜の PL と比較して 2 桁程度の PL 強度の増大を示し，約 15 ％の高い変換効率を持つ。セル化による PL 強度の増大は他の研究機関からも報告されている[17]。現在 CdS の CBD プロセス前後での PL 強度の変化については不明な点が多いが，PL 法が太陽電池プロセスのモニターとして非接触・非破壊の評価として有用であると考えられる。

図 4 に示されるように CIGS 太陽電池では，開放と短絡条件に依存して PL 強度が大きく変化する。開放条件では励起光による光起電力により接合は順バイアスされる。その結果，CIGS 光吸収層での空間電荷層の電界が弱くなり光生成キャリアが有効に分離されないため，キャリアは CIGS 層内で効率良く輻射再結合し強い PL を示す。一方で短絡条件ではフェルミ準位が接合内で一定であり CIGS の空間電荷層の電界が強い。そのため光生成キャリアは分離され，電子の大部分は n 形層（ZnO）へ移動するために，CIGS 層内に留まり輻射再結合する電子が減少し PL は弱い。ダイオードと光電流源が並列接続された等価回路で PL 強度の開放・短絡条件での変化を説明することが AlGaAs/GaAs ヘテロ接合太陽電池で報告されている[18]。開放での定常状態では光生成キャリアは pn 接合の順方向の注入電流となることから PL は注入型 EL とも解釈できる[18,19]。短絡では光生成キャリアのほとんどが外部回路を流れるため接合へのキャリア注入は無いため接合は発光しない。AlGaAs/GaAs 太陽電池では，CIGS 太陽電池でみられる 2 桁にもわたる大きな PL 強度変化はみられないが，PL 強度のマッピングが光起電力分布の指標になることが示されており，非接触の光起電力評価法としての PL 測定の可能性が示唆されている[18]。

4.6　CIGS 太陽電池の時間分解 PL（TR-PL）

TR-PL 法ではパルス光励起を行い，発光の減衰過程を測定する。発光寿命に再結合過程が反映される。発光寿命は光学遷移過程やそれと競合する非輻射遷移により異なる。また太陽電池では，複雑なヘテロ構造におけるキャリアの分離・輸送過程，界面再結合，トラップおよび励起光による光起電力が発光寿命に影響を与える為に，測定結果の解析や解釈は非常に複雑である。

まず，薄膜における CIS 系の TR-PL 法を紹介する。CIS 薄膜における低温 TR-PL 測定では，Cu-rich な薄膜の励起子が 33 ps の短い発光寿命を示すことに対して In-rich な 薄膜ではバンド間遷移発光の発光寿命の解析より少数キャリア寿命が 1-2 ns と求められている[20]。CIGS 薄膜の室温 TR-PL 測定で求められたキャリア寿命（5-55 ns）は，それから作製された太陽電池の開放電圧および変換効率（7-12.5％）と正の相関があるが，短絡電流は寿命に依存せず一定である[21]。セレン化法による CIGSSe 太陽電池モジュールのパイロットラインのプロセス制御に，光吸収

層の室温 PL 寿命とセルの開放電圧の関係が結晶性のモニターとして利用されている[22, 23]。

このように CIS 系の薄膜の発光寿命がそれを用いた太陽電池の開放電圧や変換効率の良い測度となることが認められている一方で，CIGS 太陽電池での TR-PL の報告は非常に少ない[24]。著者らは，CIGS 太陽電池のバンド間遷移の発光が，太陽電池のキャリアの再結合過程を反映することを期待して CIGS 太陽電池の PL 測定を行っている[12, 16, 25, 26]。CdTe 太陽電池の PL では発光寿命と変換効率および開放電圧の間に明瞭な相関があることが示されている[27]。低温におけるⅢ族 rich な CIGS の PL の多くは欠陥に起因する D-A ペア発光が支配的である。D-A ペアの発光寿命はドーピング濃度や補償の程度に依存する為，これを結晶性の指標とすることはできない。従って室温 PL でみられるバンド間遷移の発光寿命がキャリアの再結合過程を反映する指標と考えられる。これらの知見から，ヘテロ構造太陽電池において，PL の発光寿命は次のことから必ずしも CIGS 薄膜のキャリア寿命と一致しないことを留意してデータの解釈を行うことである。①励起光強度における注入条件，②空間電荷層の内蔵電界によるチャージセパレーション[28]，③励起光による光起電力による内蔵電界の変化，④トラップから放出されるキャリア，⑤界面準位，⑥素子の負荷やシャントによるキャリアの輸送過程などである。

筆者は，CIGS 太陽電池と CIGS 薄膜の時間分解 PL 測定を行った。図5に示すように，PL 減衰曲線は1つの指数関数で表せず多くの場合，次のように2つの異なる寿命（τ_1，τ_2）を持つ指数関数の和で近似される。

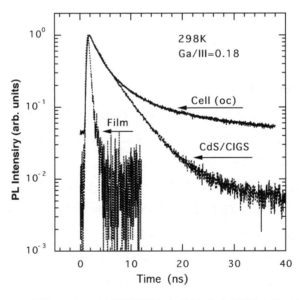

図5　CIGS 薄膜，CdS/CIGS 薄膜構造および CIGS 太陽電池の PL 減衰曲線

第5章　CIGS 太陽電池の評価技術

$$I(t) = A_1 \exp(-t/\tau_1) + A_2 \exp(-t/\tau_2)$$

短い寿命 τ_1 の PL 成分が優勢であり，強度 A_1 は長い寿命 τ_2 の PL 強度より A_2 数倍大きい。CIGS 薄膜では短寿命 τ_1 は，0.7-1 ns と非常に短く，弱い長寿命 τ_2 は 8-15 ns である。CIGS 太陽電池での PL 寿命は素子開放条件では CIGS 薄膜に比べて長く，短寿命 τ_1 は 2-10 ns で長寿命 τ_2 は 6-50 ns である。

(1) 全ての試料で CIGS 太陽電池は開放条件で CIGS 薄膜より長い発光寿命を示す。
(2) 同一混晶組成で同一構造や作製条件の場合，変換効率の高い太陽電池の PL 寿命は長い。
(3) CIGS 薄膜の PL 寿命は，励起光の強度および繰り返し周波数に依存せず一定である。
(4) CIGS 太陽電池の PL 寿命は開放条件で励起パルス光の強度が大きいほど，繰り返し周波数が高いほど長くなる。PL 寿命はこれらの積，すなわち平均励起光電力に依存する。
(5) CIGS 太陽電池の PL 寿命は素子短絡により非常に短くなる（0.4-0.6 ns）。結果の一例を図6に示す。
(6) CIGS 太陽電池に接続した負荷抵抗値を変化させ，励起光による光起電力による電圧を短絡（0 V）から開放電圧まで変化させた場合，PL 寿命は電圧の増加に対して増加する。

これらのことから，CIGS 太陽電池の PL 寿命は 2-10 ns と薄膜と比較して1桁以上長くなることから，TR-PL 測定に比較的簡便なパルス半導体レーザと光電子増倍管を用いた時間相関単

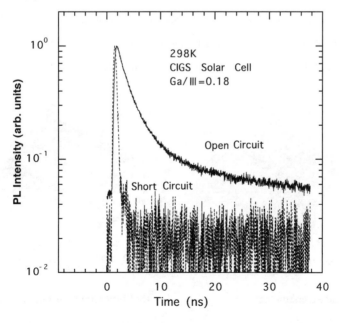

図6　CIGS 太陽電池の開放および短絡条件での PL 減衰曲線

一光子計数法が利用できることが測定上，非常に有利である。

　CIGS 太陽電池の PL 寿命が励起光による光起電力により長くなる理由を考える。光起電力が接合を順バイアスし光起電力により空間電荷層の電界が弱くなった結果，光生成キャリアの分離と収集が低下することが PL 寿命の増加の理由の一つと考えられる。素子短絡では，空間電荷層の電界により光生成された電子は速やかに ZnO へ輸送されるため，CIGS 層で輻射再結合の割合は減少し，PL 寿命が減少する。実際 PL 測定において変換効率の高い太陽電池の PL 寿命が長いことは，励起光により高い開放電圧が生じることと関係づけられている。

4.7　CIGS 太陽電池の光学的マッピング測定

　室温での CIGS 太陽電池の PL 測定において，開放条件ではバンド間遷移の PL 強度が太陽電池の起電力と強い相関があることを示した。これは，PL のマッピング測定により太陽電池の面内の PL 強度分布を測度として光起電力の分布を非接触・非破壊に評価できることを示唆している。一般的に太陽電池面内での光起電力特性分布を評価する為に，レーザ光の走査による短絡電流の分布の測定法が LBIC（Laser Beam Induced Current）法として知られて用いられており，量子効率分布が求められる。図 7 に CIGS 太陽電池の PL 像，LBIC 像を示す[29]。光源には He-Ne レーザの 632.8 nm 線を用いた。レーザビームを固定し，X-Y ステージにマウントした太陽電池をステッピングモータで移動させることにより光走査を行った。図 7 より測定に用いた CIGS 太陽電池の LBIC 像は非常に均質であり，量子効率が面内で一定であることが示されている。LBIC 信号が低い部分は光が照射されない櫛形電極部である。同一試料の素子開放条件での PL 像には若干の強度分布がみられる。PL と同時に測定した開放電圧の分布との相関からも，PL の強度分布は主に PL の励起光による光起電力分布を反映していると考えられる。筆者らは

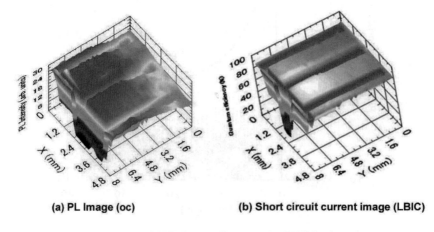

(a) PL Image (oc)　　　　(b) Short circuit current image (LBIC)

図7　(a) CIGS 太陽電池の PL 像，と (b) 短絡電流像（LBIC）

第5章　CIGS 太陽電池の評価技術

CIGS 太陽電池プロセスの各段階で PL のマッピング測定を行い，強度および PL スペクトルの面内分布の測定を行っており，これらの結果が CIGS 太陽電池の高効率化や，大面積化や集積モジュール化に伴う効率低下の改善に結びつくものと期待される。

謝辞

　本節で筆者が PL 測定で用いた CIGS 薄膜および CIGS 太陽電池は青山学院大学理工学部で作製されたものであり，試料提供および議論をいただいた中田時夫教授に感謝する。

文　　献

1) S, Sienentritt and U. Rau, "Wide-gap chalcopyrites" Chap. 6, Springer (2005)
2) D.V.O. 'Connor 著，平山鋭ら訳，ナノ・ピコ秒の螢光測定と解析法，学会出版センター
3) T. Miyazaki et al., *Jpn. J. Appl. Phys.*, **30**, L 1850 (1991)
4) S. Niki et al., *J. Crystal Growth*, **150**, 1201 (1995)
5) S. Zott et al., *J. Appl. Phys.*, **82**, 356 (1997)
6) S. Siebentritt et al., *Phys. Stat. Solidi*, (c) **1**, 2304 (2004)
7) J. I. Pankove in Optocal Processes in Semiconductors, Chap. 6.
8) P. J. Dean in Progress in Solid State Chemistry, eds. J. O. McCaldin and G. Somorjai (Pergamon Press, Oxford, 1973) Vol. 8.
9) A. Ooe et al., *Jpn. J. Appl. Phys.*, **29**, 1484 (1990)
10) E. Zacks and A. Halperin, *Phys. Rev.*, B **6**, 3072 (1972)
11) S. Shirakata et al., *Jpn. J. Appl. Phys.*, **33**, L 345 (1994)
12) S. Shirakata et al., *Sol. Energy Mater. Sol. Cells*, **93**, 988 (2009)
13) 小長井誠編著，薄膜太陽電池の基礎と応用，オーム社，p.182.
14) T. Nakada et al., *Appl. Phys. Lett.*, **74**, 2444 (1999)
15) K. Ramanathan, et al., Proc. 26 th IEEE PVSC, 319 (1997)
16) S. Shirakata et al., *Phys. Status Solidi C*, **6**, 1059-1062 (2009)
17) M. B. Keyes et al., Proceedings 29 th IEEE PV specialist conference, New Orleans, Louisiana, USA, 2002, pp. 511-515.
18) G. Timo, et al., *Mater. Sci. Eng. B*, **28**, 474 (1994)
19) G. Smestad et al., *Sol. Energy Mater. Sol. Cells*, **25**, 51 (1992)
20) K. Puech et al., *Appl. Phys. Lett.*, **69**, 3375 (1996)
21) B. Ohnesorge et al., *Appl. Phy. Lett.*, **73**, 1224 (1998)
22) J. Palm et al., *Sol. Energy*, **77**, 757 (2004)
23) V. Probst et al., *Thin Solid Films*, **387**, 262 (2001)
24) W. Metzger et al., *Appl. Phys. Lett.*, **93**, 022110 (2008)

25) S. Shirakata *et al.*, *Thin Solid Films*, **515**, 6151 (2007)
26) S. Shirakata *et al.*, in: Proc. MRS Spring Meeting, Thin-Film Compound Semiconductor Photovoltaics-2007, San Francisco, USA, 2002, pp. 235-240.
27) W. Metzger *et al.*, *J. Appl. Phys.*, **94**, 3549 (2003)
28) W. K. Metzger *et al.*, *Phys. Rev.*, **71**, 035301 (2005)
29) S. Shirakata *et al.*, Proc. 19th Int. Photovoltaic Science and Engineering Conference, Solar Energy Materials and Solar Cells, submitted.

第6章　商業化の課題と将来動向

1　ホンダの太陽電池事業と将来展開

数佐明男*

1.1　はじめに

　近年，世界的な経済状況の悪化が続く中，地球規模での CO_2 排出量削減等，環境への関心が急速に高まってきている。その中でも太陽電池をはじめとしたクリーンエネルギーが注目され始めている。Si 結晶系太陽電池を中心とした太陽光発電システム技術は数十年前から確立していたが，これまで環境に対する関心，導入コスト等の課題により普及率は伸び悩んでいた。しかしながら，環境意識への高まり，各国挙げての新エネルギー政策を追い風として，太陽光発電，風力発電などのクリーンエネルギーが注目され，設置規模は先進国のみならず，世界各国で急速に拡大しはじめている。

　ホンダはこれまで，1人でも多くの方に新たな喜びを届けたいという想いでモビリティを提供，本業である2輪・4輪・汎用製品に加え，人間型ロボットの ASIMO や航空機事業の Honda JET など次々と革新的な製品を生み出してきた。創業60年以上経過した現在でも，この想いは新製品を生み出す際の原動力となっている。

　エネルギー分野においても，環境問題への役割や責任を考え，我々は約12年前に，Si を一切使用しない CIGS 薄膜太陽電池の研究開発に着手した。その後，2005年新事業の柱として量産化を発表，2007年10月生産を開始することでエネルギー創出企業への第一歩を踏み出した[1]。

1.2　ホンダの太陽電池

　ホンダが開発した CIGS 薄膜太陽電池の基本構造は Si 結晶系太陽電池と同タイプであり，p 型半導体と n 型半導体を用いて pn 接合を形成し，この上下に＋電極と－電極を成膜した構造となっている。p 型半導体には，名前の由来にもなっている CIGS 薄膜を用い，n 型半導体には InS（硫化インジウム）を用いている。この構造は基本的には開発当初から変わっていない。

　特長としては①広範囲の波長帯において良好な分光感度をもつ②Si と比較して光吸収係数が高い為，薄膜化に適する③Si 結晶系太陽電池と比較し，製造時のエネルギーが少ない④モジュール外観が黒一色であり，日本の屋根にマッチすることなどが挙げられる。

---

　*　Akio Kazusa　㈱ホンダソルテック　代表取締役社長

CIGS 薄膜太陽電池の最新技術

図1　モジュール外観

CIGSの構成元素であるインジウム（In）は，高価な希少金属であるが，太陽電池製造の際の使用量削減やリサイクル技術の確立により，太陽電池コストに与える相場変動の影響は小さくなってきている。

現在，CIGS薄膜太陽電池の量産を開始したメーカーは世界に数社（昭和シェルソーラー[2]，Wuerth solar（独）[3]，AVANCIS（独）[4]，ホンダソルテックなど）であり，ドイツと日本が先行，今後Si系太陽電池の次の世代を担うべく，期待が集まっている。各メーカーはCIGSをベースとした光吸収層を用いているが，膜を堆積させる基板，各成膜方法，光吸収層及び電極材料等が異なり，各社独自技術を応用し，量産化を実現している。また生産規模においては，ここ数年間は各社ともに30 MW規模のパイロットライン程度であったが，昭和シェルソーラー[2]は，1000億円を投じ2011年から1 GW規模で国内生産の開始発表をするなど，Si太陽電池メーカーに匹敵する増産計画を打ち出しており，今後もCIGSに限らず，各社ともに増産が予想される。

1.3　ホンダの開発の歴史

ホンダの太陽電池開発の歴史は浅く，開発のきっかけは，オーストラリアで開催されたワールドソーラーカーレース参戦である。1993年，1996年と優勝を果たすものの，心臓部である太陽電池は他社製のものを使用していた。次世代エネルギー創出に向けた2010年ビジョン達成の為，将来技術模索中の1997年，未来の太陽電池に向かって基礎研究開発を開始した。当時，CIGS薄膜太陽電池は大学を中心に基礎研究がされている段階であり，市販もされていない。我々はこの材料のもつポテンシャルに注目，各方面からの情報を収集し，ホンダの技術に対する先進創造，独自性を第一に考えた結果，太陽電池材料としてCIGSを選択した。

第6章　商業化の課題と将来動向

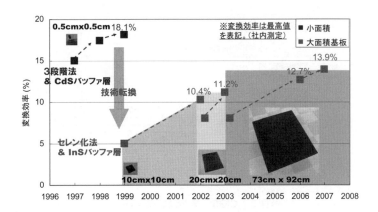

図2　ホンダ太陽電池開発の歴史

開発は数名のメンバーにより開始，当初はCIGS光吸収層の形成に蒸着法，またn型半導体となるバッファ層にCdS（硫化カドミウム）を用いることで，太陽電池基本物性などの研究を中心に進めた。Cu，In，Ga，Seの各元素の組成比率の調整次第で，太陽電池の性能は大きく左右する。1998年にはCIGS蒸着時の温度最適化により，CdSバッファ層を用いて小面積太陽電池ではあるが変換効率18.1％を記録した。この測定は社内測定であるが，当時としては世界最高レベルの水準であった。しかしながら，この時点では太陽電池の発電面積としては，□5mm程度であり，量産化実現までには，まだ多くの課題を残していた。その後，1999年に生産技術へと開発重点をシフト，更に太陽電池自体環境負荷が小さなものでなければならないと考え，当時一般的であったCdSバッファ層からの脱却を目指し，代替材料の開発を開始，最終的にはInS薄膜を採用した。

ベースとなるガラス基板サイズは，□10cm基板から□20cm基板を経て，現在の量産サイズである73cm×92cm基板へと進化してきた。大面積化するにつれ，面内の組成均一性制御やパターニング制御などの課題が新たに発生したが，モジュール変換効率11.2％以上（125W）を達成し，現在に至っている[5,6]。

1.4　CIGS太陽電池製造フロー

ホンダのCIGS薄膜太陽電池は，基板厚さ約1mmの低アルカリガラスを用いている。このガラスを用いることで，高温化が可能となり，高品位なCIGS結晶を得る事ができる。

低アルカリガラス基板上にMo電極（約0.4μm）を成膜し，レーザーによりパターニングを行なう。その後，Cu，In，Gaを成膜し，この基板をセレン化することでCIGS光吸収層（約1.4μm）が形成される。バッファ層としては溶液成長法（CBD法）を用いてInSを成膜，メカニ

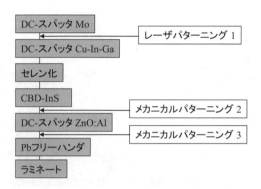

図3　CIGS太陽電池製造フロー

図4　モジュール組立て風景

カルパターニングを透明電極AZO（約0.6μm）成膜の前後で行い，太陽電池が完成する。

　Mo，Cu In Ga，AZO各層の成膜手法はDCマグネトロンスパッタ法であり，量産性に有利な製法である。製造フロー中で特長として挙げられるのは，CIGS光吸収層を形成するセレン化工程のプロセス温度を適格化していることである。これは低アルカリガラスを採用した事により実現しており，高温化により光吸収層の結晶性が改善し，高い変換効率を達成した。

　モジュール化工程は人による作業が多く，日々訓練を積んだ従業員が作業にあたっている。自動車と同じく太陽電池工場においても日々，現場改善を行なう事により，高歩留を維持している。

1.5　製品ラインナップ

　現在の製品ラインナップは一般住宅用モジュール（2007年10月リリース）と，産業用モジュール（2008年10月リリース）であり，各用途向けに内部配線の一部に違いがあるものの，モジュール出力は125 W（変換効率11.2 %）である。

第 6 章　商業化の課題と将来動向

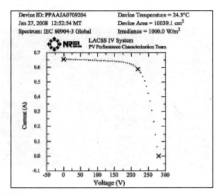

図 5　CIGS 太陽電池測定結果

ホンダの CIGS 太陽電池モジュールは出力 125 W という他に，開放電圧 280 V（一般住宅用）の高電圧という特長も有する．この高電圧はモジュール内にパターニングされた 450 個の太陽電池の直列接続よって実現されている．実フィールドでの試験は 2002 年から開始し，現在では国内外 20 拠点以上，合計 1 MW 程度となっている．高温多湿なタイ（Thai Honda）においても，フィールド試験を実施し，安定性能を確認済である．

量産ラインで製造したモジュールに関しては，抜き取りにて第三者機関（NREL：米国）での測定を実施した．その結果，モジュール出力として 128 W が得られており，当社内測定の確からしさが実証された．

1.6　ホンダが目指す太陽電池事業とは

CIGS 薄膜太陽電池は Si を一切使用しないという点で，多くの注目を集めており，ここ数年で開発開始の発表をしたメーカーも多い．太陽電池生産量に関しても，中国，台湾をはじめとするアジア勢が今後伸びてくる事が予想される．我々としては新たに新規参入した事業，最後発メーカーと認識し，今後の柱とするためにも，目先の利益を目的とした増産投資よりも，まずは品質最優先でお客様にお届けすることに注力する予定である．モビリティ事業で過去培った CS（お客様満足度）No 1 の取り組みを基本に，お客様，販売店様，ホンダの信頼関係をより強固なものとし，今後の事業を展開していく．

今後，お客様が求めるものは，電池材料に何を使用しているかではなく変換効率，即ち限られた面積で如何に多くのクリーンな電力を取り出せるかであり，また環境に配慮しながらもコスト面での意識は高いと考えている．その為，お客様にとってのメリット（性能，コスト，アフターサービス）を，最大限引き出せるような魅力的商品に仕上げる事，その為には現在の結晶系 Si

CIGS 薄膜太陽電池の最新技術

図6　ホンダが描く水素循環型ネットワークシステム

図7　㈱ホンダソルテック　熊本工場外観

同等以上（15％前後）の変換効率を早期実現するなど，製造コストの更なる改善が重要であり，これらがホンダ独自の魅力を向上させることに繋がっていくと考えている。更に，太陽電池で生み出したクリーンエネルギーを，我々は水素循環型社会実現への第一歩として利用を考え，水素ネットワークシステムの構築に向けて，研究開発を進めていく。

文　　献

1）　本田技研 HP http://www.honda.co.jp/news/2005/c 051219.html
2）　昭和シェル石油 HP http://www.showashell-solar.co.jp/products/index.html
3）　Wuerth solar HP http://www.wuerth-solergy.com/
4）　AVANCIS HP http://www.avancis.de/en/
5）　K. Matsunaga "Solar Energy Materials & Solar Cells" p.1134-1138（2009）
6）　T. Kume Tech Dig. 23 rd EU-PVSEC Spain p.2027-2030（2008）

2 商業化の課題と将来動向―ギガワット時代のCIS系薄膜太陽電池―

櫛屋勝巳*

2.1 薄膜太陽電池第1世代,生産量ギガワット(GW)時代へ

「太陽光発電」は,エネルギー安定供給(国産エネルギー源),地球環境問題(温室効果ガスの排出削減)および新産業創出・雇用確保に関係して社会的に大きな注目を集めている。ここ数年,太陽光発電を取巻く社会環境は大きく変化した。導入・普及を加速・促進するための施策や制度が次々と打ち出され,リーマンショック後の世界経済不況においても太陽光発電市場の成長・拡大は持続している。このような活況の中で,結晶系シリコン(Si)太陽電池メーカーは原料シリコン(ポリシリコン)の潜在的な供給不安と国際的な価格競争力に不安が残ることもあり,太陽電池セルの生産規模拡大に慎重な姿勢を崩していない。しかしながら,結晶系Si太陽電池メーカーの京セラ,三菱電機は研究開発では製品サイズの光電変換効率で16%を達成しており,性能(すなわち光電変換効率)向上によるコスト削減を目標にしていることは明らかである。彼らは市場規模も最大であるが,販売競争が最も激しい「光電変換効率13-15%性能領域」での中国メーカーとの競争を回避する技術戦略を取っているように見える。太陽電池は大きく結晶系Si太陽電池と薄膜太陽電池に分類されるが,図1に示すように商品レベルの性能面で分極が起こっている。

低価格化の動きをリードするプライスリーダーは現在,Siとは無縁の薄膜太陽電池第一世代の「カドテル(CdTe)太陽電池」を製造するFirst Solar社である。CdTe太陽電池技術は,研究開発の歴史は古いが,"グリーン"(環境に優しいものづくり)に向かう世界の趨勢の中で

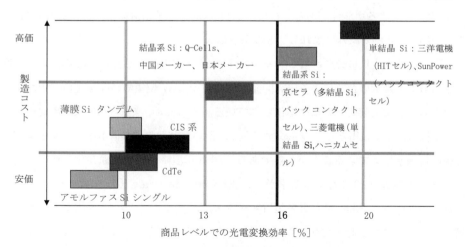

図1 太陽電池の商品レベルでの性能と製造コストの関係(模式図)

---

* Katsumi Kushiya 昭和シェル石油㈱ ソーラー事業本部 担当副部長

CIGS 薄膜太陽電池の最新技術

2003年までに，Solar Cells 社を引継いだ First Solar を除き，この技術をリードして来た企業群である松下電池，BP Solar 社，Golden Photon 社などが撤退した。この「淘汰の時代を生き延びた」First Solar は，2005年に始まるドイツ国内での"Feed-in-Tariff（長期間の電気料金の固定価格での買取り）制度"導入による太陽光発電市場の急激な規模拡大局面で起きた結晶系 Si 太陽電池モジュールの供給不足状態を千載一遇のチャンスと捉え，米国オハイオ州の工場を技術的な基盤となる製造プラント（ベースプラントあるいはマザープラント）と位置付け，完成度の高い製造ラインを"コピーする（レプリカを作る）"技術戦略（Smart Copy 戦略）で，性能向上よりも生産規模拡大を優先し，市場に近いドイツ，4工場合計で年産 800 MW になる主力生産工場をマレーシアで順次稼働させる積極的な投資を行い，プライスリーダーの地位を確立した[1]。彼らは，メガソーラー（大規模太陽光発電所）建設の需要に乗って販売数量を拡大し，2009年に生産量世界トップの企業に躍り出た。First Solar により，CdTe 太陽電池は年産1ギガワット（GW）を突破した世界初の薄膜太陽電池技術となったが，世界的に見ても First Solar が生産規模・販売力の両面で他社を圧倒している。彼らがガリバー型に成長する限り，また将来的な環境問題を懸念する企業は，この技術に手を出さない。そのため，寡占化が進むことになる。彼らが，このまま「生産量世界トップ」の地位を維持できるかどうかは主要な構成金属であるテルル（Te）の資源量を確保できるか，および環境規制の法制度（すなわち，RoHS 指令／"電気・電子機器に含まれる特定有害物質の使用制限に関する欧州議会及び理事会指令"：DIRECTIVE OF THE EUROPEAN PARLIAMENT AND OF THE COUNCIL on the restriction of the use of certain hazardous substances in electrical and electronic equipment）によって決まる可能性がある。特に，2014年の RoHS 指令の二度目の見直し時に再度，太陽電池製品が"規制対象外になれる"との保証はない。

薄膜太陽電池第1世代に分類されるアモルファス Si 太陽電池と CdTe 太陽電池は，1980年代からの主に日本と米国の企業による研究開発と年産数十 MW 規模での商業化の歴史があり，製造プロセスおよび製造装置ともに標準化されている。そのため，結晶系 Si 太陽電池セル製造プロセスと同様に，生産技術としての完成度が高く，使い慣れた製造装置群をそのままコピーする手法で生産規模を拡大できることが強みである。2005年以降に欧州で顕在化した電力用太陽電池モジュールの安定供給に対する要求から，Applied Materials（A-Mat）社，アルバック（ULVAC），Oerlikon Solar 社などの装置メーカーが，アモルファス Si 太陽電池技術の主要製膜装置であるプラズマ励起・化学的気相成長（PE-CVD）装置とその他周辺技術を組み合わせた"ターンキービジネス"に乗り出した。その結果，太陽光発電ビジネスに対して全く経験のない東アジア地区（インド，台湾，韓国，中国など）の資金調達力のある新興企業群が太陽光発電ビジネスに参入することが可能になった。しかしながら，図1からも明らかなように，アモルファ

第 6 章　商業化の課題と将来動向

ス Si 太陽電池技術は光電変換効率が市販結晶系 Si 太陽電池モジュールの半分であり，コスト競争力の不足した「安かろう・悪かろう」の商品と見なされ，リーマンショック後の世界経済不況により急速に魅力が失われた。光電変換効率が低い欠点の解決策として，研究開発の歴史がある日本のシャープ，カネカ，三菱重工業は，アモルファス Si 太陽電池と微結晶 Si 太陽電池を積層したタンデム構造により太陽光スペクトルの長波長域まで吸収することで光電変換効率 10%の壁を超えることを狙っている。ULVAC，Oerlikon Solar は顧客企業に販売したターンキー装置をタンデム構造製造に対応できるように改造することを勧めている。しかしながら，この移行の動きは，世界経済不況の影響ばかりでなく，タンデム構造の製造技術面での難しさ，光電変換効率 10%の壁を超えることで十分なコスト競争力が得られるのかとの疑問から，それ程進んでいない。シャープが年産規模を当初予定していた 1 GW ではなく 160 MW に抑えた経営判断[2]も，A-Mat 社がアモルファス Si 太陽電池のターンキービジネスからの撤退を発表したこと[3]も，上記理由と無関係ではないだろう。

　First Solar の成功事例は「太陽光発電ビジネスへの新規参入」に関して多くの教訓を与える。一つはマーケットプルである Feed-in-Tariff 制度の威力であり，ドイツおよびスペインでの大量導入・普及実績が示すように，社会システム設計の重要さである。製造面では，本格製造（あるいは量産体制）へタイムリーかつスムーズに移行できる"完成度の高い"生産技術を保有し，市場規模拡大動向と市場からの要求に合わせて時機を外すことなく製品投入できる技術力および製造コスト削減のための技術力（"アルミフレームあり構造"をオプションとするフレームレス構造の採用など）があることも重要である。経営面では，タイムリーで積極的な投資，製品に対する信頼感の醸成のために ISO 9001 や 14001 など国際標準規格に適合すること，および"市場からの要求"に真摯かつ満足させる形で対応できることは重要である。

　First Solar に突き付けられた"市場からの要求"は，寿命が尽きた（End-of-life）CdTe 太陽電池モジュールを回収し，Cd を環境に放出することなく自社内の"閉じたサイクル"の中に閉じ込めることであった。CdTe 太陽電池モジュールメーカーはいずれも，カドミウム（Cd）のリサイクル技術を開発していた。一方，欧州市場にある"すべての太陽電池モジュール"が寿命が尽きた（End-of-life）段階でリサイクルされることの監視と適切に処理される仕組みを共有化・制度化することを目的に，業界団体として「PVCYCLE」が設立された。First Solar はこの団体への参画，将来必要になる"寿命が尽きた製品"を回収しリサイクルするための特定目的基金として，販売した製品 1 枚当たり一定額を経営と切り離して独立した形で積立てる制度を実行していることを発表している[1]。

　これらはすべて，結晶系 Si 太陽電池技術に対しては要求されることがなかった項目である。これらの要求に対応することで，First Solar は「CdTe 太陽電池モジュールを欧州域内で安心・

CIGS 薄膜太陽電池の最新技術

表1　GW 生産への移行を発表した企業

太陽電池技術	将来計画（GW 発表グループ）
結晶系 Si（太陽電池セル）：製造ライン，製造工場をコピーできる（1 億円/MW ベースで，0.1 GW/line の製造ライン建設が可能）	・Q-Cells（ドイツ）：1.5 GW/年_ 2010 年？ ・Suntech（中国）：1 GW/年_ 2008 年，1.4 GW/年_ 2009 年，2 GW/年_ 2010 年？ ・京セラ：1 GW/年_ 2013 年 ・シャープ：1.03 GW/年_ 2011 年（結晶系 Si_0.71 GW＋薄膜 Si_0.32 GW で）
薄膜 Si：装置メーカーが参入（AMAT, ULVAC, Oerlikon Solar）し，生産・性能を保証したターンキービジネスを開始	・カネカ：1 GW/年_ 2013 年全世界で？
CdTe：オハイオ工場をベースプラントとした"Smart Copy"戦略（製造ライン，製造工場をコピー）	・First Solar（米国）：1 GW/年_ 2009 年（米国オハイオ州，ドイツ，マレーシアの3極で2009 年に達成したと発表）
CIS 系：商業化が開始されたばかりで，"Copy"も"Turn-key"もまだ実施例なし（80 年代のアモルファス Si 太陽電池の状況に近い）	・ソーラーフロンティア：1 GW/年_ 2011 年宮崎県で

安全保証付きで販売できる」お墨付きを獲得し，Cd という毒性金属を CdTe 太陽電池の形で長期間封じ込め，「エネルギー源」とし，不要になったら回収・リサイクルすることでクローズドサイクルの中で循環させ，環境に放出しないという「新しいビジネスモデル」を構築した。

　太陽光発電ビジネスの市場規模は毎年拡大しており，大量導入・大量普及時代を迎えつつあるが，表1に示すように GW 生産への移行を発表した企業は現状6社のみである。生産実績のある結晶系 Si 太陽電池メーカーが多く，薄膜太陽電池では First Solar とソーラーフロンティア㈱（昭和シェル石油㈱の 100％子会社，2010 年4月に，昭和シェルソーラー㈱から社名変更）[4]の2

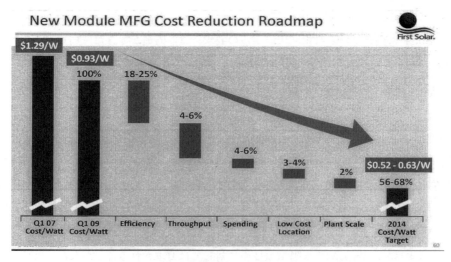

図2　First Solar の製造コスト削減ロードマップ[4]

第6章　商業化の課題と将来動向

社である。

　これら「GW 生産への移行」の目的は，"Grid Parity の達成"（太陽電池システムからの発電で，一般家庭用電力料金並み価格を達成すること）であったが，First Solar は他社に先駆けて1ドル/W のマイルストーンを達成し，コスト削減を加速する技術戦略として，図2に示す「コスト削減ロードマップ」を発表した[5]。彼らはこのロードマップを毎年微修正しており，光電変換効率向上の寄与率を高めている。

　日本の 2030 年までの太陽光発電のコスト削減ロードマップを示した「PV 2030 プラス（＋）」（新エネルギー・産業技術総合開発機構（NEDO）作成）[6]では，「発電コスト 70 円/W」の達成を 2017 年に設定しているが，図2から明らかなように，First Solar は同程度の目標を 2014 年に置いている。彼らがこのコスト目標を計画通りに達成すれば，彼らの製造コストが日本の太陽電池メーカーのそれより，30 円/W から 40 円/W 安くなることを意味する。したがって，日本の太陽電池メーカーの国際的な価格競争力が大きく損なわれることは明らかである。First Solar のコスト削減技術戦略に対抗するためにも，高効率化の加速，商品価値を損なわずにコスト削減を可能にする商品設計の推進，低コスト・高生産性製造技術の導入は必須である。同時に，Cd なしでは製造できない CdTe 太陽電池技術に対する「材料的な優位性」，「低コストなリサイクル技術」の確立も必要である。

2.2　GW 時代の CIS 系薄膜太陽電池

　多くの太陽電池の中で大きな注目を集めている太陽電池技術が，銅（Cu），インジウム（In），ガリウム（Ga），セレン（Se），硫黄（S）の五元素の組み合わせで構成される合金（半導体）を p 型 Cu(In,Ga)(Se,S)$_2$（CIS）系光吸収層とし，n 型薄膜層と pn 接合を形成した薄膜太陽電池第2世代の CIS 系薄膜太陽電池である。CIS 系は図1に示したように，結晶系 Si 太陽電池モジュールを生産する中国メーカーが主導権を握り，最も販売競争が激しい性能領域（すなわち光電変換効率 13-15%の領域）にはまだ入れていない。しかしながら，研究開発成果からそこに入る可能性が最も高い薄膜太陽電池と見なされている。その現れが，「PV 2030 プラス（＋）」において「結晶系 Si 太陽電池と同等の変換効率が達成できる太陽電池」と位置付けられていることである。しかしながら，CIS 系は，日本とドイツがリードして 2006 年後半からようやく商業生産が始まった技術であり，R&D で開発した製造要素技術を年産 20 から 30 MW（発表ベースで）の生産規模で検証している段階と言える。現状，ソーラーフロンティアが宮崎県で操業させている年産規模 80 MW（2008 年4月から生産開始した年産 60 MW 規模の第2プラントと 2006 年 10 月運転開始の第1プラントの合計）が世界最大である。このように，CIS 系はまだ生産技術の成熟度／完成度が低い状況であると認識されているが，ソーラーフロンティアは 2011 年半ばでの年産 1

CIGS 薄膜太陽電池の最新技術

図3 単一技術では世界最大の CIS 系薄膜太陽電池工場
(ソーラーフロンティア㈱の宮崎第3プラント,年産 0.9 GW 規模)[4]

GW での商業生産開始を発表し,図3に示す年産 0.9 GW 規模の第3プラントを宮崎県国富町に建設中である[4]。このプラントの生産ラインは 2010 年夏より順次試験運転を開始する予定である。

CIS 系薄膜太陽電池技術は,歴史的に「p 型 CIS 系光吸収層の製造技術」に2つの出発点がある。それぞれの技術を基盤技術とした研究開発が光電変換効率および生産性向上を目的に,現在も活発に展開されている。この一方の潮流が「多源同時蒸着法」のグループである。これは,1980 年に米国 Boeing 社が発明した「二段階法」[7]を,彼らが撤退した 1993 年以降に継承して,

表2 CIS 系薄膜太陽電池技術の商業化の現状 (商業化で採用されている製造プロセスと薄膜材料)

企業名 (公表年産規模, 2010 年5月現在)	p 型光吸収層 製膜法/組成	n 型薄膜層 高抵抗バッファ層/透明導電膜窓層
Würth Solar (30 MW)	多源同時蒸着法/$Cu(In,Ga)Se_2$	CBD 法-CdS/ スパッタ法-ZnO:Al (AZO)
Solibro (30 MW)		
Global Solar Energy (75 MW)		
ソーラーフロンティア (80 MW)	セレン化後の硫化 (SAS) 法/ $Cu(In,Ga)(Se,S)_2/Cu(In,Ga)Se_2$	CBD 法-Zn $(O,S,OH)_x$/ MOCVD 法-ZnO:B (BZO)
ホンダソルテック (27.5 MW)	セレン化法/$Cu(In,Ga)Se_2$	CBD 法-In $(S,OH)_x$/ スパッタ法-AZO
Johanna Solar (30 MW)	SAS 法/$Cu(In,Ga)(Se,S)_2$	CBD 法-CdS/ スパッタ法-AZO
AVANCIS (20 MW)	RTP-セレン化・硫化同時法/ $Cu(In,Ga)(Se,S)_2$	
Sulfurcell (3 MW)	硫化法/$Cu(In,Ga)S_2$	

第6章　商業化の課題と将来動向

「三段階法」[8]を発明した米国国立再生可能エネルギー研究所（NREL）の技術である。もう一方の潮流は「セレン化法，セレン化後の硫化（SAS）法，硫化法」のグループである。これはBoeing社の成果に触発されて，1年遅れの1981年にCIS系薄膜太陽電池の研究を開始した米国ARCO Solar Inc.（ASI）社が創始した流れである。これら2つの出発点から始まった技術による商業化の現状を表2にまとめる。

　CIS系は表2に示したように多岐に分かれている。この状況が淘汰されることなく将来も共存共栄できるかは現時点ではわからない。商業生産への移行をいかにスムーズに実行するかだけでなく，自社技術が他の太陽電池技術と性能面と製造コスト面の両方で国際的に競合できるかで決まる。特に，結晶系Si太陽電池と競合できる光電変換効率15％レベルを商業生産時の安定生産段階で達成することは重要で，その取得スピードが鍵である。これらはすべて，昭和シェル／ソーラーフロンティアが年産1GW規模に増産する2011年以降に明らかになるだろう。

　CIS系はまだ完成度の低い技術かも知れないが，「PV 2030プラス（＋）」における光電変換効率目標設定のように，CIS系の魅力は「高効率化により，低コスト化を狙える」ことである。実際，NRELとZSWグループは，CIGS光吸収層を三段階法で製膜した小面積単セルで20％を達成している[9,10]。また，「大面積」（開口部面積で800 cm^2 以上）モジュールの光電変換効率は，薄膜太陽電池第一世代が達成できずにいる16％を超えており，昭和シェルがリードする形で18％マイルストーンを目指した研究開発が世界規模で進行中である。このように，CIS系では小面積と大面積との光電変換効率の差が年々縮小していることも他の薄膜太陽電池との大きな違いである。

　また，CIS系光吸収層はその製造法よりも明らかなように，強アルカリ性溶液中での高抵抗バッファ層を製膜する工程（溶液成長法）があり，アルカリ性にも酸性雨レベルの酸にも溶けない。一方，CdTe太陽電池は酸性雨レベルの酸で溶解する[11]。そのためにパッケージング技術に注意が払われている。

　CIS系薄膜太陽電池は，製造プロセスの省エネルギー化（プロセスの短縮）や製品レベルでの光電変換効率の向上によりエネルギー回収時間（EPT）をさらに短縮することが可能である。原材料利用率の改善では，昭和シェル／ソーラーフロンティアはCIS系光吸収層の膜厚を多源同時蒸着法グループのおよそ半分で作製しており，蒸着ソースが使い切りであるのに対し，彼らが使用するスパッタターゲットはリサイクルに対応済みで，省資源の観点から優位性がある。

　湿式の溶液成長法によるCdSバッファ層のCdフリー化は，RoHS指令への対応，廃液処理コストの削減を可能にし，CdSよりバンドギャップの広い材料の使用は，短絡電流密度（J_{sc}）向上による光電変換効率の向上を可能にする。この部分は製造コスト削減に有効であり，重要な研究領域であるとの理解も進んでいる。昭和シェル／ソーラーフロンティアはこの課題に先駆的

に対応し，商品化まで完了している。

　さらに，First Solar が開始したリサイクル処理への対応も重要である。First Solar は，主要非鉄金属材料である銅製錬過程で必ず発生するが現状用途が限定される Cd という金属を太陽電池という長寿命製品に加工することでエネルギー発生源に変換すると共に，リサイクル処理により外部に Cd を放出することなく「製造→ CdTe 太陽電池の販売・設置→回収・リサイクル処理（現状は Cd の回収までで，Cd 含有回収物からの精錬および高純化は第三者機関に外注し買い戻し）→製造」とクローズドシステムで循環させていることになる。リサイクル処理への対応は「資源循環型社会への準備」として，また製造者としての社会的責任（CSR）の一環として，太陽光発電産業全体で取り組むべき課題であり，寿命が尽きた，あるいは，故障した太陽電池モジュールからの資源回収のために，すべての太陽電池モジュールに共通のリサイクル処理技術（特に，リサイクル処理技術の核となるカバーガラスの分離技術）の開発が重要である。昭和シェル石油は「家電リサイクル並みの処理コスト目標」に対応できる CIS 系薄膜太陽電池モジュールから始まるリサイクル処理プロセスを開発している[12]。リサイクル処理は製造コストに上乗せされるため，永続的に回収コストとリサイクル処理コストの削減努力が要求される。リサイクル処理の採算性を意味付ける回収有価物は，結晶系 Si および薄膜 Si 太陽電池では銀，CIS 系では In，CdTe 太陽電池では Te である。CIS 系のリサイクル処理は，他の太陽電池と同様に資源回収（マテリアル・リサイクル）が主体で，2 枚のガラスはガラス原料，プラスチック類は燃料となるが，構成金属類を外部の非鉄金属製錬メーカーが受け容れてくれることが CdTe 太陽電池に対する優位性である。また，製品設計段階で分解しやすいモジュール構造や RoHS 指令への対応（Cd フリーバッファ層，無鉛ハンダの使用）といったリサイクルしやすいデバイス構造の適用は重要であり，環境負荷の大きい原材料は使用しない Refuse/Reduce の考え方の適用も必要である。昭和シェル／ソーラーフロンティアはこの設計思想を商品の中に埋め込んでいる。

2.3　まとめ

　太陽光発電産業は将来的には，製造主体の「動脈側」だけでなく，リサイクル処理主体の「静脈側」の対応も遅滞なく進め，「一つの商品」としてのトータルライフサイクル（すなわち，原材料調達→製造→販売→市場からの回収→資源回収（マテリアル・リサイクル））に対応することが要求されることになる。これは First Solar が新規に開発したビジネスモデルであるが製造業としては妥当なモデルである。また，彼らは「市場からの回収」を容易にする上で有利な大規模太陽光発電所の建設を積極的に進めており，薄膜太陽電池では世界最大の 40 MW 規模の CdTe 太陽電池システム（施工は juwi 社，敷地面積 0.6 km×22 km，設置モジュール数 55 万枚，年間期待発電量 4 千万 kWh，温室効果ガス削減予想量 25 千トン）をドイツ，Brandis に完成し

第6章 商業化の課題と将来動向

た[13]。また，中国内モンゴル自治区に，2014年までに1GW規模，2019年までに2GW規模の太陽光発電所を建設すると発表している[14]。

　First Solarのビジネスモデルの優位性は，主要非鉄金属材料の製錬過程で必ず発生するが現状用途が限定されるCdという金属を，太陽電池という長寿命製品に加工することで，エネルギー発生源に変換したことであり，同時に，リサイクル処理により，毒性のあるCdおよび資源量に限りがあるとされるTeを外部に放出することなく，クローズドシステムで循環させ，Cdの封じ込めとTeの自主回収のプロセスを提示したことにある。CdTe太陽電池の主要構成金属であるTeも行き場のない不良在庫であったが，CdTe太陽電池の生産増加により，在庫一掃されつつある。したがって，Teの需給バランスが維持できなくなると，Teの価格上昇から製造コストの上昇となることは自明であり，また，生産量拡大にも制約が生じるので，First Solarの成長モデルに影が射すことになる。

　一方，CIS系にはCdTe太陽電池より優位な点として，①Cdを含まないデバイス構造の商品で，光電変換効率16％超えが可能と見込めること，②CdTe太陽電池より構成材料回収のためのリサイクル処理が簡単で，低コスト化が可能であること，③酸性雨レベルの酸や強アルカリ性溶液に溶解することはなく，CdTe太陽電池より環境安定性が高いこと，が挙げられる。このような優位性を生かしたビジネスモデルが作れるはずである。その理解の下，昭和シェル／ソーラーフロンティアはCIS系が持っている本質的な優位性を実証するために，2011年以降のGW生産に向けて動き始めている。

文　献

1) First Solar社・プレスリリース（2009年2月24日），
http://investor.firstsolar.com/phoenix.zhtml?c=201491&p=irol-newsArticle&ID=1259614&highlight=
First Solar社・プレスリリース（2009年12月15日），
http://investor.firstsolar.com/phoenix.zhtml?c=201491&p=irol-newsArticle&ID=1365906&highlight=
2) シャープ・プレスリリース（2010年3月29日），
http://www.sharp.co.jp/corporate/news/100329-a.html
3) A-MAT社・プレスリリース（2010年7月21日），
http://www.businesswire.com/news/appliedmaterials/20100721005848/en
4) 昭和シェル石油・プレスリリース（2008年7月3日），

http://www.showa-shell.co.jp/press_release/pr 2008/0703.html
5) First Solar 社・ホームページ, (First Solar Corporate Overview Q 2 2009, Aug.13, 2009)
  http://www.firstsolar.com/en/index.php
6) NEDO・ホームページ, 太陽光発電ロードマップ (PV 2030＋),
  http://www.nedo.go.jp/library/pv 2030/index.html
7) R.A. Mickelsen, W.S. Chen: US Patent No. 4,335,266 (1982).
8) D.S. Albin, J.J. Carapella, M.A. Contreras, A.M. Gabor, R. Noufi, A.L. Tennant: US Patent No. 5,436,204 (1995).
9) M. Green, K. Emery, Y. Hishikawa, W. Warta: Prog. Photovolt: Res. Appl. **18** (2010), p. 144.
10) ZSW プレスリリース (2010 年 4 月 28 日),
  http://www.zsw-bw.de/fileadmin/editor/USER_UPLOAD/Infoportal/Presseinformationen/pi 05-2010-ZSW-Worldrecord-TF-CIGS.pdf
11) 平成 11 年度新エネルギー・産業技術開発機構委託用務報告書, 電力中央研究所「化合物太陽電池モジュールの環境対策の調査研究」p. 80.
12) 平成 16-17 年度 NEDO 委託業務成果報告書（太陽光発電技術研究開発　太陽光発電システム共通基盤技術開発　太陽光発電システムのリサイクル・リユース処理技術等の研究開発）p.155.
13) PV-tech ホームページ, http://www.pv-tech.org/lib/printable/4438/
14) First Solar 社・ホームページ, News Release, 2009 年 11 月 17 日発表記事,
  http://investor.firstsolar.com/phoenix.zhtml?c＝201491 &p＝irol-newsArticle_print&ID＝1356152 &highlight＝

CIGS薄膜太陽電池の最新技術《普及版》(B1177)

2010年9月30日 初 版 第1刷発行
2016年9月8日 普及版 第1刷発行

監　修	中田時夫		Printed in Japan
発行者	辻　賢司		
発行所	株式会社シーエムシー出版		

東京都千代田区神田綿町1-17-1
電話 03(3293)7066
大阪市中央区内平野町1-3-12
電話 06(4794)8234
http://www.cmcbooks.co.jp/

〔印刷　あさひ高速印刷株式会社〕　　　© T. Nakada, 2016

落丁・乱丁本はお取替えいたします。

本書の内容の一部あるいは全部を無断で複写（コピー）することは，法律で認められた場合を除き，著作権および出版社の権利の侵害になります。

ISBN978-4-7813-1119-7　C3054　¥4600E